《中国古脊椎动物志》编辑委员会主编

中国古脊椎动物志

第三卷

基干下孔类　哺乳类

主编　邱占祥　|　副主编　李传夔

第十册（总第二十三册）

蹄兔目　长鼻目等

陈冠芳　等　编著

科学技术部基础性工作专项（2013FY113000）资助

科学出版社
北京

内 容 简 介

本册志书是对 2017 年以前在中国（台湾资料暂缺）发现并已发表的长鼻目、蹄兔目以及鳞甲目 9 科 22 属 64 种化石材料的系统厘定与总结。每个属、种均有鉴别特征、产地与层位。在科级及以上的阶元中并有概述，对该阶元当前的研究现状、存在问题等做了综述。在所有阶元的记述之后通常有一评注，为编者在编写过程中对发现的问题或编者对该阶元新认识的阐述。书中附有 133 张化石照片及插图。

本书是我国凡涉及地学、生物学、考古学的大专院校、科研机构、博物馆有关科研人员及业余古生物爱好者的基础参考书，也可为科普创作提供必要的参考资料。

图书在版编目（CIP）数据

中国古脊椎动物志. 第3卷. 基干下孔类、哺乳类. 第10册，蹄兔目、长鼻目等：总第23册/陈冠芳等编著. —北京：科学出版社，2021.6

ISBN 978-7-03-069173-6

I. ①中… II. ①陈… III. ①古动物－脊椎动物门－动物志－中国 ②古动物－哺乳动物纲－动物志－中国 IV. ①Q915.86

中国版本图书馆CIP数据核字（2021）第110861号

责任编辑：胡晓春 孟美岑 / 责任校对：王 瑞
责任印制：肖 兴 / 封面设计：黄华斌

科 学 出 版 社 出版
北京东黄城根北街16号
邮政编码：100717
http://www.sciencep.com
中国科学院印刷厂 印刷
科学出版社发行 各地新华书店经销
*
2021年6月第 一 版 开本：787×1092 1/16
2021年6月第一次印刷 印张：16
字数：331 000

定价：218.00元

（如有印装质量问题，我社负责调换）

Editorial Committee of Palaeovertebrata Sinica

PALAEOVERTEBRATA SINICA

Volume III

Basal Synapsids and Mammals

Editor-in-Chief: **Qiu Zhanxiang** | Associate Editor-in-Chief: **Li Chuankui**

Fascicle 10 (Serial no. 23)

Hyracoidea, Proboscidea, etc.

By **Chen Guanfang et al.**

Supported by the Special Research Program of Basic Science and Technology
of the Ministry of Science and Technology (2013FY113000)

Science Press
Beijing

总　序

中国第一本有关脊椎动物化石的手册性读物是1954年杨钟健、刘宪亭、周明镇和贾兰坡编写的《中国标准化石——脊椎动物》。因范围限定为标准化石，该书仅收录了88种化石，其中哺乳动物仅37种，不及德日进（P. Teilhard de Chardin）1942年在《中国化石哺乳类》中所列举的在中国发现并已发表的哺乳类化石种数（约550种）的十分之一。所以这本只有57页的小册子还不能算作一本真正的脊椎动物化石手册。我国第一本真正的这样的手册是1960－1961年在杨钟健和周明镇领导下，由中国科学院古脊椎动物与古人类研究所的同仁们集体编撰出版的《中国脊椎动物化石手册》。该手册共记述脊椎动物化石386属650种，分为《哺乳动物部分》（1960年出版）和《鱼类、两栖类和爬行类部分》（1961年出版）两个分册。前者记述了276属515种化石，后者记述了110属135种。这是对自1870年英国博物学家欧文（R. Owen）首次科学研究产自中国的哺乳动物化石以来，到1960年前研究发表过的全部脊椎动物化石材料的总结。其中鱼类、两栖类和爬行类化石主要由中国学者研究发表，而哺乳动物则很大一部分由国外学者研究发表。“文化大革命”之后不久，1979年由董枝明、齐陶和尤玉柱编汇的《中国脊椎动物化石手册》（增订版）出版，共收录化石619属1268种。这意味着在不到20年的时间里新发现的化石属、种数量差不多翻了一番（属为1.6倍，种为1.95倍）。

自20世纪80年代末开始，国家对科技事业的投入逐渐加大，我国的古脊椎动物学逐渐步入了快速发展的时期。新的脊椎动物化石及新属、种的数量，特别是在鱼类、两栖类和爬行动物方面，快速增加。1992年孙艾玲等出版了《The Chinese Fossil Reptiles and Their Kins》，记述了两栖类、爬行类和鸟类化石228属328种。李锦玲、吴肖春和张福成于2008年又出版了该书的修订版（书名中的Kins已更正为Kin），将属种数提高到416属564种。这比1979年手册中这一部分化石的数量（186属219种）增加了大约1倍半（属近2.24倍，种近2.58倍）。在哺乳动物方面，20世纪90年代初，中国科学院古脊椎动物与古人类研究所一些从事小哺乳动物化石研究的同仁们，曾经酝酿编写一部《中国小哺乳动物化石志》，并已草拟了提纲和具体分工，但由于种种原因，这一计划未能实现。

自20世纪90年代末以来，我国在古生代鱼类化石和中生代两栖类、翼龙、恐龙、鸟类，以及中、新生代哺乳类化石的发现和研究方面又有了新的重大突破，在恐龙蛋和爬行动物及鸟类足迹方面也有大量新发现。粗略估算，我国现有古脊椎动物化石种的总数已经超过 3000 个。我国是古脊椎动物化石赋存大国，有关收藏逐年增加，在研究方面正在努力进入世界强国行列的过程之中。此前所出版的各类手册性的著作已落后于我国古脊椎动物研究发展的现状，无法满足国内外有关学者了解我国这一学科领域进展的迫切需求。美国古生物学家 S. G. Lucas，积 5 次访问中国的经历，历时近 20 年，于 2001 年出版了一部 370 多页的《Chinese Fossil Vertebrates》。这部书虽然并非以罗列和记述属、种为主旨，而且其资料的收集限于 1996 年以前，却仍然是国外学者了解中国古脊椎动物学发展脉络的重要读物。这可以说是从国际古脊椎动物研究的角度对上述需求的一种反映。

2006 年，科技部基础研究司启动了国家科技基础性工作专项计划，重点对科学考察、科技文献典籍编研等方面的工作加大支持力度。是年 10 月科技部召开研讨中国各门类化石系统总结与志书编研的座谈会。这才使我国学者由自己撰写一部全新的、涵盖全面的古脊椎动物志书的愿望，有了得以实现的机遇。中国科学院南京地质古生物研究所和古脊椎动物与古人类研究所的领导十分珍视这次机遇，于 2006 年年底前，向科技部提交了由两所共同起草的“中国各门类化石系统总结与志书编研”的立项申请。2007 年 4 月 27 日，该项目正式获科技部批准。《中国古脊椎动物志》即是该项目的一个组成部分。

在本志筹备和编研的过程中，国内外前辈和同行们的工作一直是我们学习和借鉴的榜样。在我国，“三志”（《中国动物志》、《中国植物志》和《中国孢子植物志》）的编研，已经历时半个多世纪之久。其中《中国植物志》自 1959 年开始出版，至 2004 年已全部出齐。这部皇皇巨著分为 80 卷，126 册，记载了我国 301 科 3408 属 31142 种植物，共 5000 多万字。《中国动物志》自 1962 年启动后，已编撰出版了 126 卷、册，至今仍在继续出版。《中国孢子植物志》自 1987 年开始，至今已出版 80 多卷（不完全统计），现仍在继续出版。在国外，可以作为借鉴的古生物方面的志书类著作，有苏联出版的《古生物志》（《Основы Палеонтологии》）。全书共 15 册，出版于 1959 – 1964 年，其中古脊椎动物为 3 册。法国的《Traité de Paléontologie》（实际是古动物志），全书共 7 卷 10 册，其中古脊椎动物（包括人类）为 4 卷 7 册，出版于 1952 – 1969 年，历时 18 年。此外，C. M. Janis 等编撰的《Evolution of Tertiary Mammals of North America》（两卷本）也是一部对北美新生代哺乳动物化石属级以上分类单元的系统总结。该书从 1978 年开始构思，直到 2008 年才编撰完成，历时 30 年。

参考我国“三志”和国外志书类著作编研的经验，我们在筹备初期即成立了志书编辑委员会，并同步进行了志书编研的总体构思。2007 年 10 月 10 日由 17 人组成的《中国古脊椎动物志》编辑委员会正式成立（2008 年胡耀明委员去世，2011 年 2 月 28 日增补邓涛、尤海鲁和张兆群为委员，2012 年 11 月 15 日又增加金帆和倪喜军两位委员，现共 21 人）。2007 年 11 月 30 日《中国古脊椎动物志》“编辑委员会组成与章程”、“管理条例”和“编写规则”三个试行草案正式发布，其中“编写规则”在志书撰写的过程中不断修改，直至 2010 年 1 月才有了一个比较正式的试行版本，2013 年 1 月又有了一个更为完善的修订本，至今仍在不断修改和完善中。

考虑到我国古脊椎动物学发展的现状，在汲取前人经验的基础上，编委会决定：①延续《中国脊椎动物化石手册》的传统，《中国古脊椎动物志》的记述内容也细化到种一级。这与国外类似的志书类都不同，后者通常都停留在属一级水平。②采取顶层设计，由编委会统一制定志书总体结构，将全志大体按照脊椎动物演化的顺序划分卷、册；直接聘请能够胜任志书要求的合适研究人员负责编撰工作，而没有采取自由申报、逐项核批的操作程序。③确保项目经费足额并及时到位，力争志书编研按预定计划有序进行，做到定期分批出版，努力把全志出版周期限定在10年左右。

编委会将《中国古脊椎动物志》的编写宗旨确定为："本志应是一套能够代表我国古脊椎动物学当前研究水平的中文基础性丛书。本志力求全面收集中国已发表的古脊椎动物化石资料，以骨骼形态性状为主要依据，吸收分子生物学研究的新成果，尝试运用分支系统学的理论和方法认识和阐述古脊椎动物演化历史、改造林奈分类体系，使之与演化历史更为吻合；着重对属、种进行较全面、准确的文字介绍，并尽可能附以清晰的模式标本图照，但不创建新的分类单元。本志主要读者对象是中国地学、生物学工作者及爱好者，高校师生，自然博物馆类机构的工作人员和科普工作者。"

编委会在将"代表我国古脊椎动物学当前研究水平"列入撰写本志的宗旨时，已经意识到实现这一目标的艰巨性。这一点也是所有参撰人员在此后的实践过程中越来越深刻地感受到的。正如在本志第一卷第一册"脊椎动物总论"中所论述的，自20世纪50年代以来，在古生物学和直接影响古生物学发展的相关领域中发生了可谓"翻天覆地"的变化。在20世纪七八十年代已形成了以Mayr和Simpson为代表的演化分类学派（evolutionary taxonomy）、以Hennig为代表的系统发育系统学派[phylogenetic systematics，又称分支系统学派（cladistic systematics，或简化为cladistics）]及以Sokal和Sneath为代表的数值分类学派（numerical taxonomy）的"三国鼎立"的局面。自20世纪90年代以来，分支系统学派逐渐占据了明显的优势地位。进入21世纪以来，围绕着生物分类的原理、原则、程序及方法等的争论又日趋激烈，形成了新的"三国"。以演化分类学家Mayr和Bock为代表的"达尔文分类学派"（Darwinian classification），坚持依据相似性（similarity）和系谱（genealogy）两项准则作为分类基础，并保留林奈套叠等级体系，认为这正是达尔文早就提出的生物分类思想。在分支系统学派内部分成两派：以de Quieroz和Gauthier为代表的持更激进观点的分支系统学家组成了"系统发育分类命名法规学派"（简称PhyloCode）。他们以单一的系谱（genealogy）作为生物分类的依据，并坚持废除林奈等级体系的观点。以M. J. Benton等为代表的持比较保守观点的分支系统学家则主张，在坚持分支系统学核心理论的基础上，采取某些折中措施以改进并保留林奈式分类和命名体系。目前争论仍在进行中。到目前为止还没有任何一个具体的脊椎动物的划分方案得到大多数生物和古生物学家的认可。我国的古生物学家大多还处在对这些新的论点、原理和方法以及争论论点实质的不断认识和消化的过程之中。这种现状首先影响到志书的总体架构：如何划分卷、册？各卷、册使用何种标题名称？系统记述部分中各高阶元及其名称如何取舍？基于林奈分类的《国际动物命名法规》是否要严格执行？…… 这些问题的存在甚至对编撰本志书的科学性和必要性都形成了质疑和挑战。

在《中国古脊椎动物志》立项和实施之初，我们确曾希望能够建立一个为本志书各卷、册所共同采用的脊椎动物分类方案。通过多次尝试，我们逐渐发现，由于脊椎动物内各大类群的研究历史和分类研究传统不尽相同，对当前不同分类体系及其使用的方法，在接受程度上差别较大，并很难在短期内弥合。因此，在目前要建立一个比较合理、能被广泛接受、涵盖整个脊椎动物的分类方案，便极为困难。虽然如此，通过多次反复研讨，参撰人员就如何看待分类和究竟应该采取何种分类方案等还是逐渐取得了如下一些共识：

1）分支系统学在重建生物演化过程中，以其对分支在演化过程中的重要作用的深刻认识和严谨的逻辑推导方法，而成为当前获得古生物学家广泛支持的一种学说。任何生物分类都应力求真实地反映生物演化的过程，在当前则应力求与分支系统学的中心法则（central tenet）以及与严格按照其原则和方法所获得的结论相符。

2）生物演化的历史（系统发育）和如何以分类来表达这一历史，属于两个不同范畴。分类除了要真实地反映演化历史外，还肩负协助人类认知和记忆的功能。两者不必、也不可能完全对等。在当前和未来很长一段时期内，以二维和文字形式表达演化过程的最好方式，仍应该是现行的基于林奈分类和命名法的套叠等级体系。从实用的观点看，把十几代科学工作者历经 250 余年按照演化理论不断改进的、由近 200 万个物种组成的庞大的阶元分类体系彻底抛弃而另建一新体系，是不可想象的，也是极难实现的。

3）分类倘若与分支系统学核心概念相悖，例如不以共祖后裔而单纯以形态特征为分类依据，由复系类群组成分类单元等，这样的分类应予改正。对于分支系统学中一些重要但并非核心的论点，诸如姐妹群需是同级阶元的要求，干群（“Stammgruppe”）的分类价值和地位的判别，以及不同大类群的阶元级别的划分和确立等，正像分支系统学派内部有些学者提出的，可以采取折中措施使分支系统学的基本理论与以林奈分类和命名法为基础建立的现行分类体系在最大程度上相互吻合。

4）对于因分支点增多而所需阶元数目剧增的矛盾，可采取以下折中措施解决。①对高度不对称的姐妹群不必赋予同级阶元。②对于重要的、在生物学领域中广为人知并广泛应用、而目前尚无更好解决办法的一些大的类群，可实行阶元转移和跃升，如鸟类产生于蜥臀目下的一个分支，可以跃升为纲级分类单元（详见第一卷第一册的“脊椎动物总论”）。③适量增加新的阶元级别，例如 1997 年 McKenna 和 Bell 已经提出推荐使用新的主阶元，如 Legion（阵）、Cohort（部）等，和新的次级阶元，如 Magno-（巨）、Grand-（大）、Miro-（中）和 Parvo-（小）等。④减少以分支点设阶的数量，如仅对关键节点设立阶元、次要节点以顺序先后（sequencing）表示等。⑤应用全群（total group）的概念，不对其中的并系的干群（stem group 或“Stammgruppe”）设立单独的阶元等。

5）保留脊椎动物现行亚门一级分类地位不变，以避免造成对整个生物分类体系的冲击。科级及以下分类单元的分类地位基本上都已稳定，应尽可能予以保留，并严格按照最新的《国际动物命名法规》（1999 年第四版）的建议和要求处置。

根据上述共识，我们在第一卷第一册的“脊椎动物总论”中，提出了一个主要依据中国所有化石所建立的脊椎动物亚门的分类方案（PVS-2013）。我们并不奢求每位参与本志书撰写的人员一定接受它，而只是推荐一个可供选择的方案。

对生物分类学产生重要影响的另一因素则是分子生物学。依据分支系统学原理和方法，借助计算机高速数学运算，通过分析分子生物学资料（DNA、RNA、蛋白质等的序列数据）来探讨生物物种和类群的系统发育关系及支系分异的顺序和时间，是当前分子生物学领域的热点之一。一些分子生物学家对某些高阶分类单元（例如目级）的单系性和这些分类单元之间的系统关系进行探索，提出了一些令形态分类学家和古生物学家耳目一新的新见解。例如，现生哺乳动物 18 个目之间的系统和分类关系，一直是古生物学家感到十分棘手的问题，因为能够找到的目之间的共有裔征（synapomorphy）很少，而经常只有共有祖征（symplesiomorphy）。相反，分子生物学家们则可以在分子水平上找到新的证据，将它们进行重新分解和组合。例如，他们在一些属于不同目的“非洲类型”的哺乳动物（管齿目、长鼻目、蹄兔目和海牛目）和一些非洲土著的“食虫类”（无尾猬、金鼹等）中发现了一些共同的基因组变异，如乳腺癌抗原 1（BRCA1）中有 9 个碱基对的缺失，还在基因组的非编码区中发现了特有的“非洲短散布核元件（AfroSINES）”。他们把上述这些“非洲类型”的动物合在一起，组成一个比目更高的分类单元（Afrotheria，非洲兽类）。根据类似的分子生物学信息，他们把其他大陆的异节类、真魁兽啮型类和劳亚兽类看做是与非洲兽类同级的单元。分子生物学家们所提出的许多全新观点，虽然在细节上尚有很多值得进一步商榷之处，但对现行的分类体系无疑具有重要的参考价值，应在本志中得到应有的重视和反映。

采取哪种分类方案直接决定了本志书的总体结构和各卷、册的划分。经历了多次变化后，最后我们没有采用严格按照节点型定义的现生动物（冠群）五“纲”（鱼、两栖、爬行、鸟和哺乳动物）将志书划分为五卷的办法。其中的缘由，一是因为以化石为主的各“纲”在体量上相差过于悬殊。现生动物的五纲，在体量上比较均衡（参见第一卷第一册“脊椎动物总论”中有关部分），而在化石中情况就大不相同。两栖类和鸟类化石的体量都很小：两栖类化石目前只有不到 40 个种，而鸟类化石也只有大约五六十种（不包括现生种的化石）。这与化石鱼类，特别是哺乳类在体量上差别很悬殊。二是因为化石的爬行类和冠群的爬行动物纲有很大的差别。现有的化石记录已经清楚地显示，从早期的羊膜类动物中很早就分出两大主要支系：一支通过早期的下孔类演化为哺乳动物。下孔类，按照演化分类学家的观点，虽然是哺乳动物的早期祖先，但在形态特征上仍然和爬行类最为接近，因此应该归入爬行类。按照分支系统学家的观点，早期下孔类和哺乳动物共同组成一个全群（total group），两者无疑应该分在同一卷内。该全群的名称应该叫做下孔类，亦即：下孔类包含哺乳动物。另一支则是所有其他的爬行动物，包括从蜥臀类恐龙的虚骨龙类的一个分支演化出的鸟类，因此鸟类应该与爬行类放在同一卷内。上述情况使我们最后决定将两栖类、不包括下孔类的爬行类与鸟类合为一卷（第二卷），而早期下孔类和哺乳动物则共同组成第三卷。

在卷、册标题名称的选择上，我们碰到了同样的问题。分支系统学派，特别是系统发育分类命名法规学派，虽然强烈反对在分类体系中建立绝对阶元级别，但其基于严格单系分支概念的分类名称则是“全套叠式”的，亦即每个高阶分类单元必须包括其成员最近的共同祖先及由此祖先所产生的所有后代。例如传统意义中的鱼类既然包括肉鳍鱼类，那么也必须包括由其产生的所有的四足动物及其所有后代。这样，在需要表述某一“全套叠式”的名称的一部分成员时，就会遇到很大的困难，会出现诸如“非鸟恐龙”之类的称谓。相反，林奈分类体系中的高阶分类单元名称却是“分段套叠式”的，其五纲的概念是互不包容的。从分支系统学的观点看，其中的鱼纲、两栖纲和爬行纲都是不包括其所有后代的并系类群（paraphyletic groups），只有鸟纲和哺乳动物纲本身是真正的单系分支（clade）。林奈五纲的概念在生物学界已经根深蒂固，不会引起歧义，因此本志书在卷、册的标题名称上还是沿用了林奈的“分段套叠式”的概念。另外，由于化石类群和冠群在内涵和定义上有相当大的差别，我们没有直接采用纲、目等阶元名称，而是采用了含义宽泛的“类”。第三卷的名称使用了“基干下孔类　哺乳类”是因为“下孔类”这一分类概念在学界并非人人皆知，若在标题中舍弃人人皆知的哺乳类，而单独使用将哺乳类包括在内的下孔类这一全群的名称，则会使大多数读者感到茫然。

在编撰本志书的过程中我们所碰到的最后一类问题是全套志书的规范化和一致性的问题。这类问题十分烦琐，我们所花费时间也最多。

首先，全志在科级以下分类单元中与命名有关的所有词汇的概念及其用法，必须遵循《国际动物命名法规》。在本志书项目开始之前，1999 年最新一版（第四版）的《International Code of Zoological Nomenclature》已经出版。2007 年中译本《国际动物命名法规》（第四版）也已出版。由于种种原因，我国从事这方面工作的专业人员，在建立新科、属、种的时候，往往很少认真阅读和严格遵循《国际动物命名法规》，充其量也只是参考张永辂 1983 年出版的《古生物命名拉丁语》中关于命名法的介绍，而后者中的一些概念，与最新的《国际动物命名法规》并不完全符合。这使得我国的古脊椎动物在属、种级分类单元的命名、修订、重组，对模式的认定，模式标本的类型（正模、副模、选模、副选模、新模等）和含义，其选定的条件及表述等方面，都存在着不同程度的混乱。

这些都需要认真地予以厘定，以免在今后以讹传讹。

其次，在解剖学，特别是分类学外来术语的中译名的取舍上，也经常令我们感到十分棘手。“全国科学技术名词审定委员会公布名词”（网络 2.0 版）是我们主要的参考源。但是，我们也发现，其中有些术语的译法不够精准。事实上，在尊重传统用法和译法精准这两者之间有时很难做出令人满意的抉择。例如，对 phylogeny 的译法，在“全国科学技术名词审定委员会公布名词”中就有种系发生、系统发生、系统发育和系统演化四种译法，在其他场合也有译为亲缘关系的。按照词义的精准度考虑，钟补求于 1964 年在《新系统学》中译本的“校后记”中所建议的“种系发生”大概是最好的。但是我国从 1922 年杜就田所编撰的《动物学大词典》中就使用了“系统发育”的译法，以和个体发育（ontogeny）相对应。在我国从 1978 年开始的介绍和翻译分支系统学的热潮中，几乎所有的译介者都沿用了“系统发育”一词。经过多次反复斟酌，最后，我们也采用了这一译法。类似的情况还有很多，这里无法一一列举，这些抉择是否恰当只能留待读者去评判了。

再次，要使全套志书能够基本达到首尾一致也绝非易事。像这样一部预计有 3 卷 23 册的丛书，需要花费众多专家多年的辛勤劳动才能完成；而在确立各种体例和格式之类的琐事上，恐怕就要花费其中一半的时间和精力。诸如在每一册中从目录列举的级别、各章节排列的顺序，附录、索引和文献列举的方式及详简程度，到全书中经常使用的外国人名和地名、化石收藏机构等的缩写和译名等，都是非常耗时费力的工作。仅仅是对早期文献是否全部列入这一点，就经过了多次讨论，最后才确定，对于 19 世纪中叶以前的经典性著作，在后辈学者有过系统而全面的介绍的情况下（例如 Gregory 于 1910 年对诸如 Linnaeus、Blumenbach、Cuvier 等关于分类方案的引述），就只列后者的文献了。此外，在撰写过程中对一些细节的决定经常会出现反复，需经多次斟酌、讨论、修改，最后再确定；而每一次反复和重新确定，又会带来新的、额外的工作量，而且确定的时间越晚，增加的工作量也就越大。这其中的烦琐和日久积累的心烦意乱，实非局外人所能体会。所幸，参加这一工作的同行都能理解：科学的成败，往往在于细节。他们以本志书的最后完成为己任，孜孜矻矻，不厌其烦，而且大多都能在规定的时限内完成预定的任务。

本志编撰的初衷，是充分发挥老科学家的主导作用。在开始阶段，编委会确实努力按照这一意图，尽量安排老科学家担负主要卷、册的编研。但是随着工作的推进，编委会越来越深切地感觉到，没有一批年富力强的中年科学家的参与，这一任务很难按照原先的设想圆满完成。老科学家在对具体化石的认知和某些领域的综合掌控上具有明显的经验优势，但在吸收新鲜事物和新手段的运用、特别是在追踪新兴学派的进展上，却难以与中年才俊相媲美。近年来，我国古脊椎动物学领域在国内外都涌现出一批极为杰出的人才，其中有些是在国外顶级科研和教学机构中培养和磨砺出来的科学家。他们的参与对于本志书达到“当前研究水平”的目标起到了关键的作用。值得庆幸的是，我们所邀请的几位这样的中年才俊，都在他们本已十分繁忙的日程中，挤出相当多时间参与本志有关部分的撰写和/或评审工作。由于编撰工作中技术性任务量大、质量要求高，一部分年轻的学子也积极投入到这项工作中。最后这支编撰队伍实实在在地变成了一支老中青相结合的队伍了。

大凡立志要编撰一本专业性强的手册性读物，编撰者首要的追求，一定是原始资料的可靠和记录及诠释的准确性，以及由此而产生的权威性。这样才能经得起广大读者的推敲和时间的考验，才能让读者放心地使用。在追求商业利益之风日盛、在科普读物中往往充斥着种种真假难辨的猎奇之词的今天，这一点尤其显得重要，这也是本编辑委员会和每一位参撰人员所共同努力追求并为之奋斗的目标。虽然如此，由于我们本身的学识水平和认识所限，错误和疏漏之处一定不少，真诚地希望读者批评指正。

感谢 《中国古脊椎动物志》编研工作得以启动，首先要感谢科技部具体负责此项工作的基础研究司的领导，也要感谢国家自然科学基金委员会、中国科学院和相关政府部门长期以来对古脊椎动物学这一基础研究领域的大力支持。令我们特别难以忘怀的是几位参与我国基础性学科调研并提出宝贵建议的地学界同行，如黄鼎成和马福臣先生，是他们对临界或业已退休、但身体尚健的老科学工作者的报国之心的深刻理解和积极奔走，才促成本专项得以顺利立项，使一批新中国建立后成长起来的老古生物学家有机会把自己毕生积淀的专业知识的精华总结和奉献出来。另外，本志书编委会要感谢本专项的挂靠单位，中国科学院古脊椎动物与古人类研究所的领导和各处、室，特别是标本馆、图书室、负责照相和绘图的技术室，以及财务处的同仁们，对志书工作的大力支持。编委会要特别感谢负责处理日常事务的本专项办公室的同仁们。在志书编撰的过程中，在每一次研讨会、汇报会、乃至财务审计等活动中，他们忙碌的身影都给我们留下了难忘的印象。我们还非常幸运地得到了与科学出版社的胡晓春编辑共事的机会。她细致的工作作风和精湛的专业技能，使每一个接触到她的参撰人员都感佩不已。在本志书的编撰过程中，还有很多国内外的学者在稿件的学术评审过程中提出了很多中肯的批评和改进意见，使我们受益匪浅，也使志书的质量得到明显的提高。这些在相关册的致谢中都将做出详细说明，编委会在此也向他们一并表达我们衷心的感谢。

《中国古脊椎动物志》编辑委员会

2013年8月

编委会说明：在2015年出版的各册的总序第vi页第二段第3-4行中“**其最早的祖先**”叙述错误，现已更正为“**其成员最近的共同祖先**”。书后所附“《中国古脊椎动物志》总目录”也根据最新变化做了修订。敬请注意。

2017年6月

特别说明：本书主要用于科学研究。书中可能存在未能联系到版权所有者的图片，请见书后与科学出版社联系处理相关事宜。

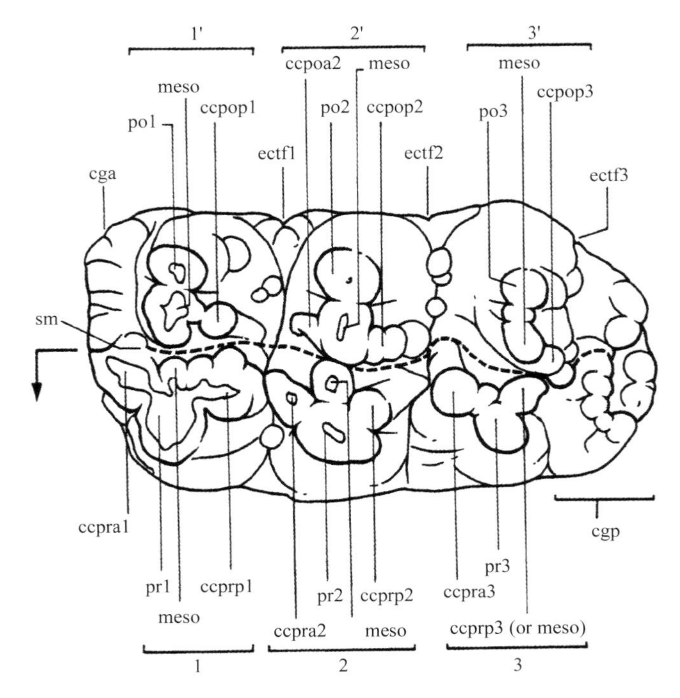

图 4　乳齿象臼齿（左 M2）结构（引自 Tassy, 1983）

1, 2, 3，第一、第二和第三齿脊主齿柱；1', 2', 3'，第一、第二和第三齿脊副齿柱；cga，前齿缘；cgp，后齿缘；ccpra 1, ccpra2, ccpra3，第一、第二和第三齿脊主齿柱前附锥；ccpoa2，第二齿脊副齿柱前附锥；ccprp1, ccprp2, ccprp3，第一、第二和第三齿脊主齿柱后附锥；ccpop1, ccpop2, ccpop3，第一、第二和第三齿脊副齿柱后附锥；ectf1, ectf2, ectf3，齿谷；meso，每一个齿脊主、副齿柱内侧锥；pr1, pr2, pr3，第一、第二和第三齿脊主齿柱主锥；po1, po2, po3，第一、第二和第三齿脊副齿柱主锥；sm，中沟

三叶式图案（trefoils）　在乳齿象的臼齿中，主齿柱磨蚀后常呈三叶式图案，它是由主齿柱和前、后面的中心锥愈合而成。

次三叶式图案（secondary trefoils）　在乳齿象的臼齿中，副齿柱磨蚀后呈三叶式图案，它是由副齿柱和前、后面的中心锥愈合而成。

轭齿脊（zygodont crest，ZC）　仅出现在 Mammutids 类型的颊齿中，指发生在臼齿副齿柱外侧或内侧前、后的珐琅质垂直脊。

齿缘（cingulum）　位于颊齿基部四周的锯齿状珐琅质带；在长鼻类的大部分类型中，它不很发育，或完全消失。

跟座（下跟座）（talon/talonid）　常指上、下臼齿的最后一个发育不完整的齿脊。

齿脊（loph）　在乳齿象的牙齿中，一个齿脊一般是由主齿柱和副齿柱组成；在真象科中，每一齿脊常由许多大小不一的锥联结构成。

齿脊频率（LF）　一个颊齿在 10 cm 内的齿脊数。

高度指数（HI）　齿冠高度与其宽度之比。

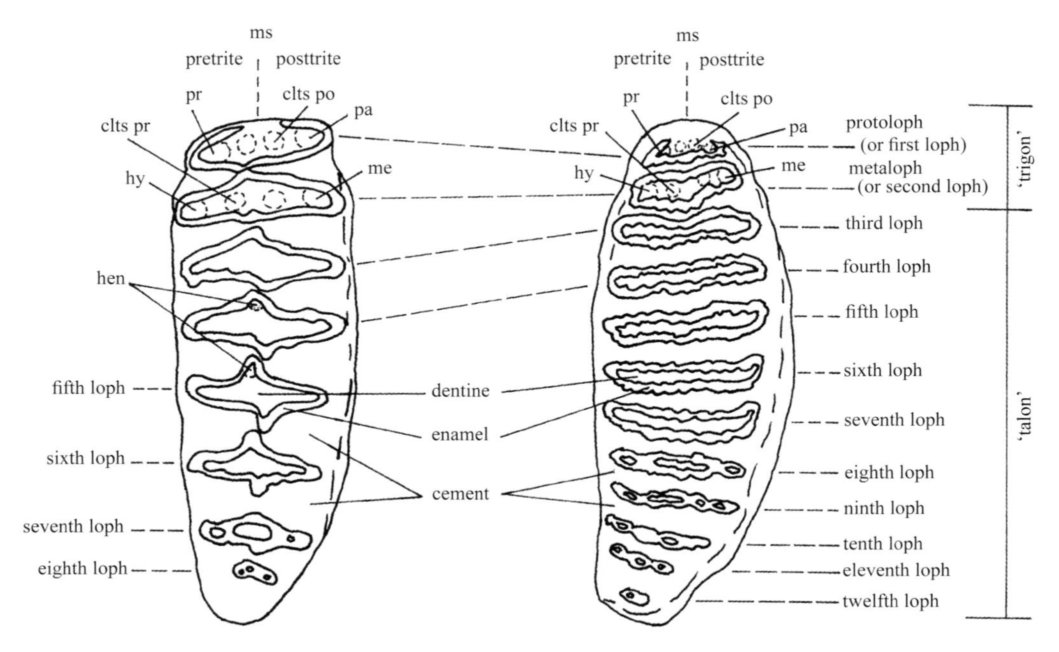

图 5　真象类的左上第三臼齿（左、非洲象，右、亚洲象）（引自 Shoshani et Tassy, 1996）
cement，白垩质；clts po，副齿柱锥；clts pr，主齿柱锥；dentine，齿质；enamel，珐琅质；hen，齿突；hy，次尖；me，后尖；ms，中沟；pa，前尖；posttrite，副齿柱；pretrite，主齿柱；pr，原尖；talon，跟座；trigon，三角座；protoloph (or first loph)，第一齿脊或原脊；metaloph (or second loph)，第二齿脊或副齿脊；third loph，第三齿脊；fourth loph，第四齿脊；fifth loph，第五齿脊；sixth loph，第六齿脊；seventh loph，第七齿脊；eighth loph，第八齿脊；ninth loph，第九齿脊；tenth loph，第十齿脊；eleventh loph，第十一齿脊；twelfth loph，第十二齿脊

三、中国的长鼻目化石及其研究历史

1. 我国长鼻类化石的分布

我国的象化石相当丰富，发现于除西藏外的其他各省区，其产出的地质时代基本上为中新世—更新世。我国最早的象类（党河铲齿象、豕脊齿象和间型嵌齿象）出现在早中新世晚期的西北地区（青海和甘肃）；在中中新世至晚中新世时期，嵌齿象、铲齿象类和轭齿象类则广布于我国北方（包括新疆、青海、甘肃、宁夏、陕西和内蒙古等），其绝大部分属种未能进入上新世。中新世晚期至上新世时期，象类向东扩散到陕西和山西，主要以进步的乳齿象（如短颌轭齿象、四棱齿象和互棱齿象）以及剑齿象类为主体；从更新世开始，真象类出现在我国东部、东北地区和华南地区。其中一些（如猛犸象、古菱齿象）在我国东部地区和东北地区大发展，于更新世晚期或全新世早期灭绝，而另一些（剑齿象和亚洲象类）则进入我国南方；同样，它们在更新世晚期或全新世基本消失。至今仅有一种——亚洲象，残存于我国的云南西双版纳（表 1）。

表 1　中国长鼻类分布表

地点＼时代	早中新世	中中新世	晚中新世	上新世	更新世
华南（广东、广西和海南）					*Elephas* *Stegodon* *Sinomastodon*
东北地区					*Mammuthus*
华东地区	*Stegolophodon*				*Palaeoloxodon* *Elephas*
华中地区			*Mammut*	*Tetralophodon*	*Palaeoloxodon* *Sinomastodon* *Stegodon*
华北地区		*Gomphotherium* *Zygolophodon* *Platybelodon* *Protanancus* *Aphanobelodon*	*Mammut* *Tetralophodon* *Sinomastodon* *Stegolophodon* *Stegodon*	*Mammut* *Anancus* *Sinomastodon* *Stegodon*	*Sinomastodon* *Stegodon* *Mammuthus* *Palaeoloxodon*
西北地区	*Platybelodon* *Gomphotherium* *Choerolophodon*	*Gomphotherium* *Platybelodon* *Protanancus*	*Platybelodon* *Deinotherium* *Mammut* *Tetralophodon*	*Anancus*	
西南地区		*Zygolophodon*	*Mammut* *Zygolophodon* *Stegolophodon* *Tetralophodon*	*Sinomastodon* *Tetralophodon* *Stegodon*	*Stegodon* *Elephas*

有意思的是我国的云南地区，处在青藏高原的东侧，从晚中新世开始，出现了一类以亚洲特有象类为主体的类群，包括脊棱齿象、四棱齿象和短颌铲齿象。它们来自何方？从南亚次大陆（印度或巴基斯坦）迁移过来或来自我国北方？总的看来，这些象似乎可以与南亚中新世时期的象类作比较。笔者认为要弄清它们的起源似乎需要更多有关青藏高原及其周边地区的古地理、古生态环境资料，以及收集到更多的象化石材料进行对比。

2. 我国象化石的研究历史

我国的象化石最早是由 Owen 于 1870 年研究鉴定的。他以收集自四川的几枚牙齿为基础建立了两种剑齿象（东方剑齿象和中华剑齿象），但是具体产地和层位不详。事实上，对我国象类的系统研究应该是始于 20 世纪 30 年代。当时，一些中、外古生物学者在我国青海、内蒙古、山西、河北、河南等地收集到大量的新近纪和第四纪象类材料并记述了它们。Osborn 和 Granger(1932)描述了内蒙古通古尔地区中中新世的锯齿象和铲齿象；Hopwood（1935）记述了我国北方地区新近纪的象类；杨钟健（Young, 1935）、Teilhard de Chardin 和 Trassaert（1937）对山西榆社盆地上新世的象类化石进行了系统描述。他们把 Licent 和 Trassaert 在 1934、1935 年间在榆社盆地收集到的大量象类化石划分为 4 个科、6 个属和 14 种，并认为这些属种分别出现在“榆社 I 带”、“榆社 II 带”和“榆社 III 带”

中，其地质时代分别为早上新世、中上新世和维拉方期。40 年代，Teilhard de Chardin 和 Leroy（1942）首次对我国的象类化石进行了系统的修订。他们提出我国的象类包括 3 科、12 属、29 种，最早出现在中新世，基本上建立起我国长鼻类的系统分类。这些成果为后人对我国象类的进一步研究奠定了基础。

20 世纪 50 年代之后，更多的象化石被发现和记述。在此基础上，周明镇和张玉萍（1974, 1978）对我国的长鼻类又一次作了综述。结论是我国的象类分属 2 个亚目（乳齿象亚目 Mastodontoidea 和真象亚目 Elephantoidea）。前者包括 2 科(嵌齿象科和短颌象科)、10 属、36 种；后者（真象亚目）包含 2 科（剑齿象科和真象科）、6 属、23 种。它们出现的地质时代为中中新世至全新世。Tobien 等（1986, 1988）再次对我国新近纪和更新世早期的象类进行研究，把这一时期的我国象类化石归为 11 属、18 种，分别归属于嵌齿象类、轭齿象类，以及剑齿象类和真象类。近年来，人们又描述了一些新的属种。值得关注的是恐象在我国的首次报道（邱占祥等，2007）以及在甘肃临夏盆地中中新世地层中收集到的大量象化石，其中有些已经报道（Wang et Deng, 2011；Wang S. Q. et al., 2014, 2015a, 2016a, b, 2017a, b, c）。

本册志书记录我国的长鼻类有 5 科、7 亚科、16 属、56 种。现生象类仅有 1 属 1 种：亚洲象（*Elephas maximus*）。

系 统 记 述

长鼻目 Order PROBOSCIDEA Illiger, 1811

？近象形亚目 ?Suborder PLESIELEPHANTIFORMES Shoshani et al., 2001

恐象科 Family Deinotheriidae Bonaparte, 1841

模式属 恐象 *Deinotherium* Kaup, 1829

定义与分类 恐象科（Deinotheriidae）代表一类灭绝的、原始而又特化的象类。至今，它在科以上级别的分类位置仍有不同的意见。有的主张把它看做象类的一亚目，即恐象亚目（Osborn, 1936, 1942；Simpson, 1945；Belyaeva et al., 1968；Harris, 1973；邱占祥等，2007；Sanders et al., 2010），有的则把它置入近象形亚目（Plesielephantiformes）中，作为一独立的科（Shoshani et Tassy, 1996, 2005），有的认为它更接近于象形亚目（Elephantiformes）（Harris, 1978；Tassy, 1996a）。无论归入哪一亚目，它仅以一科为代表，即恐象科（Deinotheriidae）。目前，人们认为恐象科包括 2 亚科 3 属：恐象亚科（Deinotheriinae）和支咖象亚科（Chilgatheriinae）。前者代表恐象的晚期类型，含原恐象（*Prodeinotherium*）和恐象（*Deinotherium*）两属，分布于中新世—更新世的非洲和中新世的欧亚大陆；后者为恐象的早期类型，仅以支咖象属（*Chilgatherium*）为代表，发现于非洲渐新世。

鉴别特征 中等至大型；乳齿的齿式是 0•0•3/1•0•3；恒齿的齿式为 0•0•2•3/1•0•2•3；上门齿缺失；第二下门齿长、粗壮、向下向后弯曲；颊齿低冠，脊型。除第四乳齿（DP4/dp4）和第一臼齿（M1/m1）具 3 个齿脊外，其他颊齿均由 2 个齿脊组成。

中国已知属 仅原恐象 *Prodeinotherium* Éhik, 1930。

分布与时代 非洲，渐新世—更新世；欧洲，早中新世晚期—上新世；亚洲，早中新世晚期—晚中新世。我国仅发现于甘肃临夏，晚中新世。

评注 恐象的体态和牙齿特征曾使一些早期的古生物学者认为它属于犀牛、貘、河马和海牛类等。直到 1864 年，Claudius 对这类动物耳骨谜路结构进行研究，得出的结论是恐象不属于貘或犀牛，而与真象接近，它属于长鼻类（Weinsheimer, 1883）。此后，这一观点逐渐为古生物学者所认同（Osborn, 1936, 1942；Simpson, 1945）。

至今，恐象化石发现于晚渐新世至更新世早期的旧大陆。它从未到达美洲、大洋洲和南极洲。

依据目前资料，人们认为恐象是象类早期分出的一旁支。它起源于非洲。其最原始的类型出现在埃塞俄比亚的 Chilga，地质时代为晚渐新世（距今约 28–27 Ma），以 *Chilgatherium harrisi* Sanders et al., 2004 为代表；在早中新世时期 *Chilgatherium* 灭绝，原恐象（*Prodeinotherium*）在非洲和欧亚大陆出现，晚中新世时期被恐象（*Deinotherium*）所替代；恐象于晚中新世晚期—早上新世在欧亚大陆灭绝，而在非洲，它一直残存至更新世早期（距今约 1.1–1.0 Ma，非洲肯尼亚 Kanjera 组）。在其整个演化过程中，它相对保守，分化速度慢，仅以 3 属为代表。演化趋势也只表现在个体增大；脑颅变短变高，颞窝变深和枕髁抬升，吻部变宽、扁平；外鼻孔后移；而颊齿结构在演化中除增大外没有大的变化（Sanders et al., 2010）。至于它起源于哪一类动物至今仍有争论。有的认为它与重兽（Barytheriidae）有关（Tassy, 1996），因为它们的颊齿均为脊型。Harris（1978）认为恐象可能是从具有相似的丘 - 脊型齿的 *Moeritherium* 演化而来。Sanders 等（2004, 2010）支持这一看法。

原恐象属 Genus *Prodeinotherium* Éhik, 1930

模式种 巴伐里亚恐象 *Prodeinotherium bavaricum* (von Meyer, 1831)

鉴别特征 与恐象（*Deinotherium*）相比，原恐象的个体相对小。齿式与恐象科的一致。m2–m3 具有明确发育的下后脊 - 下次脊。头骨吻部向下弯曲，与下颌联合部平行；吻部槽和外鼻孔窄；接近眼眶上部的眶前部膨大；鼻骨位置比恐象的靠前，鼻骨前部中等突出；颅顶比恐象的长而宽，枕面比较倾斜，副枕突短（Huttunen et Gohlich, 2002）。

中国已知种 中华原恐象 *Prodeinotherium sinense* Qiu et al., 2007。

分布与时代 非洲和欧亚大陆，早中新世—晚中新世。我国仅发现于甘肃，晚中新世。

评注 原恐象（*Prodeinotherium*）是由 Éhik 在 1930 年依据出自匈牙利早中新世的一个不完整下颌骨建立的。属型种是 *Prodeinotheriun hungaricum*。Osborn（1936）认为建属的条件不够充分，把它看做是恐象的一个种，即 *Deinotherium hungaricum*。以后，一些古生物学者认同他的观点：认为恐象科仅包含一属，匈牙利原恐象是恐象属的一个种。Harris（1973, 1978）在研究非洲利比亚 Gebel Zelten 地点的恐象时，认为依据个体大小、头骨和头后骨骼的不同，可把恐象属分为两属：*Deinotherium* 和 *Prodeinotherium*。前者代表恐象的晚期类型，后者则为原始的恐象。同时，他主张以 *Prodeinotherium bavaricum* 替代原来的属型种 *Prodeinotherium hungaricum*。因为它们属于同一类型。

原恐象化石主要发现于早中新世—晚中新世的非洲和欧亚大陆。最早出现在非洲乌干达 Moroto II 早中新世（距今约 20 Ma）（Bishop et Whyte, 1962；Bishop, 1967；Pickford, 2003）和 Karungu 早中新世（距今约 22.5 Ma）。之后，它在东非、北非和南非被发现。大约在早中新世（MN3b），它进入欧亚大陆。在中中新世，它几乎在整个欧洲繁盛发育，并于晚中新世为恐象所替代。在亚洲，它主要出现在早—中中新世的西亚和南亚。在东亚晚中新世的发现是由邱占祥等于 2007 年的报道才知晓。

它与恐象的主要不同在于个体小，吻部槽和外鼻孔窄，颅顶部长而宽，枕髁垂直，副枕突短。下第三臼齿的下原尖和下次尖平行排列；在恐象中，它们不同程度地愈合为一单尖。

至今，原恐象包括 4 个种：非洲的 *Prodeinotherium hobleyi* (Andrews, 1911)，欧洲的 *Prodeinotherium bavaricum* (von Meyer, 1831)，南亚的 *Prodeinotherium pentapotamiae* (Falconer, 1868) 和我国的 *Prodeinotherium sinense* Qiu et al., 2007。

中华原恐象 ***Prodeinotherium sinense* Qiu et al., 2007**

（图 6）

正模 IMM-C-2005-0017，一个不完整的下颌骨，带右 p3–m3 和左 p4 的最后端及 m1–m3。收集自甘肃临夏州东乡县班土村北坡柳树组底部砂岩透镜体，上中新统下部。

鉴别特征 个体中等大小。下颌骨水平支在 m3 处的横切面接近圆形；下颌联合部细长，较直地斜向前下方，与水平支组成约 45° 角。前端（与门齿）不垂直或后弯。颏孔一个，

洲类型有 *Losodokodon* Rasmussen et Gutierrez, 2009、*Eozygodon* Tassy et Pickford, 1983 和 *Zygolophodon* Vacek, 1877 等属；在欧亚大陆和北美的类型仅有 *Zygolophodon* 和 *Mammut*。

我国的轭齿象研究已经有一百多年的历史了。但是，已知的类型同样不多。周明镇和张玉萍（1974）总结我国的长鼻类时认为它有 1 属（*Zygolophodon*）、6 种（*Z. jiningensis* Chow et Chang, 1974，*Z. nemonguensis* Chow et Chang, 1961，*Z. shansiensis* Chow et Chang, 1961，*Z. borsoni* Hays, 1834，*Z. intermedius* Teilhard de Chardin et Trassaert, 1937 和 *Zygolophodon* sp.）。Tobien 等（1988）研究我国新近纪和早更新世的乳齿象类时，提出我国的轭齿象类包括 2 属 2 种，即中中新世的戈壁轭齿象（*Zygolophodon gobiensis*）和晚中新世的包氏短颌轭齿象（*Mammut borsoni*）。近年，Mothé 等（2016a）为甘肃的一个不完整下颌建立了中华短颌轭齿象（*Sinomammut*），也看做是这个科的成员。

依据目前资料，我国的轭齿象主要发现于西北、华北和西南地区的新近纪地层中。最早的类型可能是出现在新疆准噶尔盆地哈拉玛盖和宁夏同心的中中新世（MN6）。最晚的类型出现在山西榆社的上新世早期。这似乎表明中国轭齿象出现时代比欧洲的要晚。

轭齿象属 Genus *Zygolophodon* Vacek, 1877

模式种 苏黎士轭齿象 *Zygolophodon turicensis* (Schinz, 1824)

鉴别特征 个体中到大型；下颌联合部长，具一对直而向前伸出的下门齿，横切面为圆形；上门齿向下弯曲，增大，向外分开，外侧面具珐琅质带；颊齿低冠，丘 - 脊型。中间臼齿（DP4/dp4，M1/m1，M2/m2）为 3 个齿脊，上第三臼齿由 3 个齿脊和一粗壮的跟座或 4 个齿脊加一不发育的跟座组成；下第三臼齿为 4 个齿脊和一小的跟座构成。中沟明显，主齿柱的前、后锯齿脊一般发育，中心锥弱或无，主、副齿柱排列呈明显的“轭形”（yoke-like），副齿柱具轭齿脊（ZC）。稍磨蚀，齿脊顶端前后方向呈尖削状。上臼齿齿脊与牙齿长轴正交，下臼齿齿脊与牙齿长轴斜交；白垩质少或无（周明镇、张玉萍，1974, 1978；Coppens et al., 1978；Tobien et al., 1988；Tobien, 1996）。

中国已知种 戈壁轭齿象 *Zygolophodon gobiensis* (Osborn et Granger, 1932)，准噶尔轭齿象？ *Z.? zunggarensis* Chen, 1988，同心轭齿象 *Z. tongxinensis* (Chen, 1978)，？后庆义轭齿象 ?*Z. metachinjiensis* (Osborn, 1929)，前中间轭齿象？ *Z.? preintermedius* (Wang et al., 2016)，共 5 种。

分布与时代 非洲，中新世；欧亚大陆，中中新世—晚中新世。中国西北地区（新疆、宁夏）、华北地区（内蒙古）、西南地区（云南），中中新世—早上新世。

评注 Vacek 在 1877 年建立 *Zygolophodon* 属时，包括欧洲的 3 个种：*Mastodon borsoni*、*Mastodon turicensis* 和 *Mastodon tapiroides* (=*Mastodon pyrenaicus*)。Osborn 在 1926 年把其中的 *Mastodon turicensis* 从该属中分出，并以它为基础建立了 *Turicius* 属；

1936 年，他又把 *Mastodon tapiroides* 从 *Zygolophodon* 中分出，归入到 *Turicius* 中，并把 *Mastodon borsoni* 作为 *Zygolophodon* 的属型种。

Simpson（1945）认为 *Turicius* 是 *Zygolophodon* 的同物异名，*Mastodon borsoni* 是 *Mammut* 的属型种。以后的古生物学者均把 *Zygolophodon* 作为轭齿象科的一有效属。

Zygolophodon 是非洲、欧洲、亚洲和北美中中新世哺乳动物群的主要成员之一。它最早出现在早中新世的北非，以 *Zygolophodon aegyptensis* Sanders et Miller, 2002 为代表，早中新世中期（MN3B）进入欧洲，中中新世到达亚洲和北美，于晚中新世灭绝。

戈壁轭齿象 *Zygolophodon gobiensis* (Osborn et Granger, 1932)

（图 7—图 9）

Serridentinus gobiensis：Osborn et Granger, 1932, p. 11–13；Osborn, 1936, p. 398

Zygolophodon goromovae：Dubrovo, 1970, p. 137, 138

Zygolophodon jiningensis：周明镇、张玉萍，1974，35 页；周明镇、张玉萍，1978，448 页

Serridentinus gobiensis：Wang et al., 2019, p. 166, 167

正模 AMNH 26461，一个不完整的下颌，保存了右侧垂直支、右下颌水平支带 m2–m3，以及完整的下颌联合部。内蒙古二连浩特附近通古尔，中中新统通古尔组。

归入标本 内蒙古集宁：左 M3（无编号）；通古尔：PIN. no.2202-5，右 M2–M3，PIN. no. 2202-6，右 M3。

鉴别特征 下颌联合部长，下门齿长；颊齿低冠，丘 - 脊型；中间臼齿由 3 个齿脊组成；第三臼齿为 4 个齿脊和一跟座。主齿柱发育前、后锯齿脊，副齿柱的轭齿脊（ZC）存在。无白垩质。

产地与层位 内蒙古（二连浩特、集宁），中中新统通古尔组。

评注 *Zygolophodon gobiensis* 最初是由 Osborn 和 Granger 在 1932 年作为 *Serridentinus gobiensis* 记述的。正模是来自我国内蒙古通古尔中中新世中 - 晚期的一个不完整下颌骨（AMNH 26461）。以后，它被 Tobien（1972）归入 *Zygolophodon*。Tobien 等（1986, 1988）在研究中国新近纪和早更新世的象化石时，认为我国这一时期的已命名的轭齿象（*Zygolophodon*）可能均是戈壁轭齿象种的同种异名。这包括内蒙古的 *Zygolophodon nemonguensis* Chow et Chang, 1961、*Zygolophodon jiningensis* Chow et Chang, 1974 和 *Zygolophodon goromovae* Dubrovo, 1970，以及云南开远小龙潭、昭通和玉溪的 *Zygolophodon chinjiensis* 和湖北房县二郎岗的 *Zygolophodon* sp. 等。此外，他们还把宁夏同心的 *Miomastodon tongxinensis* Chen, 1978 也归入此种。Shoshani 和 Tassy（1996）接受了这一看法，并提出中国的这个轭齿象种可能也是欧洲早 - 中中新世的 *Zygolophodon turicensis* 组的成员。

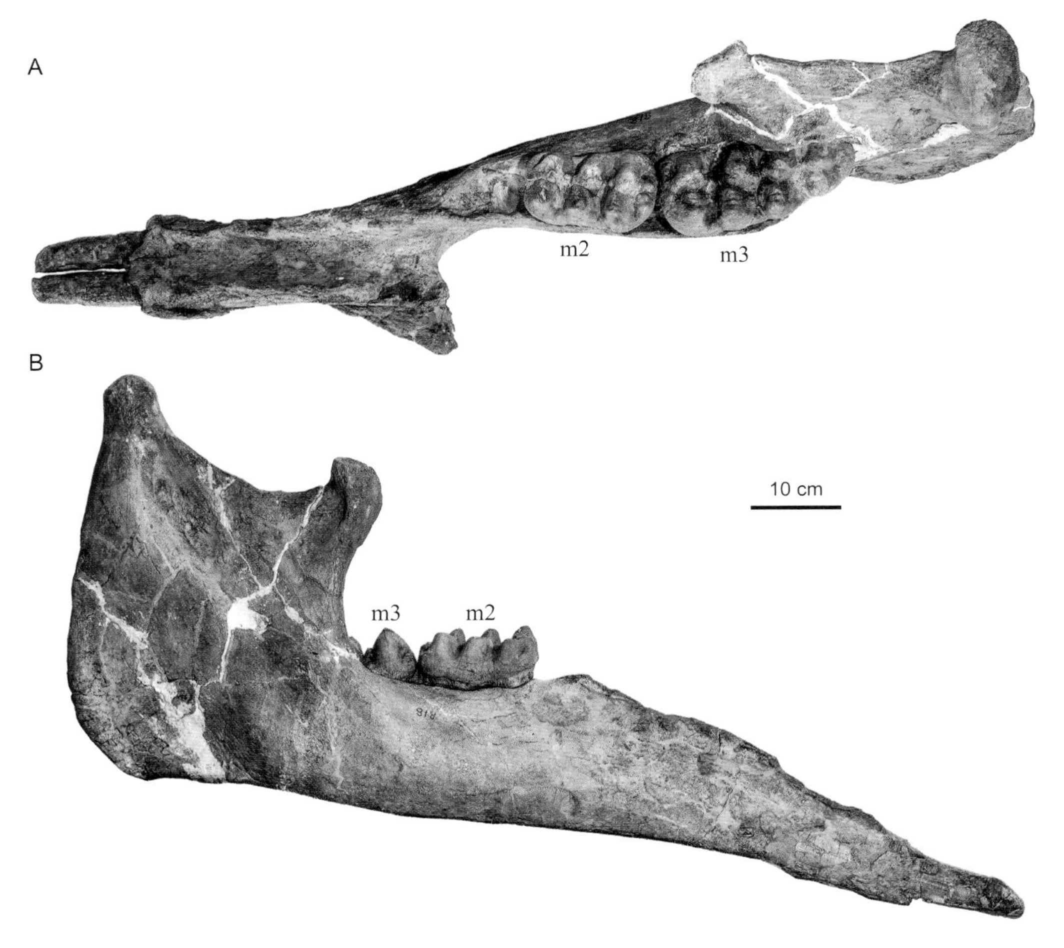

图 7　戈壁轭齿象 *Zygolophodon gobiensis* 下颌骨

下颌骨带右 m2–m3（AMNH 26461，正模）：A. 嚼面，B. 外侧面（引自 Wang et al., 2019）

Wang 等（2016a）把戈壁轭齿象归入中华乳齿象类（Sinomastodontinae）中，作为中华乳齿象的早期类型看待。理由是其臼齿齿脊前后侧扁不明显。事实上，按照目前的分类特征，戈壁轭齿象不可能属于中华乳齿象类。第一，戈壁轭齿象的下颌联合部长，为长颌乳齿象类，而中华乳齿象类的主要特征是下颌联合部短，属于短颌乳齿象；第二，前者的颊齿为丘 - 脊型，而后者为丘型；第三，前者颊齿的副齿柱具轭齿脊（ZC），后者不存在。

宗冠福（1997）把收集自云南元谋芝麻的一些标本归入戈壁轭齿象（*Zygolophodon gobiensis*）中。这些标本属于同一个体：包括一破残头骨带两枚上门齿，一下颌骨，肩胛骨，右肱骨，肋骨和若干椎骨（编号 YZ 001，收藏于云南楚雄彝族自治州博物馆）。尽管它的下颌骨与戈壁轭齿象有相似之处，如大小接近，臼齿结构相似，下颌骨底缘平直，联合部略向下倾斜，两门齿靠近、平行伸出等，但芝麻的标本具有更为进步的性状，如下颌骨大，从门齿前端到垂直支后缘长为 1246 mm，而戈壁轭齿象为 1090 mm（Tobien

图 8　戈壁轭齿象 *Zygolophodon gobiensis* 右 m3
AMNH 26461，正模：嚼面（引自 Wang et al., 2019）

图 9　戈壁轭齿象 *Zygolophodon gobiensis* 左 M3
无编号：嚼面（引自 Tobien et al., 1988）

et al., 1988)；下颌联合部短，前者为 380 mm，其长度等于或短于颊齿（M2+M3）的长度，后者下颌联合部长度为 420 mm，大于颊齿（M2+M3）的长度；前者臼齿齿脊主齿柱的前后锯齿脊不发育。此外，前者出现在晚中新世，晚于我国北方轭齿象最晚出现时间（中中新世晚期）；在地理分布上，前者生存于我国西南地区，而后者主要分布于华北和西北地区。按童永生等（1995）观点，在中 - 晚中新世时期我国南、北哺乳动物群已经发生分化，交流相对减少。由此，推测芝麻的标本可能代表与戈壁轭齿象不同的一类轭齿象。Wang 等（2016a）把它归入中华乳齿象类中。依据芝麻标本具长的下颌联合部，它似乎也不是该类的成员。

此外，曾归入戈壁轭齿象的一些其他轭齿象类型可能也并不属于该种：

1）同心的 *Miomastodon tongxinensis* Chen, 1978。归入此种的标本为上、下第三臼齿各一枚（IVPP V 5584, V 5585），产自宁夏同心固家庄子中中新世地层中。Tobien 等（1986）把它归入戈壁轭齿象中。依据其个体小，臼齿齿脊数和构成齿脊的乳突数少，主齿锥前后的附锥不构成锯齿脊，珐琅质层厚等性状，笔者认为它可能不是戈壁轭齿象的成员。基于其出现时间早于戈壁轭齿象，它可能代表一个更早期的轭齿象。在此，把它称为同心轭齿象。

2）云南开远小龙潭的 *Zygolophodon chinjiensis*。周明镇和张玉萍（1978，71 页）曾把收集自云南（开远小龙潭、昭通和玉溪）的标本鉴定为 *Zygolophodon chinjiensis*。Tobien 等(1986)认为它应归入戈壁轭齿象中。从牙齿形态特征和它出现的地理位置来看，它可能也不是戈壁轭齿象的成员。

3）周明镇和张玉萍（1961）以一枚左下第三臼齿（IVPP V 2487）建立的内蒙古轭齿象（*Zygolophodon nemonguensis*）。Tobien 等（1988）也将其归入戈壁轭齿象，并认为该枚牙齿为左 M3。依据该牙齿的特征，它可能属于山西短颌轭齿象。

由此看来，可能仅仅 *Zygolophodon jiningensis* Chow et Chang, 1974 和 *Zygolophodon goromovae* Dubrovo, 1970 与戈壁轭齿象属于同一类型。

准噶尔轭齿象？ *Zygolophodon*? *zunggarensis* Chen, 1988

（图 10）

Serridentinus sp.：周明镇，1958，290 页

Zygolophodon sp.：陈冠芳，1988，265–277 页

正模 IVPP V 8583，一破碎的左上颌骨带 M2–M3。新疆准噶尔盆地北缘，中中新统哈拉玛盖组。

归入标本 IVPP V 8584，一破碎上颌骨具两侧 M2–M3；IVPP V 2304，右 DP4；IVPP V 8585，左 P4；IVPP V 8586，右 DP4。均采自新疆准噶尔盆地，中中新统哈拉玛盖组。

鉴别特征 中等大小；臼齿相当宽；中间臼齿 3 个齿脊；M3 4 个齿脊，它既有丘型齿（bunodont）乳齿象臼齿的性质，即主齿柱的前、后锯齿脊在齿谷中存在，又有轭型

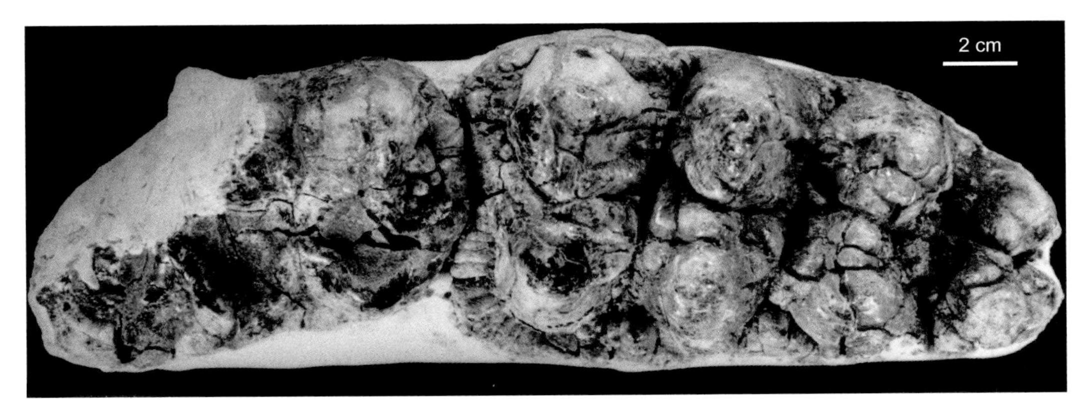

图 10 准噶尔轭齿象？ *Zygolophodon*? *zunggarensis*
左 M2–M3（IVPP V 8583，正模）：嚼面（引自陈冠芳，1988）

齿（zygodont）乳齿象臼齿的性质：齿脊呈轭形排列和副齿柱发育有轭齿脊（ZC）。

产地与层位 新疆乌伦古河北岸播塔莫音，中中新统哈拉玛盖组哈拉玛盖段。

评注 与戈壁轭齿象相比，准噶尔轭齿象？似乎更为原始些，表现在它的第三臼齿相对小且短宽，主齿柱前、后锯齿脊不发育。它似乎更接近于欧洲的 *Z. turicensis*。

同心轭齿象 *Zygolophodon tongxinensis* (Chen, 1978)

（图 11，图 12）

Miomastodon tongxinensis：陈冠芳，1978，107, 108 页

Zygolophodon gobiensis：Tobien et al., 1988, p. 151, 152 (part)

正模 IVPP V 5584，一枚右 m3。宁夏同心顾家庄子，中中新统下部（MN6）。

副模 IVPP V 5585，一枚右 M3。

鉴别特征 一种小型轭齿象。上、下第三臼齿均由 4 个齿脊组成。中沟发育；无中心锥；珐琅质层厚；除牙齿前端稍有齿缘外，整个牙齿几乎无齿带。磨蚀后，主齿柱呈三叶式图案；前两个齿脊的副齿柱顶部为前后变扁、尖利的脊状，轭齿脊（ZC）在副齿柱上存在。此外，上第三臼齿齿冠后部迅速变窄。

产地与层位 宁夏同心，中中新统（MN6）。

评注 陈冠芳（1978）把出自宁夏同心顾家庄子中中新统的上、下第三臼齿鉴定为同心中新乳齿象（*Miomastodon tongxinensis* Chen, 1978）。Tobien 等（1988）把它归入戈壁轭齿象（*Zygolophodon gobiensis*）中。Shoshani 和 Tassy（1996）认为它可能是同心铲齿象（*Platybelodon tongxinensis*）的成员。基于臼齿齿脊排列成“轭形”，副齿柱具轭齿

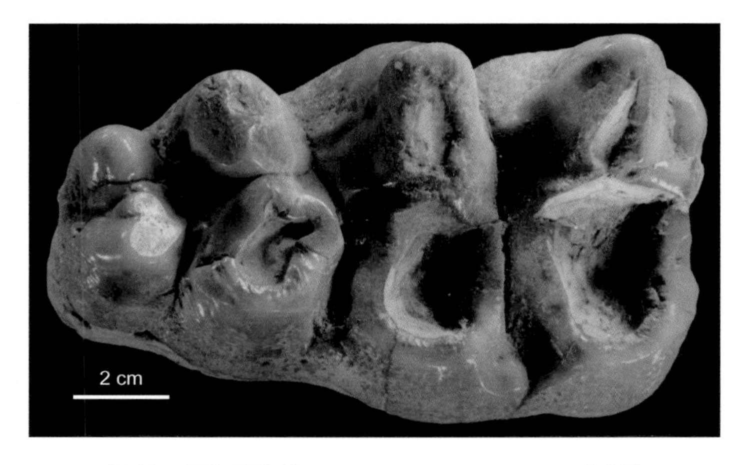

图 11 同心轭齿象 *Zygolophodon tongxinensis* 右 M3

IVPP V 5585：嚼面（引自陈冠芳，1978）

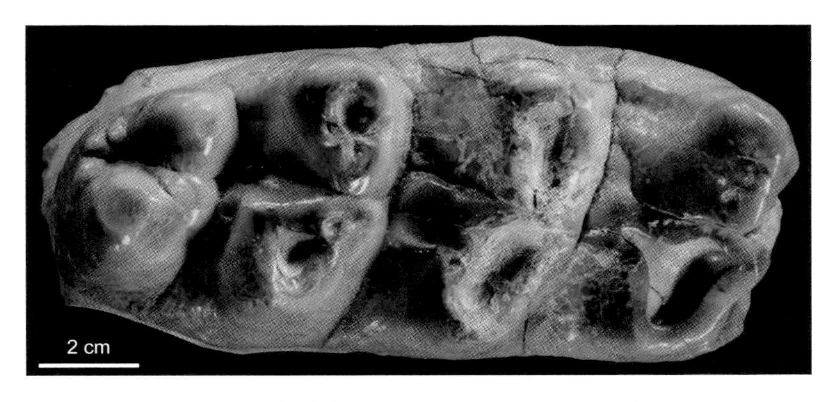

图 12　同心轭齿象 *Zygolophodon tongxinensis* 右 m3
IVPP V 5584，正模：嚼面（引自陈冠芳，1978）

脊（ZC），该上、下第三臼齿应该属于轭齿象类。与戈壁轭齿象的不同是明显的：它的牙齿小，结构简单，主齿柱前后没有发育明显的锯齿脊。它可能是轭齿象的一有效种，比戈壁轭齿象原始。

？后庆义轭齿象 ?*Zygolophodon metachinjiensis* (Osborn, 1929)

（图 13）

Serridentinus chinjiensis：Osborn, 1929, p. 5；Osborn, 1936, p. 456

Serridentinus metachinjiensis：Osborn, 1929, p. 4；Osborn, 1936, p. 456

Zygolophodon chinjiensis：周明镇等，1978，71 页

Zygolophodon gobiensis：Tobien et al., 1988, p. 153

正模　Amer Mus. 19414，一个不完整的下颌，带 m2–m3。印度西瓦利克下 Chinji 层，中中新统。

归入标本　云南开远小龙潭，小龙潭组：IVPP V 4688.1，一左上第三臼齿；昭通：IVPP V 4688.2，一右上第三臼齿的后半部；玉溪煤矿：IVPP V 4688.3，仅为第三臼齿的跟座。

鉴别特征　个体稍大于竹棚短颌轭齿象；臼齿齿冠较高。第三臼齿由 4 个齿脊和一个不大的跟座组成，中沟明显，齿带较发育；主、副齿柱顶端均由 4–6 个乳突组成；前两个齿脊主齿柱的前、后锯齿脊发育，磨蚀后三叶式图案明显；副齿柱脊状，轭齿脊（ZC）发育，珐琅质光滑，无白垩质。

产地与层位　印度西瓦利克 Chinji Bunbalow，中中新统。中国云南开远，中中新统上部小龙潭组；玉溪，上中新统。

评注　Osborn 在 1929 年为产自印度 Chinji Bunbalow 西一公里半处的西瓦利克

Chinji 层（中中新统上部）的一些牙齿建立锯齿象的两个种：*Serridentinus chinjiensis* 和 *Serridentinus metachinjiensis*。1972 年，Tobien 认为它们可能属于轭齿象。周明镇等（1978）接受这一观点，并把收集自我国云南小龙潭、玉溪和昭通的几枚单个牙齿归入其中。Tassy（1983）在讨论南亚中新世时期的象化石时，把 *Z. chinjiensis* 看做是 *Z. metachinjiensis* 的同物异名。Tobien 等（1988）认为开远的 M3 的牙齿结构与内蒙古通古尔的 *Z. gobiensis* 者相似，它可能属于 *Z. gobiensis*。尽管开远的材料很少，但与戈壁轭齿象相比，它确实存在一些相似的性状，如 M3 也由 4 个齿脊和一个不发育的跟座组成，主齿柱的前、后有明显的锯齿脊，中沟明显，内侧齿缘粗壮，齿谷中无白垩质充填，副齿柱具轭齿脊（ZC）等。事实上，这是轭齿象属的基本特征。它与戈壁轭齿象的主要不同表现在 M3 小，比较窄，内侧齿缘发育。此外，它出现在我国的南方。至今在我国南北的中间地带还没有这一时期轭齿象出现的报道。而它的生存时代可能与戈壁轭齿象出现的时代相当或稍晚，笔者主张暂时把它存疑放在 *Z. metachinjiensis* 中。

图 13　? 后庆义轭齿象 ?*Zygolophodon metachinjiensis*
左 M3（IVPP V 4688.1）：嚼面（引自周明镇等，1978）

前中间轭齿象? *Zygolophodon*? *preintermedius* (Wang et al., 2016)

（图 14）

Sinomastodon preintermedius：Wang et al., 2016a, p. 155–173

正模　ZTV-07-001，一个破损头骨带两侧 M1–M3。云南昭通，中新统上部（距今约 6.5–6.0 Ma）。

归入标本　ZY 00013–ZY 00029，单个牙齿。收集自云南昭通。ZTV 和 ZY 为云南省文物考古研究所编号。

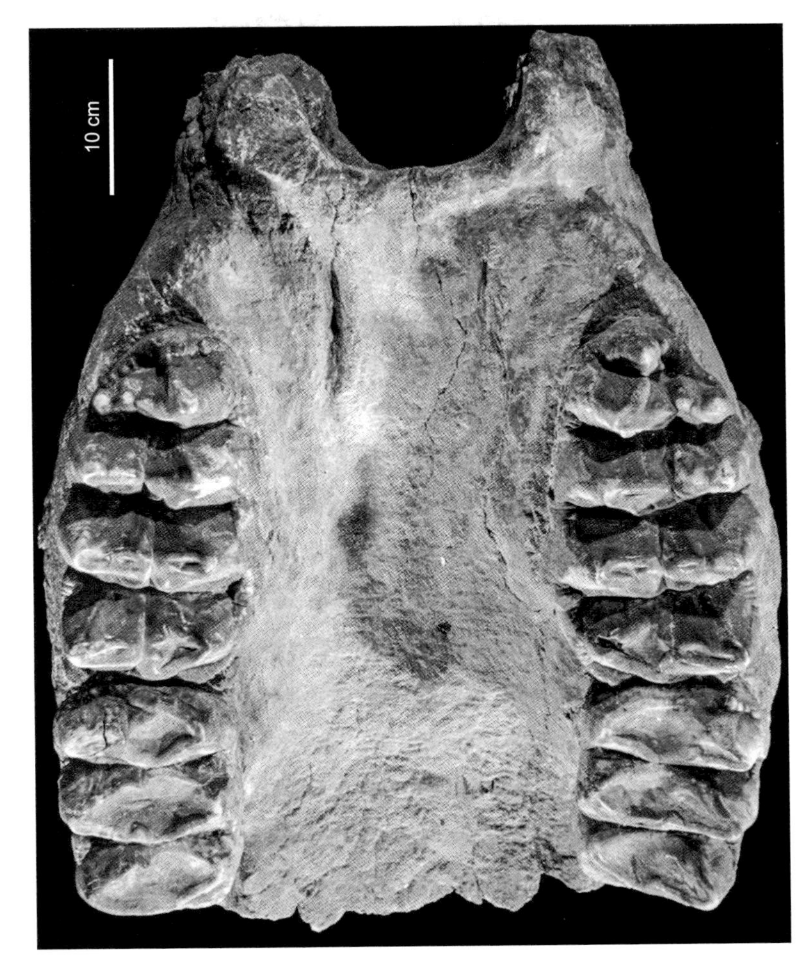

图 16　山西短颌轭齿象 *Mammut shansiense* 上腭
上腭骨带两侧 M2–M3（THP 00079）：颚面（引自 Tobien et al., 1988）

评注　山西短颌轭齿象是由周明镇和张玉萍（1961）以产自山西榆社的一下第三臼齿建立的。最初，他们把它归入 *Zygolophodon* 中。20 世纪 80 年代中期，Tassy（1985, 1986）把它置入 *Mammut* 属中。Tobien 等（1988）认为它和 *Mammut borsoni* 属同一类型。Shoshani 和 Tassy（1996, Appendix C 1）认为该种的分类位置未定。陈冠芳（待发表）的文章中，提出山西短颌轭齿象可能是一有效种。

Teilhard de Chardin 和 Trassaert（1937）把收集自山西榆社的大量标本（THP 10000, THP 00079，等等）归入 *Mastodon borsoni*。周明镇、张玉萍（1974, 1978）把它订正为 *Zygolophodon borsoni*。Tobien 等（1988）认为它们属于短颌轭齿象包氏种（*Mammut borsoni*）。笔者认为尽管它与山西短颌轭齿象有些不同，如颊齿明显宽，但它们可能属于同一类型。理由是：第一，榆社的标本除个体大小和颊齿宽等特征上与欧洲晚中新世包氏短颌轭齿象的相似外，其余的一些特征却与之不同，如下颌骨大，下颌水平支明显向后外方向分散，下颌角髁突为圆弧形，不呈直角状；下颌联合部明显短于 m2–m3 之长度；颏孔小，有 3 个；颊齿相对窄，第三臼齿跟座发育；磨蚀后，主齿柱出现三叶式图案，白垩质少或无。第二，这些标本与山西短颌轭齿象有相似的特征：上、下第三臼齿几乎均由 4 个齿脊和一个发育的跟座组成，主齿柱在磨蚀后出现三叶式图案，中沟明显等。第三，它们均出现在山西榆社地区，可能出现在同一地质时代（上新世）。当然，要准确确定其分类位置，还需要更多的材料，至少包括完整的头骨。

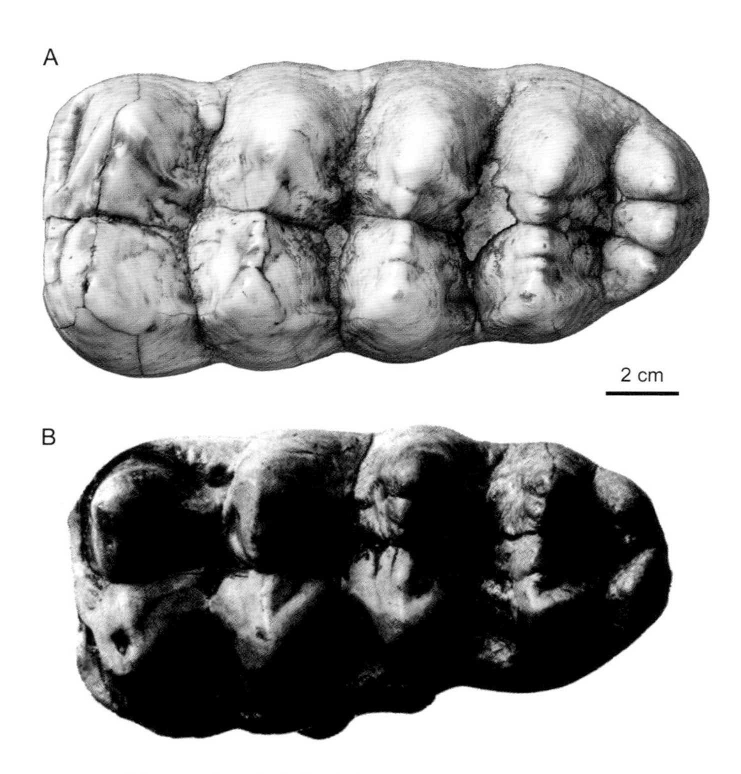

图 17　山西短颌轭齿象 *Mammut shansiense* 牙齿

A. 右 m3（IVPP V 2485，正模，嚼面），B. 左 M3（No 876，嚼面）（引自 Tobien et al., 1988）

托氏短颌轭齿象 *Mammut tobieni* (Mothé et al., 2016)

（图 18，图 19）

Sinomastodon intermedius：颉光普，2007，169 页

Sinomastodontinae gen. et sp. indet.：Wang S. Q. et al., 2014, p. 2522–2531

Sinomammut tobieni：Mothé et al., 2016a, p. 65–74

正模　GIOTC 0984-9-178，一个破损的下颌骨带 m2 和 m3。发现于甘肃西河县杨河村，上中新统保德阶（现存甘肃工业职业技术学院）。

鉴别特征 下颌联合部短或中等长；第二臼齿有3个齿脊，第三臼齿有4个齿脊；齿脊前后变扁，轭形排列，齿脊与长轴斜交，主齿柱前、后脊呈锯齿状，副齿柱有轭齿脊（ZC），具小而弱的后齿缘。

产地与层位 甘肃西河县杨河村，上中新统保德阶。

评注 颉光普（2007）描述了一件出自甘肃西河县杨河村的标本，为一不完整的下颌带m2–m3，并把它归入到中间中华乳齿象（*Sinomastodon intermedius*）中。2014年，王世骐等把它看做是中华乳齿象亚科中最原始的类型，其属、种的位置未定（Sinomastodontinae gen. et sp. indet.）。Mothé 等（2016a）认为它代表了轭齿象科的一新属，命名为中华短颌轭齿象（*Sinomammut*）。理由是它具有轭齿象臼齿的特有形状：下第三臼齿的齿脊倾斜，呈轭形排列，齿谷宽和副齿柱具轭齿脊（ZC）。这些特征无疑表明它是轭齿象科的成员，但它是否代表一个新属似乎还有待商榷。首先，该新属区别于轭齿象科中其他属的一个重要特征是下门齿缺失。然而，该新属仅仅是以一破损的带m2–m3的右下颌为代表。据报道，它是一不完整的下颌骨。因在发掘过程中该下颌骨破损，留给古生物学者研究的仅仅是一张模糊不清的照片，且下颌联合部前端破损。由此，人们很难判断该属是否具有下门齿。其次，该新属的另一个特征是下第三臼齿在前两个齿脊的副齿柱上存在轭齿脊（ZC）。事实上，轭齿脊（ZC）在臼齿副齿柱上的存在是轭齿象科的基本特征之一。它似乎不能作为划分属一级分类的性状。第三，下第三臼齿后齿缘不发育也被看做是该新属的特性。笔者认为以一枚牙齿的后齿缘的发育程度作为属的特性可能是不合适的。因为下第三臼齿后齿缘在同一个种内也是变异的。从该照片上看，

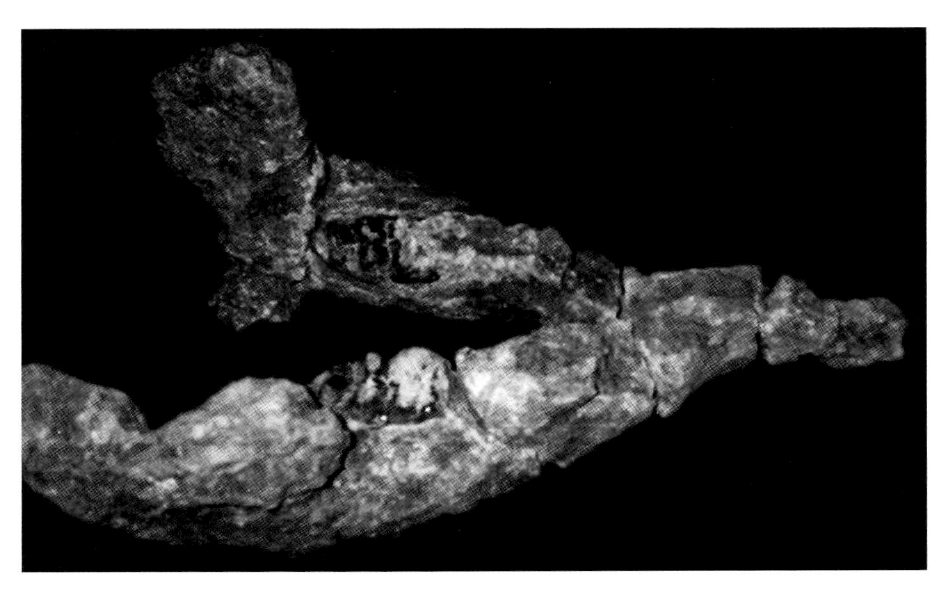

图18 托氏短颌轭齿象 *Mammut tobieni* 下颌骨
GIOTC 0984-9-178，正模：冠面视（引自 Wang S. Q. et al., 2014）

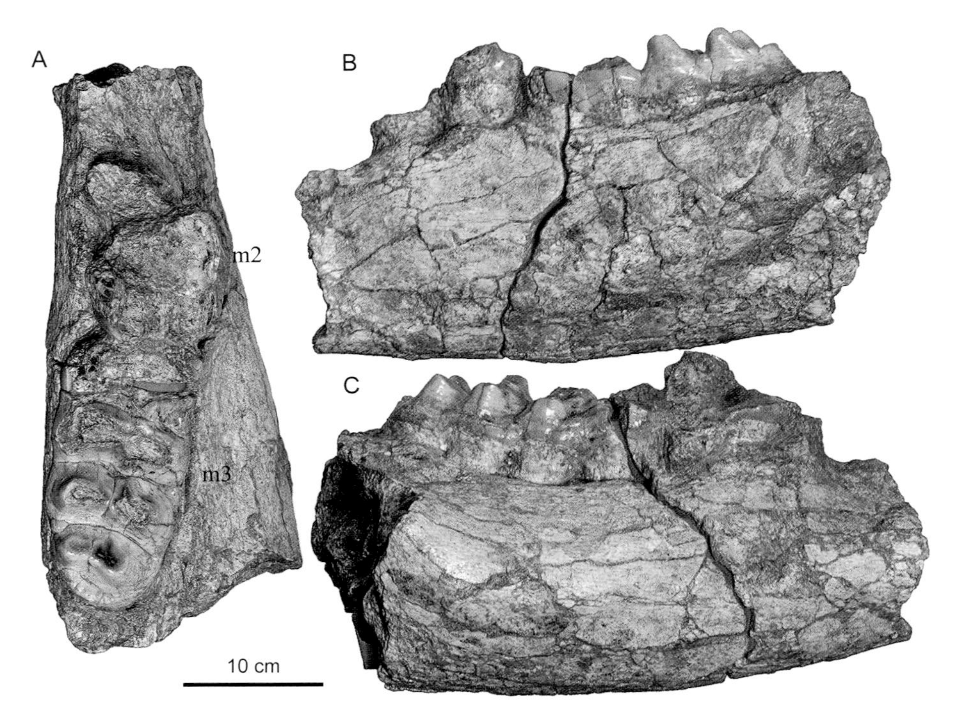

图 19 托氏短颌轭齿象 *Mammut tobieni* 破损右下颌带 m2–m3
GIOTC 0984-9-178，正模：A. 嚼面，B. 舌侧面，C. 外侧面（引自 Mothé et al., 2016a）

其下颌联合部比 *Zygolophodon gobiensis* 的短，比 *Mammut americanum* 的长，下第三臼齿磨蚀深，但仍可见其主齿柱发育有前后齿脊，从现有特征看，该标本似乎更可能属于短颌轭齿象。

竹棚短颌轭齿象 *Mammut zhupengense* (Ji et Zhang, 1997)

（图 20）

Zygolophodon sp.：周明镇等，1978，72 页

Zygolophodon zhupengensis：吉学平、张兴永，1997，90, 91 页

Zygolophodon gobiensis：宗冠福，1997，159–164 页

正模 YV 787，一完整的左 M3。云南元谋小河竹棚，上中新统小河组。

归入标本 云南元谋小河竹棚：YV 768 和 PDYV 784，2 枚左 M3；PDYV 364，一破损的右 m3。云南元谋雷老：PDYV 1758，一破损的右 m3。云南元谋芝麻：YZ 001，同一个体的残破头骨，带两个基本完整的上门齿，下颌骨带第二和第三臼齿，以及肩胛骨和右肱骨各一件，肋骨和椎骨若干。

鉴别特征 个体稍小于后庆义轭齿象；下颌联合部长，下门齿平行向前伸出，横切面为椭圆型；颊齿丘 - 脊型，齿冠较高，狭长；中间臼齿为 3 个齿脊。第三臼齿由 4 个齿脊和一个低矮的跟座组成；主、副齿柱各由 3–4 个圆锥形乳突组成，唇侧（副齿柱侧）齿脊顶部见削状，具轭齿脊（ZC）；主齿柱前后坡均有弱的斜脊，此斜脊从前向后减弱，磨蚀后形成典型的三叶式图案；跟座低矮，齿缘存在于齿冠前缘；中沟浅而直，无白垩质。

产地与层位 云南元谋雷老、芝麻、小河竹棚，上中新统小河组。

评注 竹棚短颌轭齿象最早是由吉学平和张兴永（1997）作为 *Zygolophodon* 的一种描述的。正模是一枚完整的左 M3，收集自云南元谋小河竹棚的小河组，时代为上新世。2006 年吉学平和张家华又把发现于元谋小河的几枚牙齿也归入其中，认为它属于短颌轭齿象，并确认其产出层位是小河组，时代为晚中新世，距今约 7–8 Ma。

宗冠福（1997）描述了云南元谋芝麻小河组的一个破损头骨和下颌，并把它归入到戈壁轭齿象中。Wang 等（2016a）认为它属于中华乳齿象类。依据其下颌联合部长、臼齿的齿脊呈轭形排列，以及副齿柱具轭齿脊（ZC）等特征，笔者认为它应该是短颌轭齿象的成员。它的进步性状表明它不可能与戈壁轭齿象为同一类型。从臼齿大小和形态特征看，它更可能与竹棚短颌轭齿象属同一类型。

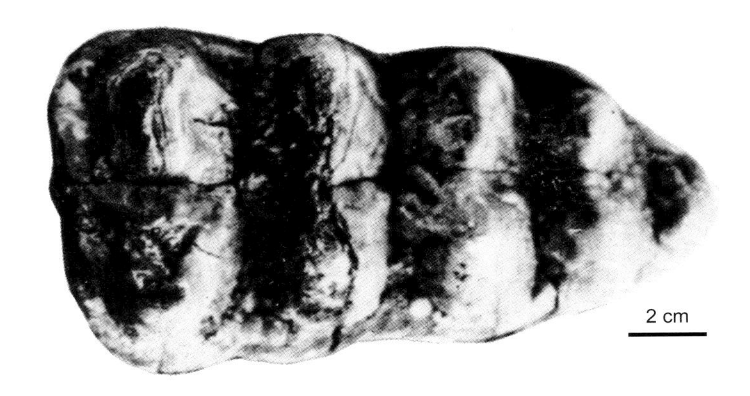

图 20 竹棚短颌轭齿象 *Mammut zhupengense*
左 M3（YV 787，正模）：嚼面（引自吉学平、张兴永，1997）

禄丰短颌轭齿象 *Mammut lufengense* (Zhang, 1982)

（图 21）

Zygolophodon lufengensis：张兴永，1982，359–362 页

正模 YV 0131，一枚左 m3。云南禄丰石灰坝，上中新统；保存在云南省博物馆。

副模 与正模来自同一地点的单个牙齿：YV 0132，一枚右 m3；YV 0141, YV 0143，左、右 m2 各一枚；YV 0139，左 m1 一枚；YV 0134, YV 0135，左、右 M2 各一枚；YV 0142，左 M1 一枚；YV 0140，右 M1 一枚；YV 0138，左 DP3 一枚。

鉴别特征 个体大；颊齿齿冠高度中等，脊型齿；中间臼齿（DP4/dp4, M1/m1, M2/m2）由 3 个齿脊组成；第三臼齿有 4 个齿脊和前后齿缘，主齿柱前后的锯齿状齿脊不明显；副齿柱具轭齿脊（ZC）；中沟清楚且浅，主、副齿柱均与牙齿长轴斜交；齿冠顶部明显窄于基部，谷两侧存在附乳小突，无其他附属构造，无白垩质。

产地与层位 云南禄丰石灰坝，上中新统（MN11）石灰坝组中部。

评注 禄丰短颌轭齿象是张兴永（1982）描述的。它与我国北方的戈壁轭齿象明显不同的是：其牙齿小，主齿柱的前、后锯齿脊不发育；磨蚀后，三叶式图案不明显。与我国南方的另一种轭齿象（*Z. metachinjiensis*）相比，同样是牙齿小，齿冠窄长，附属构造简单；磨蚀后，主齿柱的三叶式图案不明显等。

从其牙齿结构简单判断，它可能属于短颌轭齿象。与竹棚短颌轭齿象的不同是它的牙齿小而窄。与我国北方的短颌轭齿象相比，其个体也小，颊齿齿冠窄，主齿柱的前、后附锥不发育，齿谷狭，无白垩质充填，中沟明显等。这表明它可能比北方者原始。因此，可以推测，它与北方的轭齿象处在不同的演化支系上：北方的可能从内蒙古中中新世

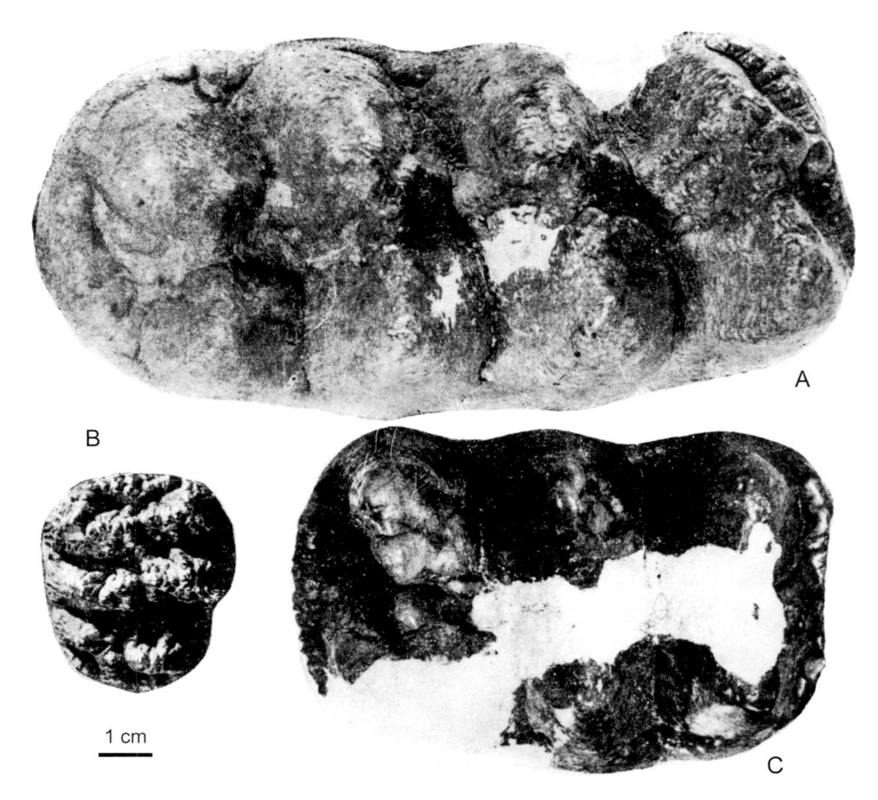

图 21 禄丰短颌轭齿象 *Mammut lufengense*

A. 左 m3（YV 0131，正模），B. 左 DP3（YV 0138），C. 右 M2（YV 0135）：嚼面（引自张兴永，1982）

和 *Tatabelodon* Frick, 1933 等均是 *Gomphotherium* 的同物异名。Tobien（1973a）把 *Serridentinus* 也看做是它的同一类动物。以后的古生物学者（Sarwar, 1977；Tassy, 1985；Shoshani et Tassy, 1996；等等）均接受了这一属名的改变。在我国，周明镇、张玉萍（1961）首次引用这一属名（*Gomphotherium*）。

2）嵌齿象是真象亚目的基干类群。它可能从渐新世 *Phiomia* 演化而来，最早出现在东非埃塞俄比亚晚渐新世的 Chilga（Kappelman et al., 2003）。在早中新世晚期（MN3–4）它进入欧亚大陆（Tassy, 1996a），中中新世到达北美（Lambert, 1996），晚中新世扩散到南美（Lambert, 1996；Tobien, 1973a），上新世在北美灭绝。事实上，在中中新世期间，它是整个欧亚大陆和非洲最为繁盛的一类长鼻类。由于分布广泛和演化迅速，它常被看做是地层对比的标志之一。

3）嵌齿象属的划分。Tassy（1985）将其分为两个类群：原始的嵌齿象类群（*Gomphotherium annectens* group）和进步的类群（*G. angustidens* group）。前者包括早中新世的 *G. annectens*、*G. sylvaticum* 和 *G. cooperi*；后者是指中中新世以及以后的嵌齿象，主要类型为欧洲的 *G. angustidens*。Sanders 等（2010）为非洲的嵌齿象小种提出了矮小嵌齿象类群（pygmy *Gomphotherium* group），包括 *G. pygmaeum* 和一些非洲、西亚地区的小型嵌齿象。Wang 等（2017d）认为嵌齿象有 4 个演化阶段：前三个阶段与上述的三个嵌齿象类群相当，第四个阶段被他们命名为进步嵌齿象类群（derived *Gomphotherium* group），包括 *G. browni*、*G. productum*、*G. steinheimense* 和 *G. tassyi*。同时他们认为，中国的间型嵌齿象（*G. connexum*）应归入原始嵌齿象类群而维曼嵌齿象（*G. wimani*）则应归入进步嵌齿象类群。

4）中国的 *Gomphotherium*。中国的 *Gomphotherium* 最早是由 Hopwood（1935）作为 *Trilophodon* 属描述的。他记录了 3 个种：*T. connexus*、*T. wimani* 和 *T. spectabilis*。它们出现在我国青海的中新世。以后，周明镇和张玉萍（1974）对以前记述的中国长鼻类进行总结时，认为中国的嵌齿象有十余种，主要分布于我国北方和云南开远小龙潭，生存时代为中新世和上新世。主要包括：*G. xiaolongtanense* Chow et Chang, 1974、*G. connexus* (Hopwood, 1935)、*G. wimani* (Hopwood, 1935)、*G. hopwoodi* Young et Liu, 1948、*G. elegans* Young et Liu, 1948、*G. quinanensis* Chow et Chang, 1961、*G. changzhiense* Zhai, 1963 和 *G. watzeensis* Hu, 1962 等。

Tobien 等（1986, 1988）再次对中国新近纪和早更新世的嵌齿象进行修正。其结论是：①它包含 4 个种：*G. connexus* (Hopwood, 1935)、*G. wimani* (Hopwood, 1935)、*G. shensiense* Zhang et Zhai, 1978 和 *Gomphotherium* sp.。它们出现在我国中新世时期的西北地区。②云南的 *G. xiaolongtanense* Chow et Chang, 1974 属于 *Tetralophodon*。③其余种基本上都应归入中华乳齿象属（*Sinomastodon*）。

近些年来，在我国甘肃和政等地发现了一些中中新世的长鼻类化石。Wang S. Q. 等

（2014）描述了它们，增加 2 个种：意外嵌齿象和塔氏嵌齿象，并对以前的嵌齿象一些类型进行了修正。他们的结论是我国北方存在 5 种嵌齿象：间型嵌齿象、维曼嵌齿象、意外嵌齿象、次貘嵌齿象和塔氏嵌齿象。

中新世早 - 中期，在我国的西北地区到底有几种嵌齿象存在？划分种的标志是什么？由于收集到的标本绝大部分为牙齿，几乎均来自中中新世地层中，因此，笔者基本上是依据牙齿大小、形态结构等特征对上述种进行分类，认为我国的嵌齿象有间型嵌齿象、维曼嵌齿象、陕西嵌齿象和嵌齿象（未定种）；至于意外嵌齿象和塔氏嵌齿象是否存在，还需要更多标本予以验证，暂作为存疑种。

间型嵌齿象 *Gomphotherium connexum* (Hopwood, 1935)

（图 23，图 24）

Trilophodon connexus：Hopwood, 1935, p. 14；Osborn, 1936, p. 702

Gomphotherium cf. *connexus*：翟人杰，1961，264, 265 页。

正模 PMU-M 3469，一左下颌水平支，带 m2–m3。青海西宁西南（湟中），吊沟，下中新统上部（MN5）咸水河组。

副模 吊沟：PMU-M 3047，一左 P4；PMU-M 3045，一左 M3；PMU-M 3049，一段左下颌水平支具 p3、dp4 和 m1；PMU-M 3046，一右 p4；PMU-M 3048，一左 m2。

归入标本 吊沟：IVPP V 6019.1，一破残的左下颌带 m2–m3；IVPP V 6019.2，一右下颌骨。

鉴别特征 小型乳齿象；臼齿窄，丘型，中等高冠，结构简单，中间臼齿由 3 个齿脊组成，下第三臼齿为 4 个齿脊，上第三臼齿由 3 个齿脊和一跟座组成，磨蚀后，主齿柱出现三叶式图案，齿谷宽，基部齿缘发育；上臼齿主齿柱和副齿柱与牙齿长轴正交，下臼齿主齿柱与牙齿长轴斜交，副齿柱与牙齿长轴正交；无白垩质。

产地与层位 青海湟中，下中新统上部或中中新统下部。

评注

1）*Trilophodon connexus* 是由 Hopwood（1935）建立的。正型标本是一不完整的左下颌带 m2–m3，而不是 M3（周明镇、张玉萍，1974）。自从 Simpson（1945）提出以嵌齿象（*Gomphotherium*）属名替代三棱齿象（*Trilophodon*）后，*Trilophodon connexus* 种名也被周明镇和张玉萍（1974）订正为 *Gomphotherium connexus* (Hopwood, 1935)。Tobien 等（1986）把种名词尾修正为 *Gomphotherium connexum*，使其属和种的性别一致。

2）Wang 等（2015b）把新疆的 *Gomphotherium* cf. *shensiensis* 材料归入间型嵌齿象中。由于新疆标本具有更为进步的性状，如个体大，颊齿长而宽，M3 有 4 个齿脊和一跟座，

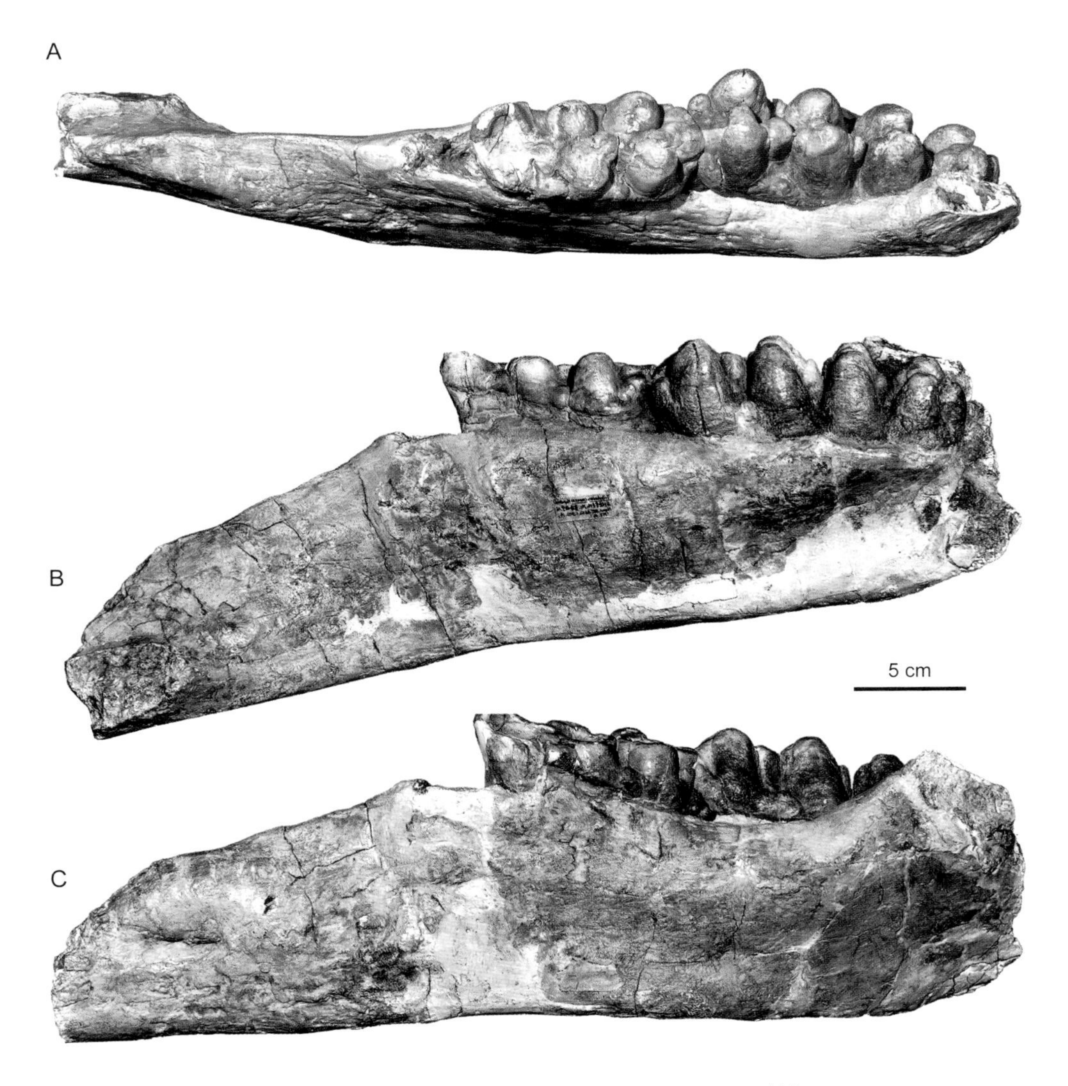

图 23　间型嵌齿象 *Gomphotherium connexum* 下颌

一左下颌带 m2–m3（PMU-M 3469，正模）：A. 嚼面，B. 舌侧面，C. 唇侧面（引自 Wang et al., 2015b）

白垩质丰富，中心锥发育等等，且出现时代相对较晚期，它们可能不属于间型嵌齿象。

3）从牙齿的大小和形态特征看，*Gomphotherium connexum* 似乎可以和嵌齿象的原始类型进行比较。后者包括出现在早中新世的日本种 *Gomphotherium annectens*、南亚 Bugti 的 *Gomphotherium cooperi* Osborn, 1936、*G. sylvaticum* 和 *Gomphotherium* sp.。它们均以牙齿为代表。其共同的特征是个体小，牙齿结构简单、颊齿冠低、齿脊数少、中间臼齿 3 个齿脊，未发现 choerodont 或 ptychodont 结构以及白垩质无或少。不同之处在于我国的间型嵌齿象的臼齿小而窄和中心锥相对较发育等。由此，笔者认为它也应该是嵌齿象的原始类型之一，出现的时间似乎应该与上述的这些原始类型的相当，为早中新世，至少在 MN5 已存在。

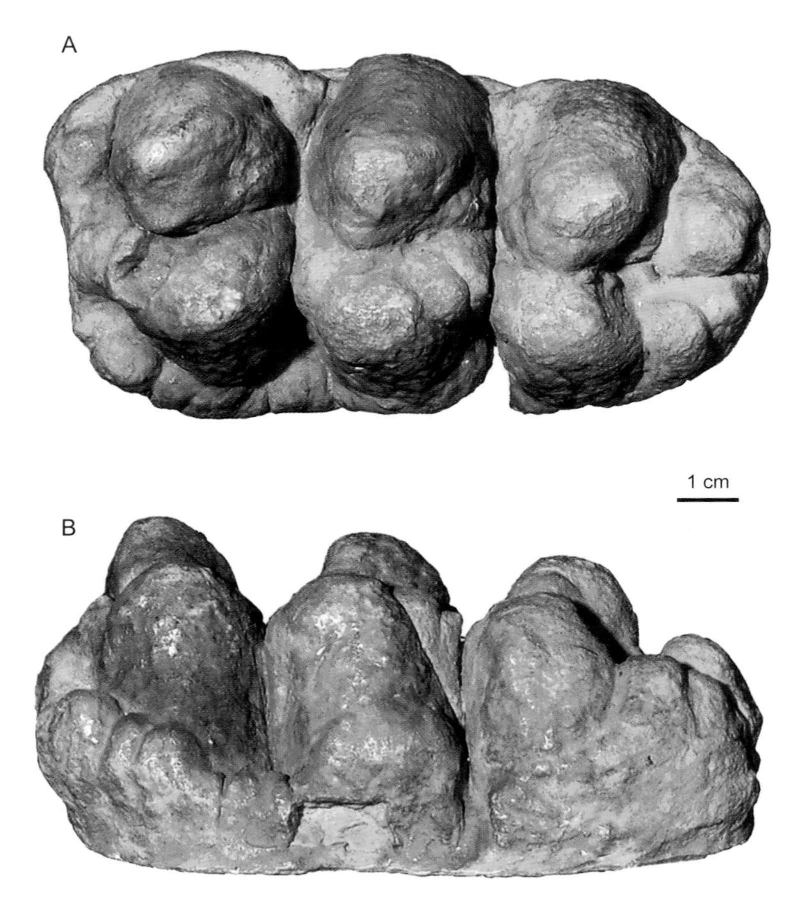

图 24　间型嵌齿象 *Gomphotherium connexum* 牙齿

一左 M3（PMU-M 3045，副模）：A. 嚼面，B. 舌侧面（引自 Wang et al., 2015b）

4）至今，*Gomphotherium connexum* (Hopwood, 1935) 仅发现于我国青海。

意外？嵌齿象 ***Gomphotherium inopinatum* (Borissak et Belyaeva, 1928)?**

（图 25，图 26）

Trilophodon inopinatus：Osborn, 1936, p. 278

全模　上颌骨带 M2–M3，下颌骨带 m2–m3，上门齿段及单个牙齿。出自哈萨克斯坦图尔盖，中新统 Jilanchik 层。

归入标本　IVPP V 18700，一破残的右下颌骨带 m2–m3。收集自甘肃临夏盆地甘池梁，下中新统上部（MN5）东乡组。

鉴别特征　个体小；下颌水平支向前平伸，不向下转折或倾斜；颊齿小，丘 - 脊型，齿冠低，中间臼齿有 3 个齿脊，第三臼齿由 3 个齿脊和一跟座构成；齿谷宽度中等，副

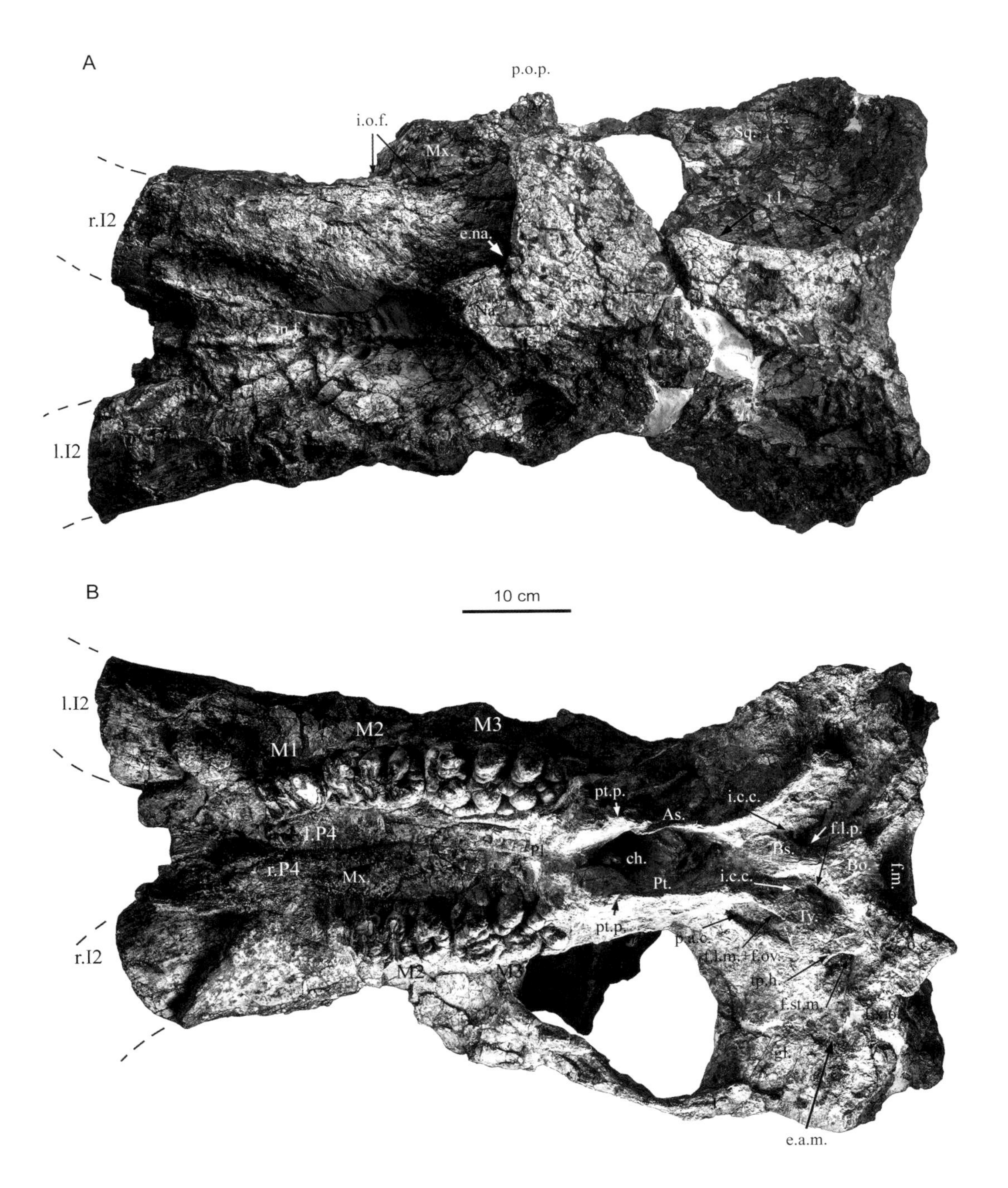

图 36 广河豕脊齿象 *Choerolophodon guangheensis* 头骨背、腹视

IVPP V 17685，正模：A. 背面视，B. 腹面视（引自 Wang et Deng, 2011）。

As.，翼蝶骨；Bo.，基枕骨；Bs.，基蝶骨；ch.，内鼻孔；e.a.m.，外耳道；e.na.，外鼻孔；Ex.o.，外枕骨；f.l.m.，中裂孔；f.l.p.，后裂孔；f.m.，枕大孔；f.ov.，卵圆孔；f.st.m.，茎乳孔；Fr.，额骨；gl.，关节窝；i.c.c.，内颈动脉孔；i.o.f.，眶下孔；in.f.，门齿窝；J.，颧骨；l.I2，左侧第二门齿；l.P4，左 P4；Mx.，上颌骨；Na.，鼻骨；o.c.，枕髁；p.a.c.，翼管后口；P.mx.，前颌骨；p.o.p.，眶后突；Pa.，顶骨；Pl.，颚骨；Pt.，翼骨；pt.p.，翼突；r.I2，右侧第二门齿；r.P4，右 P4；Sq.，鳞骨；t.l.，颞线；tp.h.，鼓舌骨；Ty.，听泡

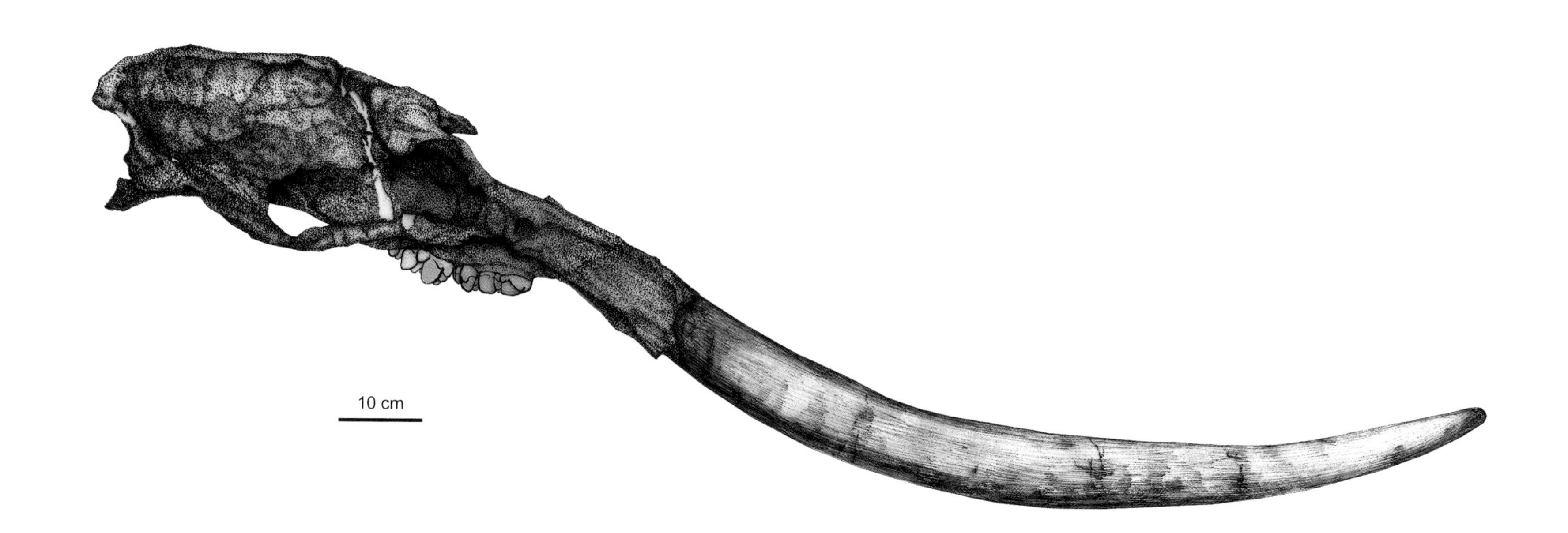

图 37　广河豕脊齿象 *Choerolophodon guangheensis* 头骨侧视
IVPP V 17685，正模：侧面（引自 Wang et Deng, 2011）

时间相对较早等，推测在早中新世时期，至少在我国，它可能已与 *Gomphotherium*、*Platybelodon*、*Zygolophodon* 等类型处在不同的演化支系上。

板齿象亚科 Subfamily Amebelodontinae Barbour, 1927 (=Platybelodontinae Borissiak, 1928)

模式属 板齿象 *Amebelodon* Barbour, 1927

定义与分类 板齿象亚科（Amebelodontinae）是一类灭绝的、下门齿呈板状的长颌乳齿象，主要分布于中新世时期的旧大陆和北美，包括 11 个属，其中 2 个属的下门齿不呈板状（*Progomphotherium* Pickford, 2003 和 *Afromastodon* Pickford, 2003），其余属均有板状的下门齿（*Archaeobelodon* Tassy, 1984，*Platybelodon* Borissiak, 1928，*Amebelodon* Barbour, 1927，*Protanancus* Arambourg, 1945，*Konobelodon* Lambert, 1990，*Aphanobelodon* Wang et al., 2017，*Serbelodon* Frick, 1933，*Torynobelodon* Barbour, 1929 和 *Eurybelodon* Lambert, 2016）。

Amebelodontinae 是由 Barbour 在 1927 年建立的。当时，它仅包括北美的 *Amebelodon* Barbour, 1927 和非洲渐新世的 *Phiomia* Andrews et Beadnell, 1902。不久，Borissiak 于 1928 年创建了 Platybelodontinae 亚科，归入的类型有欧亚大陆的 *Platybelodon* Borissiak, 1928 和北美的 *Torynobelodon* Barbour, 1929。Osborn（1936, 1942）把它们分别放在 Bunomastodontidae 和 Serridentidae，并认为它们分别由 *Phiomia* 和 *Serridentinus* 演化而来。Simpson（1945）把 Amebelodontinae 并入 Platybelodontinae 中。以后的古生物学者基本上把 Platybelodontinae 看做是 Amebelodontinae 的同物异名，并把它作为 Gomphotheriidae 的一亚科（Tobien, 1973a；Shoshani et Tassy, 1996；Lambert et Shoshani, 1998；Göhlich, 1999；Sanders et al., 2010；Wang S. Q. et al., 2012, 2014, 2016b）。但是，Tassy（1982, 1986）主张把它提升至科的位置（Amebelodontidae）。Gheerbrant 和 Tassy（2009）、Wang 等（2016b）支持这一观点。笔者仍把它作为嵌齿象科中一亚科。这主要是基于它具有嵌齿象类的一些基本特征：头骨低平，伸长，上、下各具 2 个门齿，颊齿丘型，中间臼齿为 3–4 个齿脊，下颌联合部长等。

鉴别特征 中等大小；头骨低而长，脑颅部稍变高；上门齿退化，横切面圆，具珐琅质带或无珐琅质带；下颌联合部长，与下门齿一起构成长匙状或铲状的形态，下门齿宽扁，呈板状；颊齿丘型或丘 - 脊型，齿冠低至中等高冠；中间臼齿由 3 个或趋于 4 个齿脊组成；上、下第三臼齿的齿脊数分别为 4–5 个加一跟座和 5–6 个加一跟座；齿脊横向或为相交或稍呈交错排列，附锥发育，白垩质存在。

中国已知属 铲齿象 *Platybelodon* Borissiak, 1928，原互棱齿象 *Protanancus* Arambourg, 1945 和隐齿铲齿象 *Aphanobelodon* Wang et al., 2017。

分布与时代 非洲，早中新世晚期—中新世晚期；欧洲，中中新世；亚洲，早中新世—晚中新世；北美，中中新世—晚中新世。

评注 板齿象亚科（Amebelodontinae）是长鼻类中相当特化的一类。它以下门齿扁平，并与长的下颌联合部相连呈铲状或勺状等特征区别于嵌齿象科（Gomphotheriidae）中的其他亚科（Gomphotheriinae、Choerolophodontinae、Cuvieroniinae、Anancinae 等），成为旧大陆和北美在中新世时期最为独特的象类。

铲齿象可能起源于北非渐新世的 *Phiomia*。它最早出现在非洲早中新世，以 *Archaeobelodon* sp. 为代表。在早中新世晚期，铲齿象可能到达亚洲；中中新世时期，它迅速发展分化，并广布于非洲、欧亚大陆和北美；至中中新世晚期，发展到达鼎盛期；在晚中新世灭绝。它从未到达南美。

依据下颌联合部和下门齿特征，板齿象类似乎可分为两类：一类是以 *Platybelodon* 为代表，它具有短而宽的下颌联合部；下门齿宽而平，前端尖利，横切面具紧密齿柱状（campacted rod-cones）结构，归入这一类的还有 *Torynobelodon* 和 *Konobelodon*。另一类是以 *Amebelodon* 为代表，它的下颌联合部长而细弱，下门齿伸长，前端圆，其横切面呈现同心层状（dentinae laminae）结构，归入这类的还有 *Aphanobelodon* Wang et al., 2017，*Archaeobelodon* Tassy, 1984 和 *Protanancus* Arambourg, 1945。

我国的铲齿象最早由 Osborn 在 1929 年描述。他依据产自内蒙古通古尔的一个不完整下颌建立了谷氏铲齿象（*Platybelodon grangeri*）。20 世纪晚期和 21 世纪初，我国的古生物学者在内蒙古通古尔，宁夏同心，甘肃广河、秦安和临夏，以及新疆准噶尔盆地中新世地层中收集到大量的板齿象材料。至今，已记述的属有 *Platybelodon*、*Amebelodon*、*Protanancus*、*Konobelodon* 和 *Aphanobelodon* 等。笔者对它们进行对比后，认为归入 *Amebelodon* 和 *Konobelodon* 的我国种可能分别属于 *Protanancus* 和 *Platybelodon*。

铲齿象属 Genus *Platybelodon* Borissiak, 1928

模式种 达氏铲齿象 *Platybelodon danovi* Borissiak, 1928

鉴别特征 个体大小变异较大；头骨宽、低而长，前颌骨前端宽而平；上门齿退化（在雌性中几乎缺失），比较短，稍伸向外和向下，横切面为圆形，无珐琅质带；下颌骨水平支低而粗壮，具长、呈匙状或铲状的联合部；下门齿宽而短，扁平，呈板状，上面无珐琅质层，具齿柱状结构的横切面；颊齿丘 - 脊型，中间臼齿（P4、M1 和 M2）有 3 个齿脊，常趋于 4 齿脊；M3 有 4–5 个齿脊和一跟座；下第三臼齿具 5–6 个齿脊和一跟座；附锥发育，常在主齿柱前、后侧形成锯齿脊；进步的类型中，臼齿的主、副齿柱常相交或呈交错排列。

中国已知种 党河铲齿象 *Platybelodon dangheensis* Wang et Qiu, 2002，同心铲齿象 *P. tongxinensis* (Chen, 1978)，谷氏铲齿象 *P. grangeri* (Osborn, 1929) 和粗壮铲齿象 *P. robustus*

(Wang et al., 2016)。

分布与时代 非洲，早中新世；欧洲，中中新世；亚洲，早中新世—晚中新世。我国北方地区（新疆、甘肃、宁夏、内蒙古），早中新世—晚中新世。

评注 铲齿象（*Platybelodon*）是由 Borissiak 在 1928 年以收集自外高加索 Belomecheskia 中中新世的材料建立的。它以下门齿横切面具独特的柱齿状结构区别于具同心圆状横切面的板齿象类，如 *Amebelodon*、*Serbelodon*、*Protanancus* 和 *Archaeobelodon* 等。

铲齿象在中中新世时期的我国北方地区是一类相当繁盛的象类。至今，古生物学者已记述了我国 4 种铲齿象：党河铲齿象、谷氏铲齿象、同心铲齿象和粗壮铲齿象。铲齿象最早出现在中新世早期的甘肃党河地区；中新世广布于我国北方、俄罗斯北高加索、吉尔吉斯斯坦、蒙古以及非洲，于中中新世晚期灭绝。

依据铲齿象种的特性，我国的铲齿象似乎存在一条从党河铲齿象—同心铲齿象—谷氏铲齿象—粗壮铲齿象的演化系列。

党河铲齿象 *Platybelodon dangheensis* Wang et Qiu, 2002

（图 38，图 39）

正模 IVPP V 13322，一下颌骨前半部，具一对门齿，两侧 p3、p4、m1 以及 m2 的前端。收集自甘肃省肃北蒙古族自治县西水沟 DH 199910 地点，下中新统铁匠沟组下部（距今约 20–19 Ma）。

鉴别特征 一种原始的铲齿象；下颌联合部宽短，呈铲状；下门齿薄，由单层齿柱构成，无釉质覆盖；p3 由一较大的主锥和其前、后附锥组成，单根；p4 呈前窄后宽梯形，具 2 个齿脊，有中沟；m1 由 3 个齿脊和一后跟座组成，主齿柱磨蚀后呈三叶式图案，副齿柱与牙齿长轴垂直，无前、后附锥。齿脊之间的谷宽。白垩质层薄。

产地与层位 甘肃党河，下中新统铁匠沟组。

评注 党河铲齿象是由王伴月和邱占祥（2002）描述的。正模是一不完整下颌，采集自甘肃党河地区早中新世地层中（铁匠沟组下部，距今约 20–19 Ma）。它的出现早于在非洲肯尼亚发现的铲齿象（*Platybelodon* sp.，距今约 17 Ma）。它的性状也明显比后者的原始（个体小，下颌联合部短宽，下门齿的齿柱状结构简单，即由单层、稀少的齿柱构成，颊齿结构相对简单，附锥结构不很发育）。这表明它是我国乃至欧亚大陆出现时代最早和最原始的铲齿象。

王伴月和邱占祥（2002）认为它出现的时代非常接近于象类化石在欧亚大陆首次出现的所谓“象事件”（距今 21–20 Ma）的时间。因此，他们对铲齿象起源于亚洲的观点产生怀疑，提出铲齿象可能起源于非洲，然后与嵌齿象类大约同时迁入亚洲的观点。

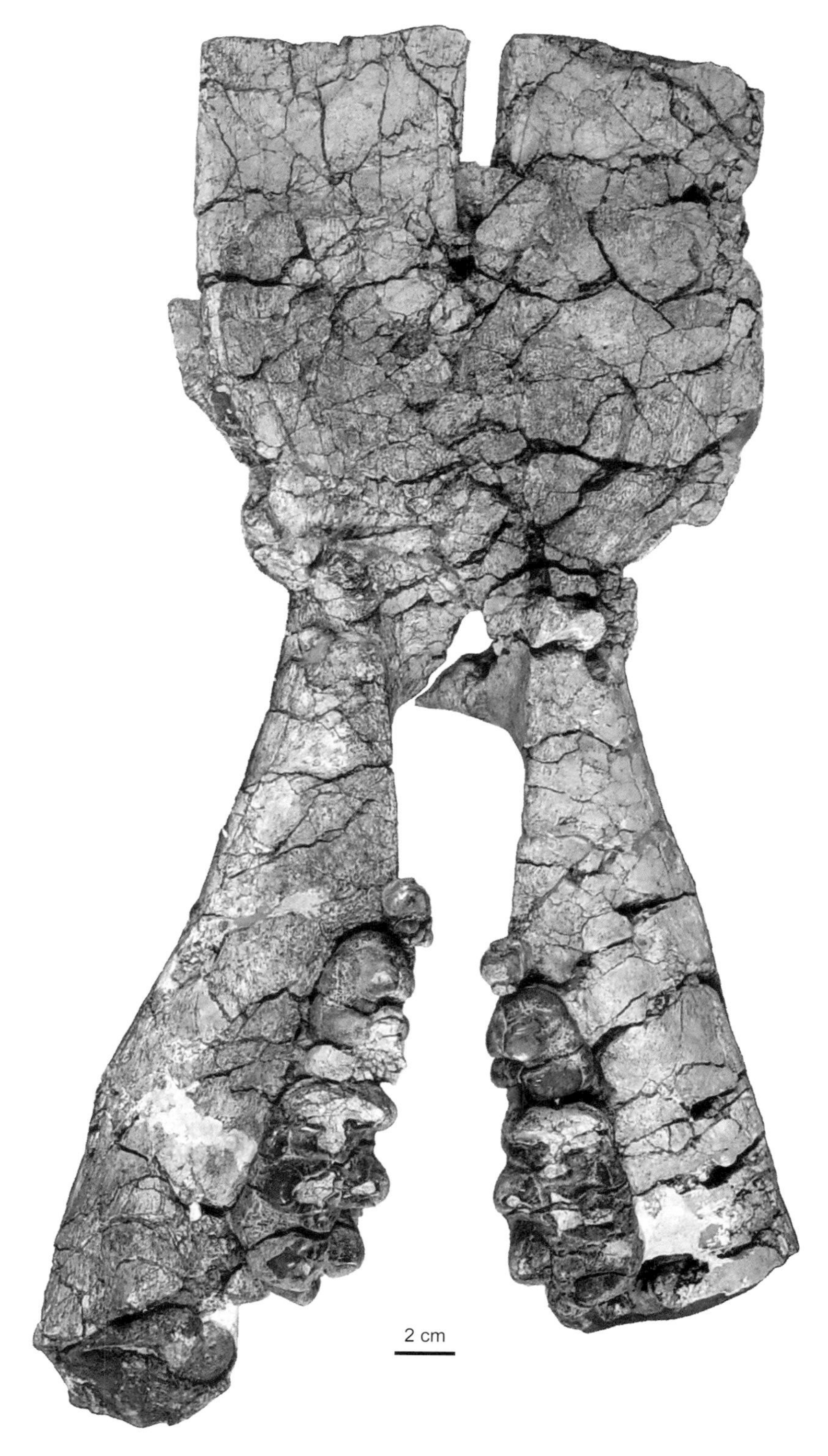

图 38　党河铲齿象 *Platybelodon dangheensis* 下颌骨

一不完整下颌骨带两侧 p3–m1 及 m2 前端（IVPP V 13322，正模）：冠面（引自王伴月、邱占祥，2002）

新统。

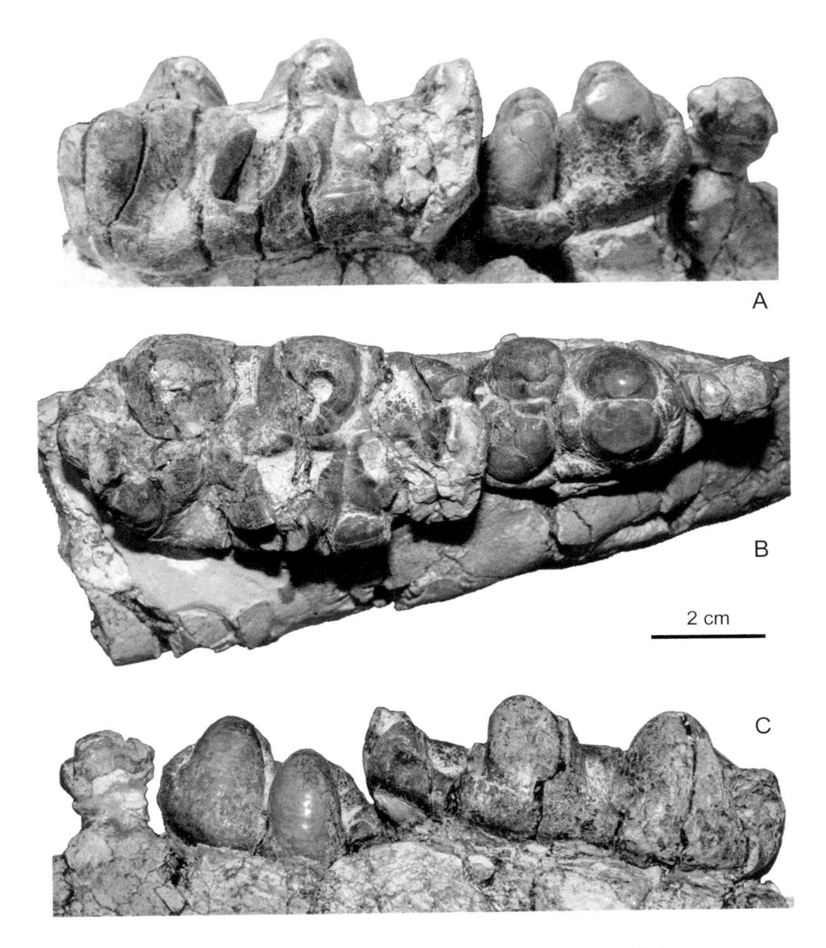

图 39 党河铲齿象 *Platybelodon dangheensis* 牙齿

右 p3–m1（IVPP V 13322，正模）：A. 颊侧面，B. 嚼面，C. 舌侧面（引自王伴月、邱占祥，2002）

同心铲齿象 ***Platybelodon tongxinensis* (Chen, 1978)**

（图 40—图 42）

Gomphotherium tongxinensis：陈冠芳，1978，103 页

Gomphotherium sp.：Tobien et al., 1986, p. 138–148

Platybelodon danovi：关键，1991，1–14 页；Guan, 1996, p. 125–135；Wang et al., 2013a, p. 232–233

正模 IVPP V 5572，左、右第三上、下臼齿各一枚（M3 和 m3）。宁夏同心，中中新统。

归入标本 宁夏同心：IVPP V 8027，同一个体的左、右 m3；IVPP V 8028，左下颌骨，带下门齿以及 m2–m3；IVPP V 8030，同一个体的下颌水平支，带 m1–m3；一些单个牙齿（IVPP V 8027, V 8031–8033, V 8049, V 8051–8055，等等）；BPV 1000，头骨和下颌。甘肃

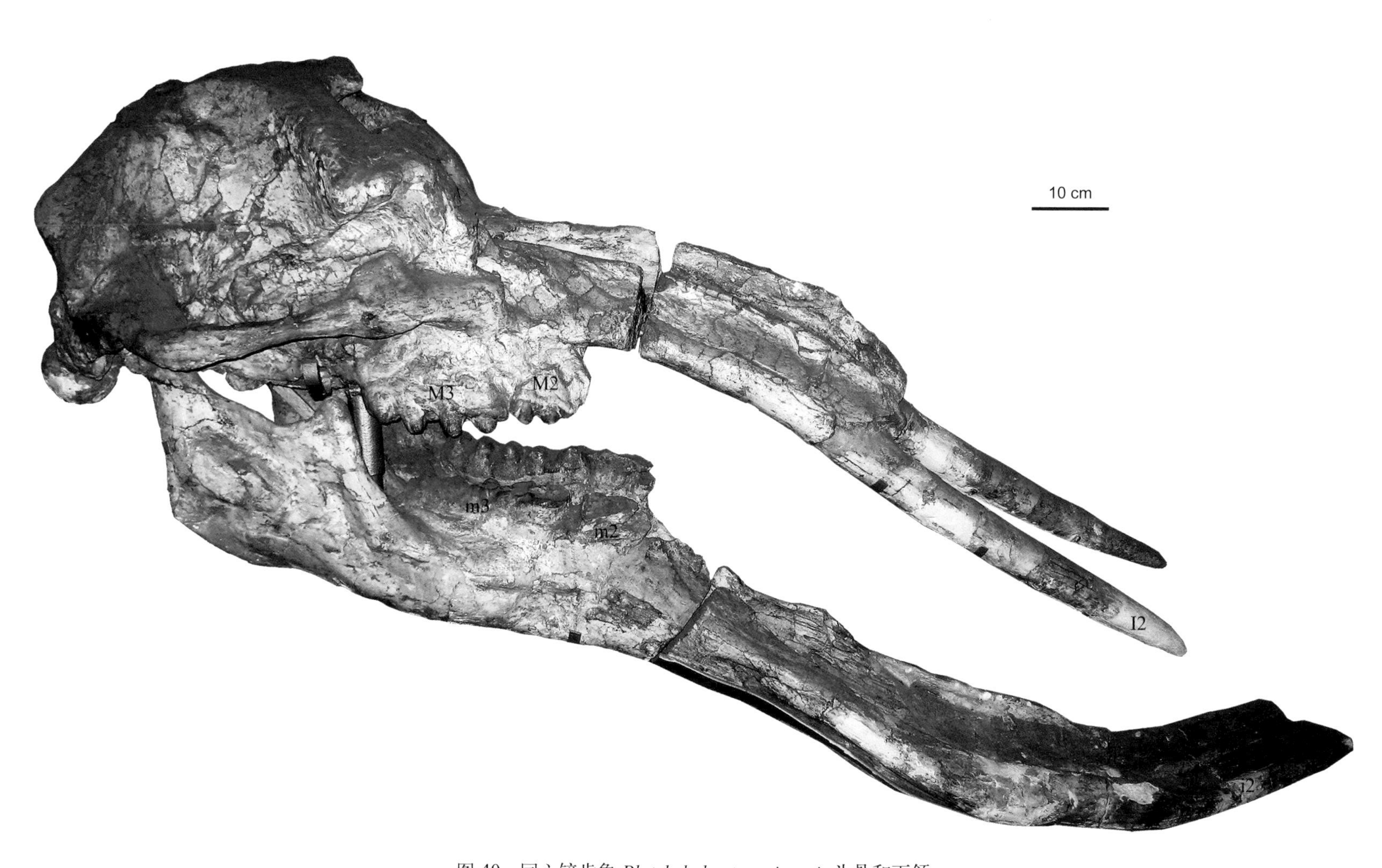

图 40　同心铲齿象 *Platybelodon tongxinensis* 头骨和下颌
BPV 1000：侧面（引自关键，1991）

临夏和政：IVPP V 18015，一个破损下颌带两侧 m3；东乡：HMV 1829，一个带 m3 的不完整下颌；广河：BPV 800，一左下门齿残段、一右上门齿残段和一枚 m3。

鉴别特征 大型；上颌骨和前颌骨平而宽；上门齿小而圆，无釉质层带；下颌水平支低，粗壮，联合部长而窄，与下门齿一起形成长勺状；下门齿呈铲状，其横断面呈齿柱状结构，其宽度指数为 23–25；颊齿丘 - 脊型，冠高齿窄；在成年个体中，两个臼齿同时使用；中间臼齿 3 个齿脊，趋于 4 个齿脊，M3 有 4 个齿脊，下第三臼齿具 4–5 个齿脊和一跟座；主齿柱三叶式构造非常清楚，中心锥发育，白垩质丰富。

产地与层位 宁夏同心，甘肃和政、东乡和广河，中中新统。

评注 陈冠芳（1978）为出自宁夏同心中中新世的一对上、下第三臼齿建立了同心嵌齿象（*Gomphotherium tongxinensis*）。随着在同心地区中中新世地层中下门齿的发现，叶捷和贾航（1986）把它看成是铲齿象的一种，即同心铲齿象（*Platybelodon tongxinensis*）。Guan（1996）和 Wang 等（2013a）主张把它并入达氏铲齿象（*Platybelodon danovi*）。

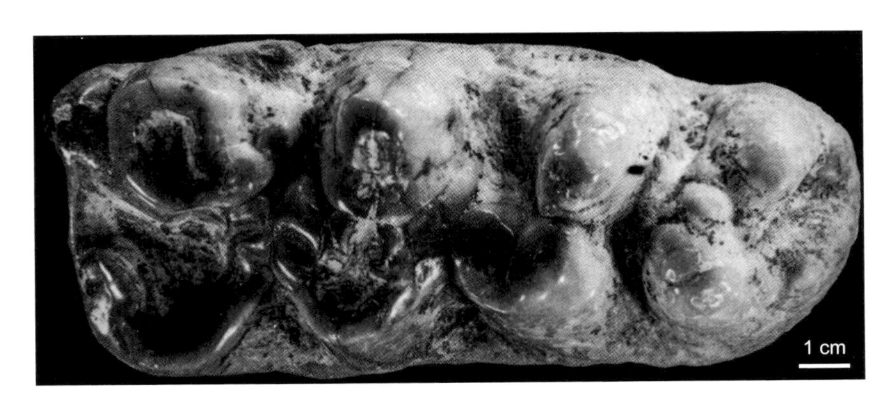

图 41　同心铲齿象 *Platybelodon tongxinensis* 左 M3
IVPP V 5572，正模：嚼面（引自陈冠芳，1978）

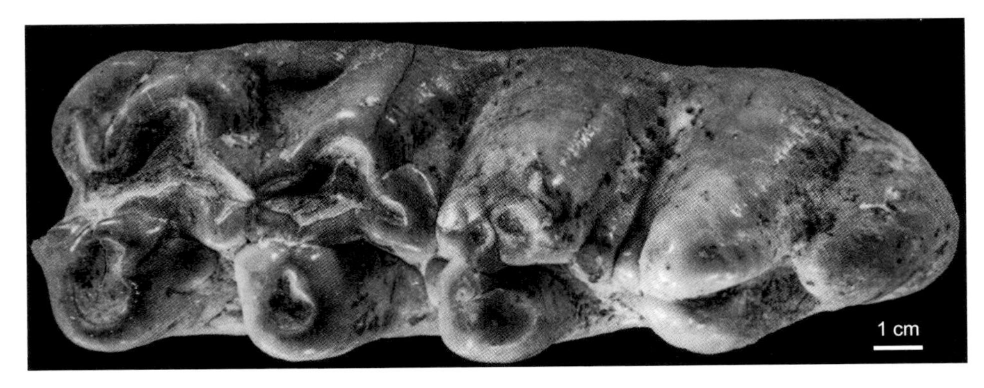

图 42　同心铲齿象 *Platybelodon tongxinensis* 右 m3
IVPP V 5572，正模：嚼面（引自陈冠芳，1978）

同心铲齿象应该是一有效种。与达氏铲齿象的不同表现在它的进步特征：①个体大；②上颌骨增长；③下门齿增宽，变薄；④颊齿增长，变窄，齿冠增高，结构变得复杂，即齿脊数开始增多：中间臼齿趋于4个齿脊，第三臼齿具4+t/4–5+t齿脊；附锥增多；主齿柱三叶式图案明显，主、副齿柱开始出现交错排列，白垩质存在等。与谷氏铲齿象相比，同心铲齿象相对较原始：其臼齿齿冠低，齿脊数少，中间臼齿第四齿脊不如谷氏铲齿象发育，M3的齿脊数少，M1和M2主齿柱后部保留有明显的锯齿状斜脊，M3主齿柱斜脊尚未出现，下门齿相对细小，等等。由此，笔者认为它是一有效种；在系统演化中，它可能是党河铲齿象和谷氏铲齿象之间的一过渡类型。

Wang 等（2013a）把甘肃临夏盆地中中新世的一个带m3的不完整下颌（HMV 1829）和一带下门齿的破损下颌联合部（IVPP V 18015）归入达氏铲齿象中。依据大小和形态特征，它们可能属于同心铲齿象。

谷氏铲齿象 *Platybelodon grangeri* (Osborn, 1929)

（图 43—图 46）

Amebelodon grangeri：Osborn, 1929, p. 2–16

Selenolophodon spectabilis：Hopwood, 1935, p. 30；张席褆、翟人杰，1978，137页

正模 Amer Mus. 26200，一个下颌骨前部。内蒙古二连浩特通古尔，中中新统通古尔组。

归入标本 宁夏中宁黑家沟：主要为单个臼齿，其中左、右m3各一枚（IVPP V 5573），左、右m1、m2共5枚（IVPP V 5574），左、右dp3、dp4各一枚（IVPP V 5575），左、右M1、M2共5枚（IVPP V 5576），左DP4 3枚（IVPP V 5577），左m3 1枚（IVPP V 5578）；中宁干河沟：2枚不完整的左下门齿（IVPP V 5579），一不完整的幼年个体下颌，带dp3–m1（IVPP V 5580），不完整的老年个体下颌，带m2–m3（IVPP V 5581）；中宁红柳沟：一左m3（IVPP V 5584）。陕西蓝田：一左下颌带m2和m3（IVPP V 3078），一m2（IVPP V 3079）。甘肃和政老沟：头骨、下颌和一些单个牙齿（HMV 0024, 0031, 0049, 0050, 0940, 1812等）。内蒙古通古尔：牙齿（AM 26473, 26475）。

鉴别特征 头骨低而长；下颌联合部长而宽大，与下门齿一起形成明显铲状；下门齿宽大，扁平，呈板状，其横切面由排列紧密的齿柱构成；上门齿长，圆柱状，无珐琅质带；颊齿丘-脊型，狭长，齿冠高，白垩质丰富，中间臼齿趋于4个齿脊，第三臼齿为5+t/6+t齿脊；下臼齿的主、副齿柱与长轴斜交；磨蚀后，主、副齿柱常出现三叶式图案。

产地与层位 内蒙古、宁夏、甘肃和陕西，中中新统。

评注 谷氏铲齿象是我国特有的一类象。至今，它仅发现于我国北部（内蒙古二连

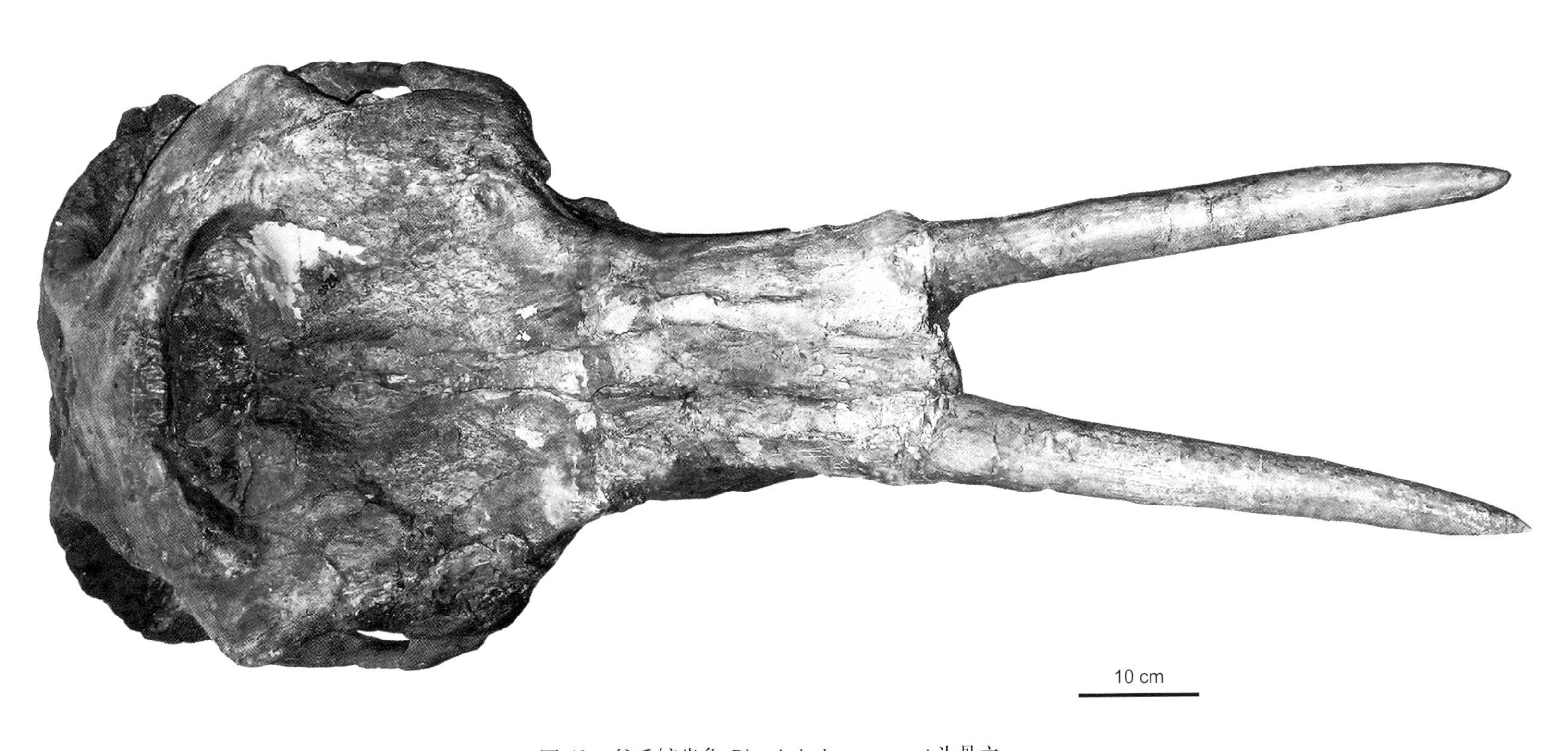

图 43　谷氏铲齿象 *Platybelodon grangeri* 头骨之一
头骨（HMV 0024）：背面（引自 Wang et al., 2013a）

图 44　谷氏铲齿象 *Platybelodon grangeri* 头骨之二
头骨（HMV 0940）：侧面（引自 Wang et al., 2013a）

柱齿板齿象（*Konobelodon*）是 Lambert（1990）根据北美 *Amebelodon* (*Konobelodon*) *britti* 建立的一个属。其主要特征是下门齿扁平，具齿柱状结构的横切面，以及第二臼齿有 4 个齿脊和第三臼齿为 6 个齿脊。Tassy（2016）认为这些性状与北美的 *Torynobelodon* 相似。由此，他把该属归入到 *Torynobelodon* 中，并进一步提出欧洲 Pikermi 的 *Konobelodon atticus*? 也是此属的成员。

上述临夏盆地的材料具有 *Platybelodon* 的主要特征：上门齿无珐琅质带，下门齿具齿柱状结构横切面，第二臼齿具 4 个齿脊。所以它可能是铲齿象的成员。与同时代的铲齿象其他种相比，它似乎个体更大而粗壮，具比较隆起的脑颅顶部和较直立的枕部，下颌联合部向下弯曲，下门齿向下向外稍分开，下门齿横切面不那么扁平。m3 有 6 个齿脊。这些特征似乎表明它比谷氏铲齿象和同心铲齿象都更进步，它可能代表铲齿象类最晚的类型。

原互棱齿象属 Genus *Protanancus* Arambourg, 1945

模式种 玛兹原互棱齿象 *Protanancus macinnesi* Arambourg, 1945

鉴别特征 上门齿粗壮，明显向下弯曲，具珐琅质带；下门齿扁平，横切面具同心层结构，主、副齿柱稍呈相交（或交错）排列，主齿柱具三叶式图案，白垩质丰富。

中国已知种 托氏原互棱齿象 *Protanancus tobieni* (Guan, 1988)，短颌原互棱齿象 *P. brevirostris* Wang et al., 2014。

分布与时代 亚洲、非洲，早中新世—中中新世；欧洲，中中新世（保加利亚）。我国的西北地区（甘肃、宁夏），早中新世—中中新世。

评注 原互棱齿象是 Arambourg 在 1945 年根据非洲肯尼亚中中新世的牙齿建立的。他认为该属的主要特征是：下门齿扁平，其横切面具同心层状结构，与板齿象（*Amebelodon*）的不同在于臼齿的主、副齿柱稍呈交错排列。Tassy（1983）把南亚的一些嵌齿象和互棱齿象标本归入此属中。

依据已描述的板齿象（*Amebelodon*）和原互棱齿象（*Protanancus*）材料，人们不难发现它们之间确实有些相似的性状。首先，它们的下门齿均很长，扁平，呈板状，横切面具同心层状结构；其次，臼齿的结构也类似：低冠、丘型、中间臼齿由 3 个齿脊构成，第三臼齿有 4–5 个齿脊、有中心锥，主齿柱三叶式图案完整，副齿柱的附锥和主、副齿柱的交错排列不明显等。这使人们有理由认为它们可能为同一属。至于原互棱齿象不同于 *Amebelodon* 的性状，如 m3 为 4 个齿脊和一跟座，副齿柱三叶式图案不发育，以及主、副齿柱交错排列相对较弱等，可被看做是板齿象的原始特征。我国已描述的两个原互棱齿象种有可能是板齿象的成员。

托氏原互棱齿象 ***Protanancus tobieni* (Guan, 1988)**

（图 49—图 51）

Platybelodon sp.：翟人杰，1959，134 页

Amebelodon sp.：Tobien, 1973a, p. 254；Tobien et al., 1986, p. 147

Amebelodon tobieni：Guan, 1988, p. 9；Guan, 1996, p. 128

Serbelodon zhongningensis：Guan, 1988, p. 10；Guan, 1996, p. 129

正模 BPV 261，同一个体的上颌和下颌。收集自宁夏同心，中中新统（现藏于北京自然博物馆内，上颌编号改为 BPV 511，下颌编号改为 BPV 1645）。

归入标本 宁夏同心丁家二沟：BPV 670（现改为 BPV 3051），一上颌，带 M2 和 M3；同心（准确地点未知）：BPV 590，一右下门齿；BPV 1555，左、右上门齿各一枚。

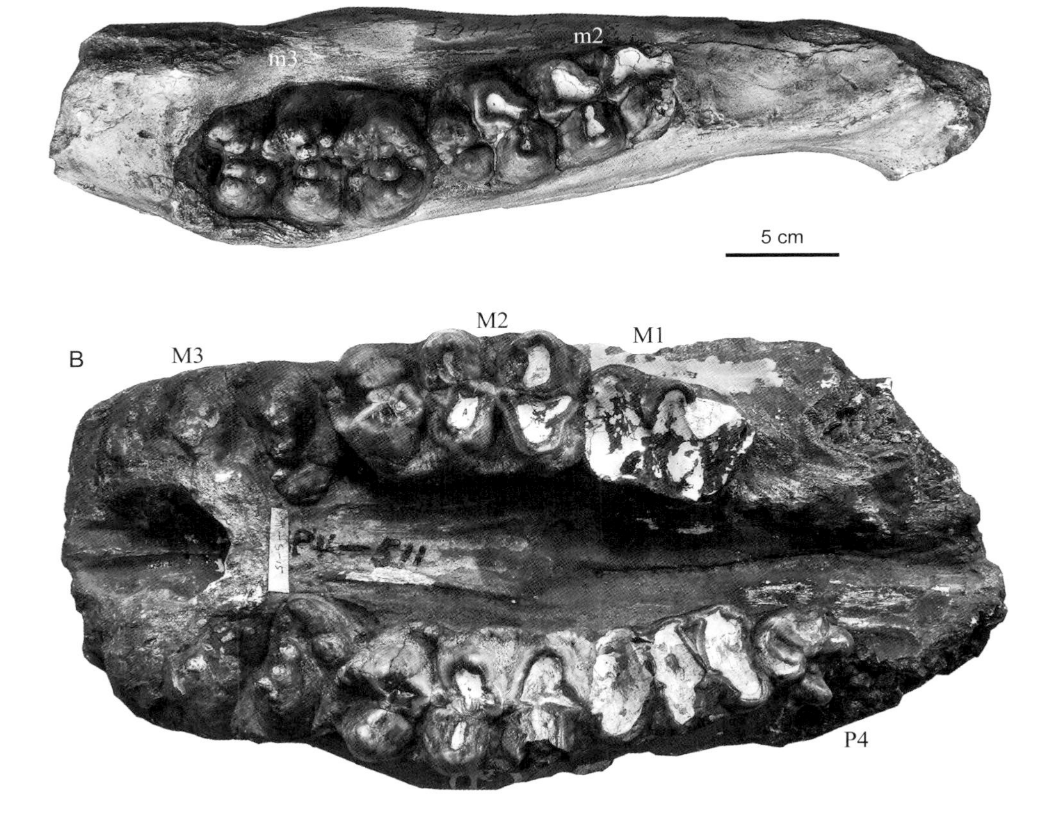

图 49 托氏原互棱齿象 *Protanancus tobieni* 颌骨

A. 一左下颌带 m2–m3（BPV 261，正模），B. 一上颌带两侧 P4–M3（BPV 261，正模）：嚼面

（引自 Wang et al., 2015a）

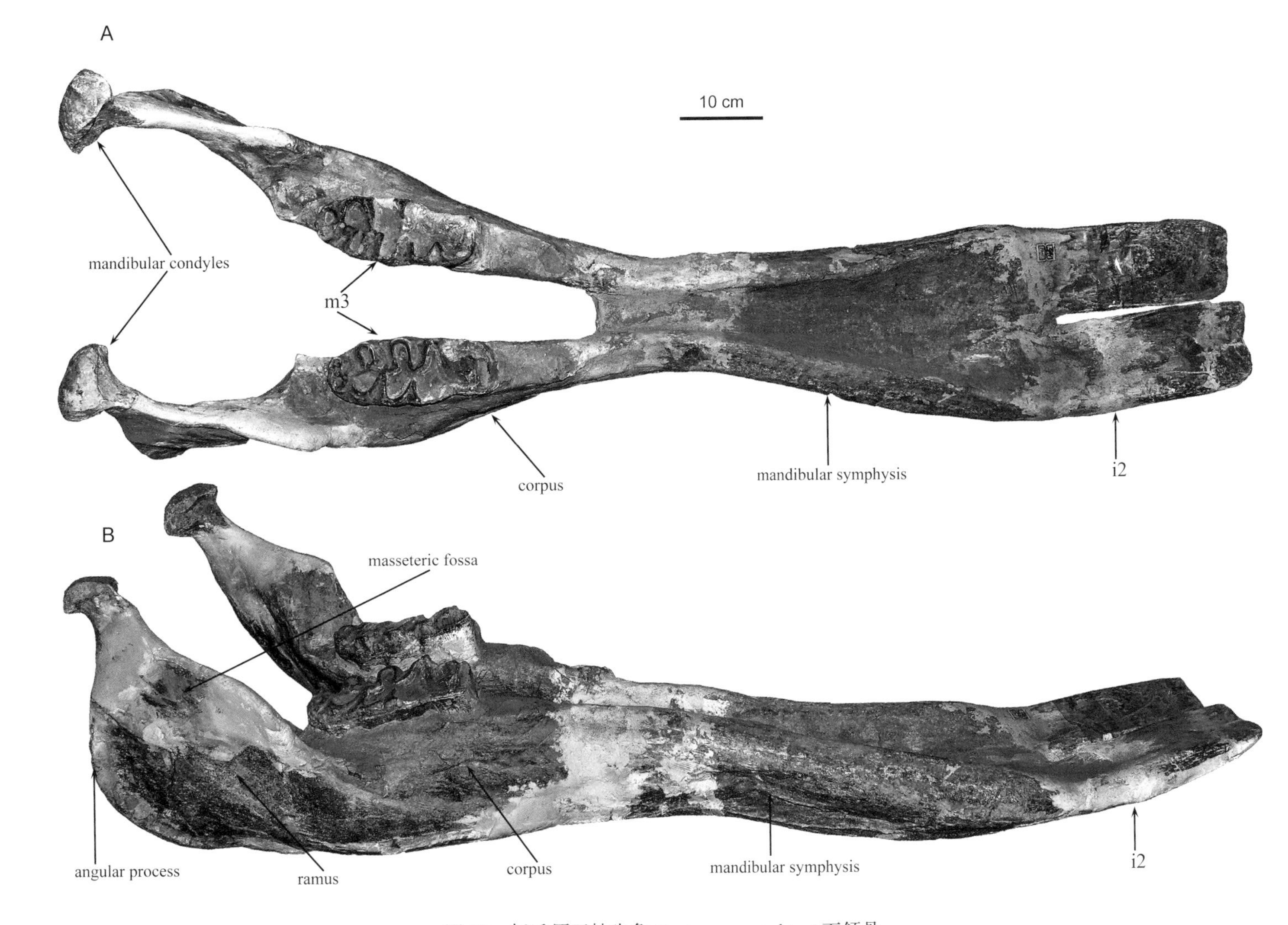

图 50　托氏原互棱齿象 *Protanancus tobieni* 下颌骨

完整下颌骨（QA 1248-45）：A. 背面，B. 侧面（引自 Wang et al., 2015a）。

angular process，角突；corpus, 下颌水平支（骨体）；mandibular condyles，下颌髁；mandibular symphysis，下颌联合部；masseteric fossa，咬肌窝；ramus，垂直支

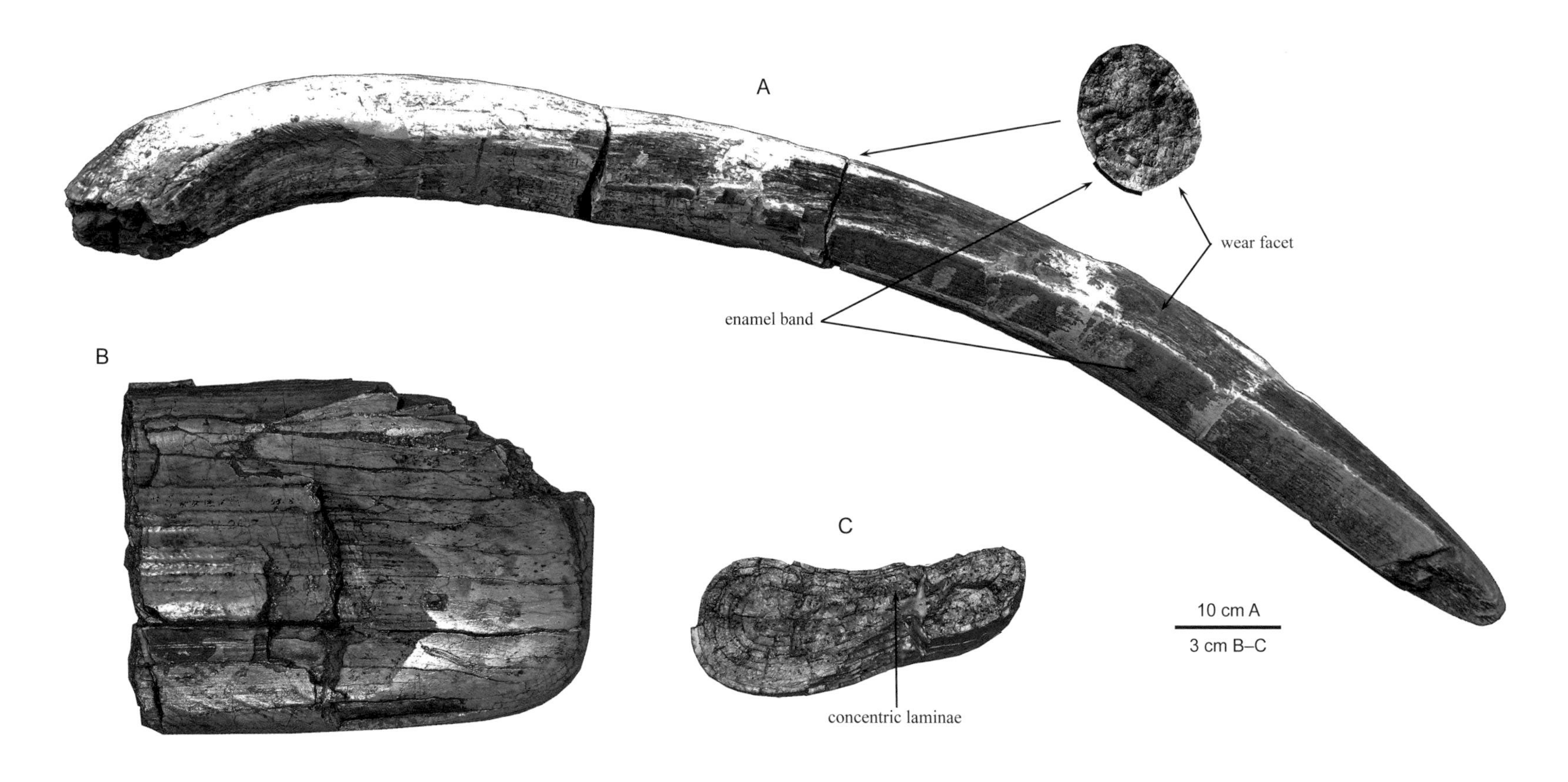

图 51　托氏原互棱齿象 *Ptotanancus tobieni* 牙齿

A. 左上门齿（QA 1256-46），B, C. 破损下门齿（IVPP V 2407）：B. 背面，C. 横切面（引自 Wang et al., 2015a）。
concentric laminae，同心层状横切面；enamel band，珐琅质带；wear facet，磨蚀面

甘肃秦安安湾：QA 1248-45，一下颌骨，带两侧 m3；QA 1256-46，一左 I2；QA 960-011，一左下颌带 m3；QA 0951-002，一左下门齿前端；QA 0979-0030，左下门齿前端；秦安地区：QA 0979-0030，一左下门齿前部；IVPP V 2407，一右下门齿前部；广河：BPV 800，一左下门齿残段、一右上门齿残段和一枚 m3；临夏：HMV 1829，一个不完整的下颌带两侧 m3；IVPP V 18015，可能属于同一个体的一破损下颌和一右 m2 和 m3；编号（?）0013，一幼年上颌骨，具 DP2–DP4 以及一上颌骨带 M2–M3。

鉴别特征 中等大小；下颌联合部特别伸长，槽形；上门齿粗壮，具宽的釉质带；下门齿长、窄而扁平，具同心层结构横切面；中间臼齿由 3 个齿脊组成，M3 有 4 个齿脊，m3 有 5 个齿脊。副齿柱具三叶式图案雏形，主、副齿柱呈不明显相交（pseudo-anancody）排列，白垩质少或无。

产地与层位 宁夏同心，中中新统红柳沟组；甘肃秦安，中中新统。

评注 Tobien 等（1986）首次提出中国的中新世存在 *Amebelodon*。他们把甘肃秦安的 *Platybelodon* sp. 归入到 *Amebelodon* 中，看做是后者的一未定种（*Amebelodon* sp.）。

Guan（1988, 1996）为宁夏同心丁家二沟红柳沟组的材料建立了板齿象类的两个属种：*Amebelodon tobieni* 和 *Serbelodon zhongningensis*。Wang S. Q. 等（2012, 2014）把它们均归入原互棱齿象属中，并称之托氏原互棱齿象（*Protanancus tobieni*）。

短颌原互棱齿象 *Protanancus brevirostris* Wang et al., 2014

（图 52—图 54）

正模 IVPP V 17687，同一个体的头骨和下颌。收集自甘肃临夏盆地大梁沟，下中新统。

副模 HMV 1873，一右下颌，带一磨蚀深的 m2 和未磨蚀的 m3。与正模同一地点。

归入标本 与正模同一地点：HMV 1782-1, 2, 3，3 个上第二乳门齿前端。

鉴别特征 与 *Protanancus tobieni* 相比，个体小，下颌联合部短而宽。下门齿窄而长，扁平，具同心层状结构横切面；中间臼齿 3 个齿脊，第三臼齿为 4 个齿脊；主、副齿柱交错排列不明显，副齿柱附锥不发育，白垩质少或不存在；第三和第二臼齿同时使用。

产地与层位 甘肃临夏，下中新统上庄组（距今约 18.5 Ma）。

评注 Wang S. Q. 等（2014）根据产自甘肃临夏盆地和政上庄组的一个不完整头骨和下颌建立了原互棱齿象一新种，命名为短颌原互棱齿象（*Protanancus brevirostris*）。牙齿形态结构与 *P. tobieni* 者类似（完整的主齿柱三叶式图案，副齿柱附锥结构不发育，以及第三齿脊主、副齿柱前中心附锥存在），仅牙齿小。依据它的原始特征，他们把它看做是原互棱齿象的原始类型。

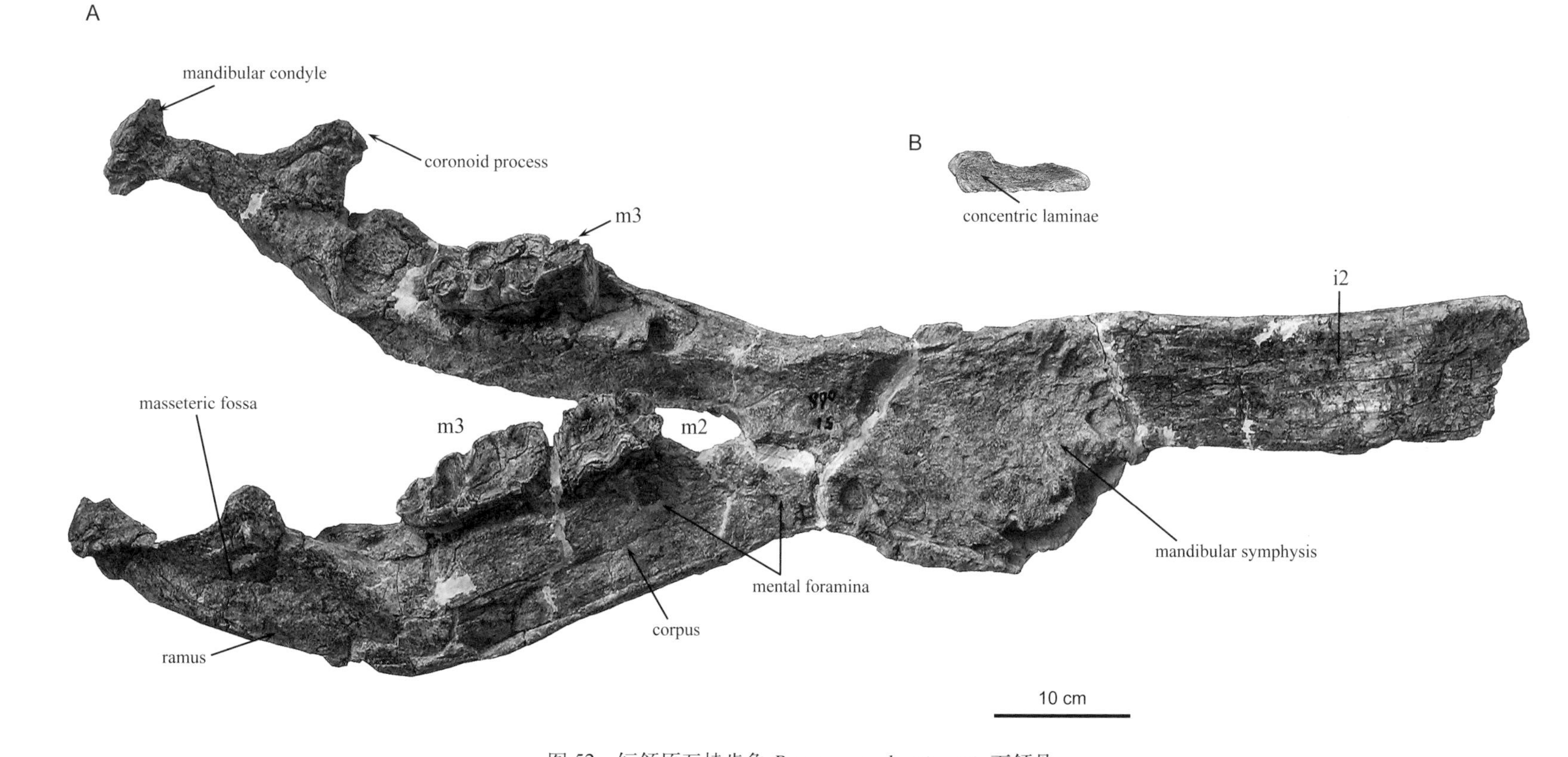

图 52　短颌原互棱齿象 *Protanancus brevirostris* 下颌骨

破损下颌（IVPP V 17687，正模）：A. 腹面，B. 下门齿横切面（引自 Wang et al., 2015a）。
concentric laminae，同心层状结构；corpus，下颌水平支（骨体）；coronoid process，冠状突；mandibular condyle，下颌髁；mandibular symphysis，下颌联合部；masseteric fossa，咬肌窝；mental foramina，颏孔；ramus，垂直支

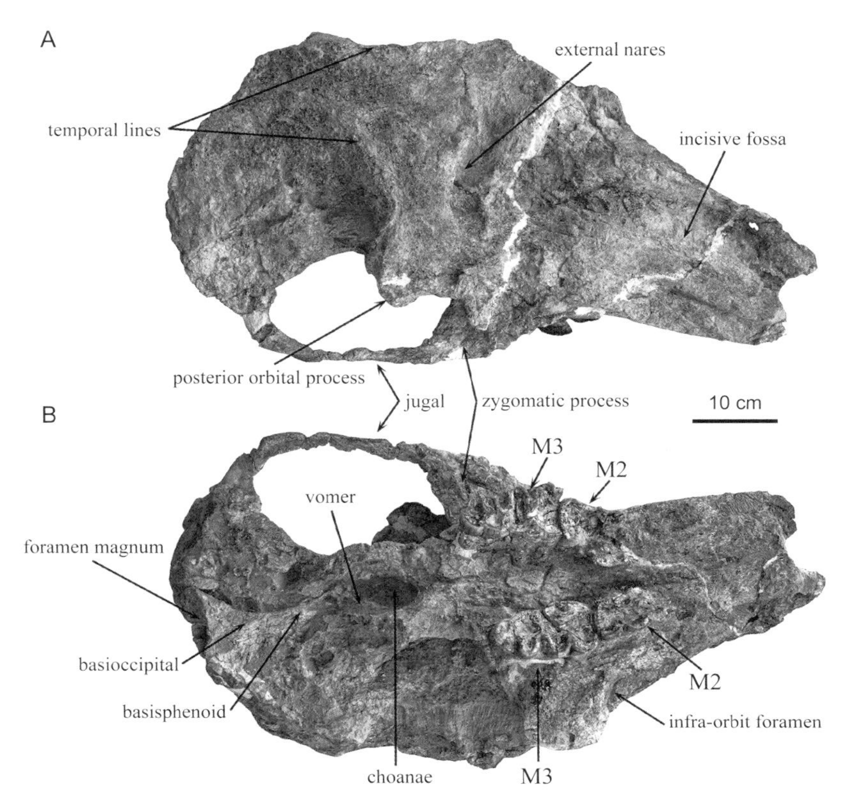

图 53　短颌原互棱齿象 *Protanancus brevirostris* 头骨

IVPP V 17687，正模：A. 背面，B. 腹面（引自 Wang et al., 2015a）。

basioccipital，基枕骨；basisphenoid，基蝶骨；choanae，内鼻孔；external nares，外鼻孔；foramen magnum，枕骨大孔；incisive fossa，门齿窝；infra-orbit foramen，眶下孔；jugal，颧骨；posterior orbital process，眶后突；temporal lines，颞线；vomer，犁骨；zygomatic process，颧突

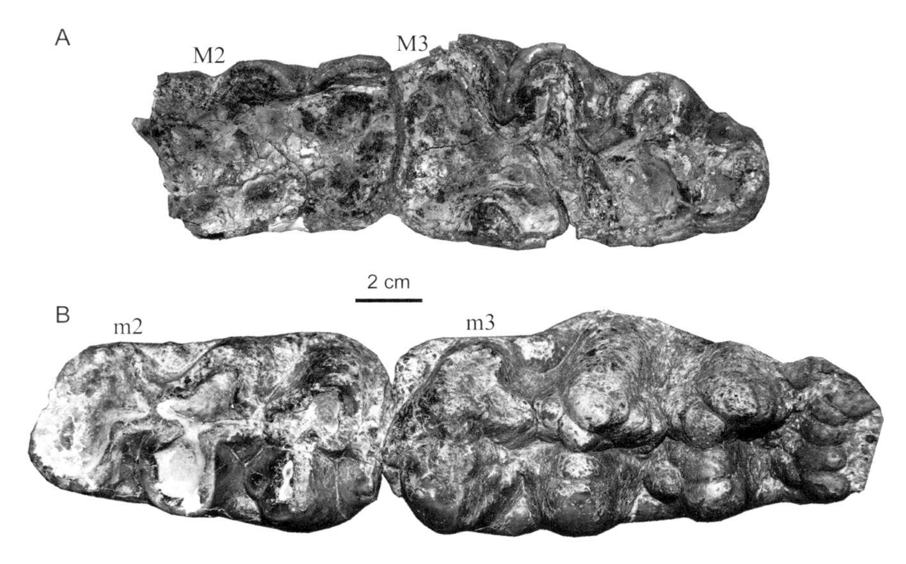

图 54　短颌原互棱齿象 *Protanancus brevirostris* 牙齿

A. 左 M2、M3（IVPP V 17687, 正模），B. 右 m2–m3（HMV 1873）（引自 Wang et al., 2015a）

隐齿铲齿象属 Genus *Aphanobelodon* Wang et al., 2017

模式种 赵氏隐齿铲齿象 *Aphanobelodon zhaoi* Wang et al., 2017

鉴别特征 吻部细弱，伸长；下颌非常长，远端膨大；上门齿缺失；下门齿扁平，具同心层状结构的横切面；颊齿丘型，中间臼齿（DP4/dp4, M1/m1, M2/m2）3 个齿脊；第三臼齿为 4 个齿脊，臼齿稍具次三叶式图案和主、副齿脊的相交排列，显示 choerodont 的牙齿特征和丰富的白垩质。

中国已知种 仅模式种。

分布与时代 宁夏，中中新世早期（MN6）。

评注 隐齿铲齿象是 Wang 等（2017a）依据产自甘肃临夏中中新世早期的头骨和下颌骨建立的，仅含一种（*Aphanobelodon zhaoi*）。其主要特征是上门齿缺失，下门齿扁平并具同心层结构横切面。这前一性状使它区别于铲齿象类的其他类型。在系统演化上，Wang 等（2017a）认为它与 *Platybelodon* 为一姐妹组。

赵氏隐齿铲齿象 *Aphanobelodon zhaoi* Wang et al., 2017

（图 55—图 57）

正模 HMV 1880，一个完整头骨和与之相连的下颌，以及部分骨骼，雌性。

归入标本 HMV 1916，一幼年个体骨架；一些成年头骨（HMV 1819, HMV 1912, HMV 1918, HMV 1920 等）。

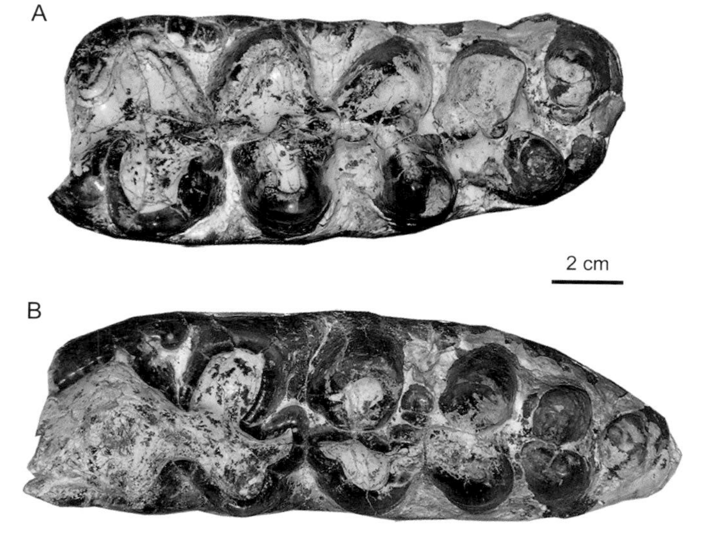

图 55 赵氏隐齿铲齿象 *Aphanobelodon zhaoi* 牙齿

HMV 1880，正模：A. 右 M3，B. 左 m3；嚼面（引自 Wang et al., 2017a）

鉴别特征　同属。

产地与层位　宁夏同心，中中新统下部（MN6）红柳沟组（现为彰恩堡组）。

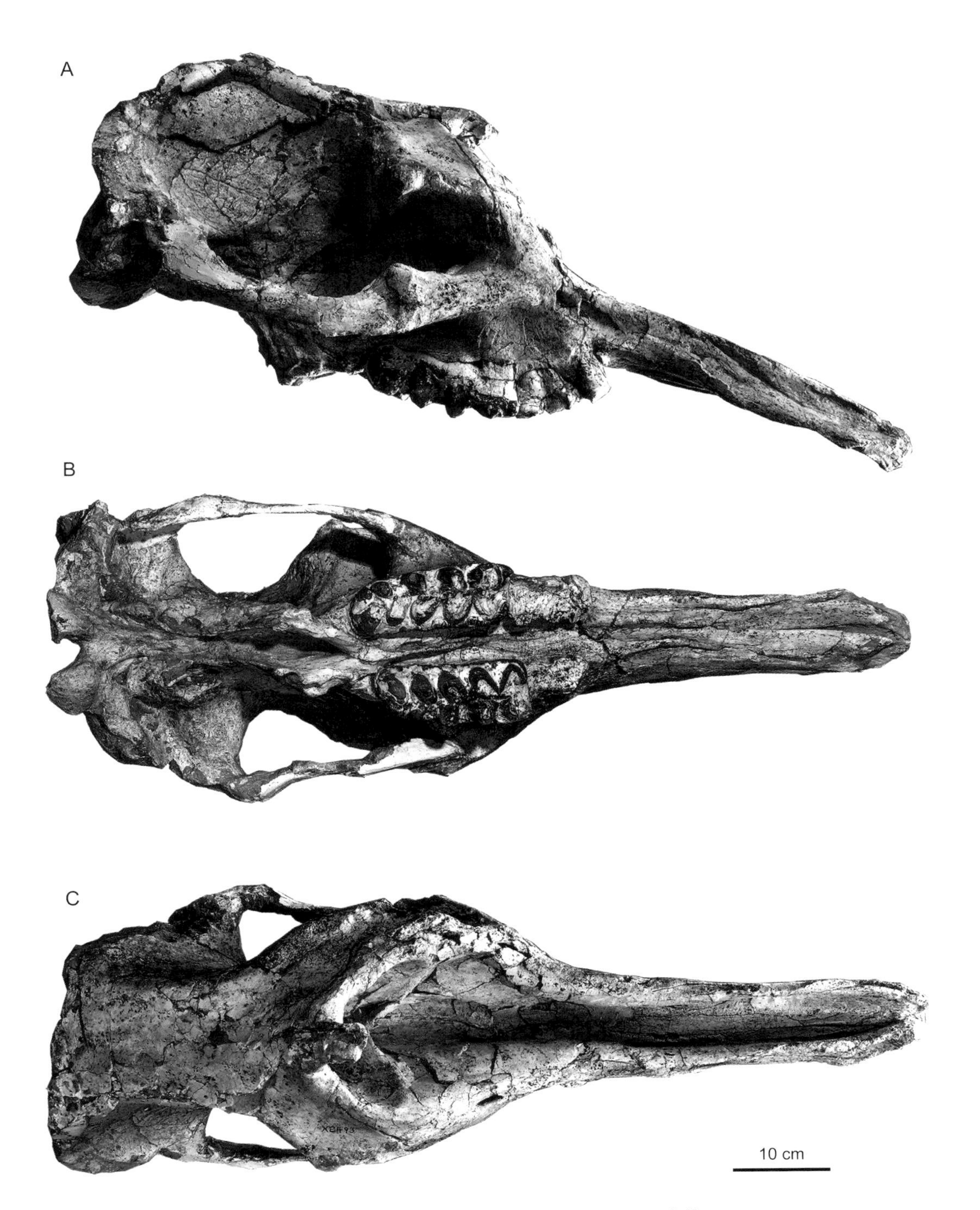

图 56　赵氏隐齿铲齿象 *Aphanobelodon zhaoi* 头骨

HMV 1880，正模：A. 侧面，B. 腹面，C. 背面（引自 Wang et al., 2017a）

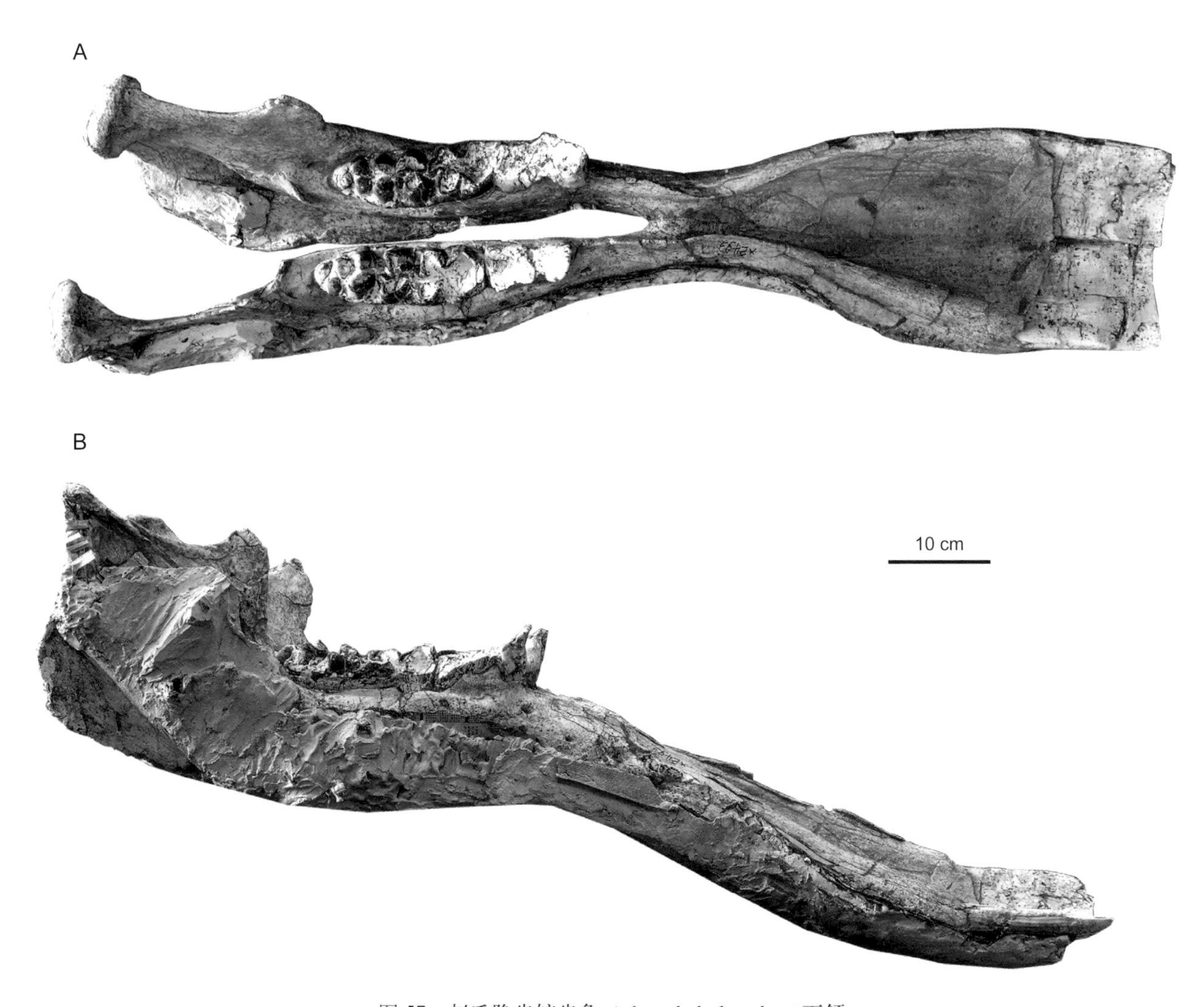

图 57　赵氏隐齿铲齿象 *Aphanobelodon zhaoi* 下颌

一几乎完整的下颌（HMV 1880，正模）：A. 背面，B. 侧面（引自 Wang et al., 2017a）

四棱齿象亚科 Subfamily Tetralophodontinae Van der Maarel, 1932

模式属 四棱齿象 *Tetralophodon* Falconer, 1857

定义与分类 四棱齿象亚科是一类灭绝的、下颌联合部变短的嵌齿象，包括四棱齿象（*Tetralophodon* Falconer, 1857）、副四棱齿象（*Paratetralophodon* Tassy, 1983）、莫尔象（*Morrillia* Osborn, 1924）和陪地欧四棱齿象（*Pediolophodon* Lambert, 2007）4 属，分布于中新世晚期和上新世时期的非洲、欧亚大陆和北美。其主要特征是中间臼齿具 4 个齿脊以及下门齿和颊齿不特化。

20 世纪 90 年代以来，人们发现中间臼齿具 4 个齿脊并不仅仅是四棱齿象亚科独有的性状，在其他象类，如铲齿象（*Platybelodon*）、剑棱齿象（*Stegotetrabelodon*）和互棱齿象（*Anancus*）中也存在这一特征。因此，一些古生物学者（Shoshani et Tassy, 1996, 2005；Wang et al., 2017b）建议以"四棱齿嵌齿象"（tetralophodont gomphotheres）之名替代四棱齿象亚科，代表象形亚目中的一个独立科，科名未定。它包括四棱齿象、副四棱齿象、互棱齿象和莫尔象等。另一些古生物学者（Sanders et al., 2010）主张仍维持现状，即四棱齿象亚科是嵌齿象科的成员。

鉴别特征 个体大；下颌联合部退化，变短；颊齿丘型，中间臼齿由 4 个齿脊构成。

中国已知属 仅模式属。

分布与时代 非洲、欧洲、亚洲，中中新世晚期—上新世。我国的陕西、山西、甘肃、宁夏和云南地区，中中新世晚期—上新世。

四棱齿象属 Genus *Tetralophodon* Falconer, 1857

模式种 长吻四棱齿象 *Tetralophodon longirostris* (Kaup, 1832)

鉴别特征 下颌联合部退化，但不属于短颌象类；上门齿珐琅质带存在，下门齿退化；颊齿丘型，冠低；中间臼齿（DP4/dp4, M1/m1, M2/m2）由 4 个齿脊组成。上、下第三臼齿伸长，具有 5 个齿脊加一跟座或更多的齿脊（在 *T. punjabiensis* 和 *T. elegans* 中，它有 5 个半至 6 个齿脊；在 *T. mor. barbouri* 中，它有 8 个齿脊）。中心锥在上、下臼齿齿谷存在（*T. punjabiensis*）、退化或缺失（*T. longirostris*）。磨蚀后，原始类型中，主齿柱呈三叶式图案，但在进步类型中，副齿柱也有出现三叶式图案的趋势。白垩质缺失或少量存在。

中国已知种 小龙潭四棱齿象 *Tetralophodon xiaolongtanensis* (Chow et Zhang, 1974)，小河四棱齿象 *T. xiaoheensis* Zhang et al., 1991，中华四棱齿象 *T. sinensis* (Koken, 1885)，保德四棱齿象 *T. exoletus* Hopwood, 1935，？宽吻四棱齿象 ?*T. euryrostris* Wang et al., 2017 和四棱齿象（未定种）*Tetralophodon* sp.。

分布与时代 欧洲、亚洲和非洲，中中新世晚期—上新世。在我国，它出现在华北地区（山西）、西北地区（陕西、宁夏和甘肃）和华南地区（云南），中中新世晚期—上新世。

评注 四棱齿象是嵌齿象类的晚期类型。它的化石发现于中中新世晚期到上新世时期的欧亚大陆和非洲，以中间臼齿具 4 个齿脊为主要特征。北美种 *T. campester* 和 *T. fricki* 已被置入 *Pediolophodon* Lambert, 2007 属中。

我国的四棱齿象最早是由 Osborn 在 1922 年或 1923 年记述的。他把我国云南的 *Mastodon perimensis* var. *sinensis* (Koken, 1885) 看做四棱齿象的一个种，即中华四棱齿象（*Tetralophodon sinensis*），正型标本应该是右 M3，而不是他在文中所指的左 m2，生存时代可能为中新世或上新世。此后在我国，古生物学者把中间臼齿具 4 个齿脊的象类基本上都归入四棱齿象中。这包括保德四棱齿象（*T. exoletus*）、小龙潭四棱齿象（*T. xiaolongtanensis*）和小河四棱齿象（*T. xiaoheensis*）。但是 Tobien 等（1986）把保德四棱齿象归入剑棱齿象（*Stegotetrabelodon*）属中，而把曾归入保德四棱齿象的蓝田标本看做副四棱齿象（*Paratetralophodon*）的成员。Wang 等（2016b）把保德四棱齿象看做副四棱齿象的一个有效种（*Paratetralophodon exoletus*），但把蓝田标本鉴定为副四棱齿象的一未定种（*Paratetralophodon* sp.）。Wang 等（2017b）还为甘肃临夏盆地晚中新世的材料建立了四棱齿象一新种，宽吻四棱齿象 *Tetralophodon euryrostris*。

笔者认为保德四棱齿象应该是四棱齿象的一个有效种。

小龙潭四棱齿象 *Tetralophodon xiaolongtanensis* (Chow et Zhang, 1974)

（图 58—图 60）

Tetralophodon sp.：周明镇，1957a，394–400 页

Gomphotherium xiaolongtanensis：周明镇、张玉萍，1974，24 页；周明镇等，1978，68–70 页

Gomphotherium sp：Tobien et al., 1986, p. 139

Zygolophodon gobiensis：Tobien et al., 1988, p. 154 (part)

Paratetralophodon xiaolongtanensis：Wang et al., 2017d, p. 11

正模 属于同一个体的牙齿：IVPP V 4685.1，一个右 M3，前内侧破损；IVPP V 4685.2, V 4685.3，左、右 m3 各一枚；IVPP V 4685.4，一枚 m2。云南开远小龙潭，上中新统小龙潭组。

归入标本 云南开远小龙潭：IVPP V 4685. 5–7，破损的单个牙齿；XV 8095.1–3（云南开远小龙潭煤矿编号），一枚左 m2、一枚右 m2 和一枚左 m3；YV 0721，一枚右 M2（YV，云南省博物馆编号）。

鉴别特征 个体小；臼齿齿冠低；上、下第二臼齿均由完整的 4 个齿脊和一跟座组成，上、下第三臼齿各由 5 个齿脊和一小的跟座组成；每侧齿柱主要由 2–3 个乳突组成，中

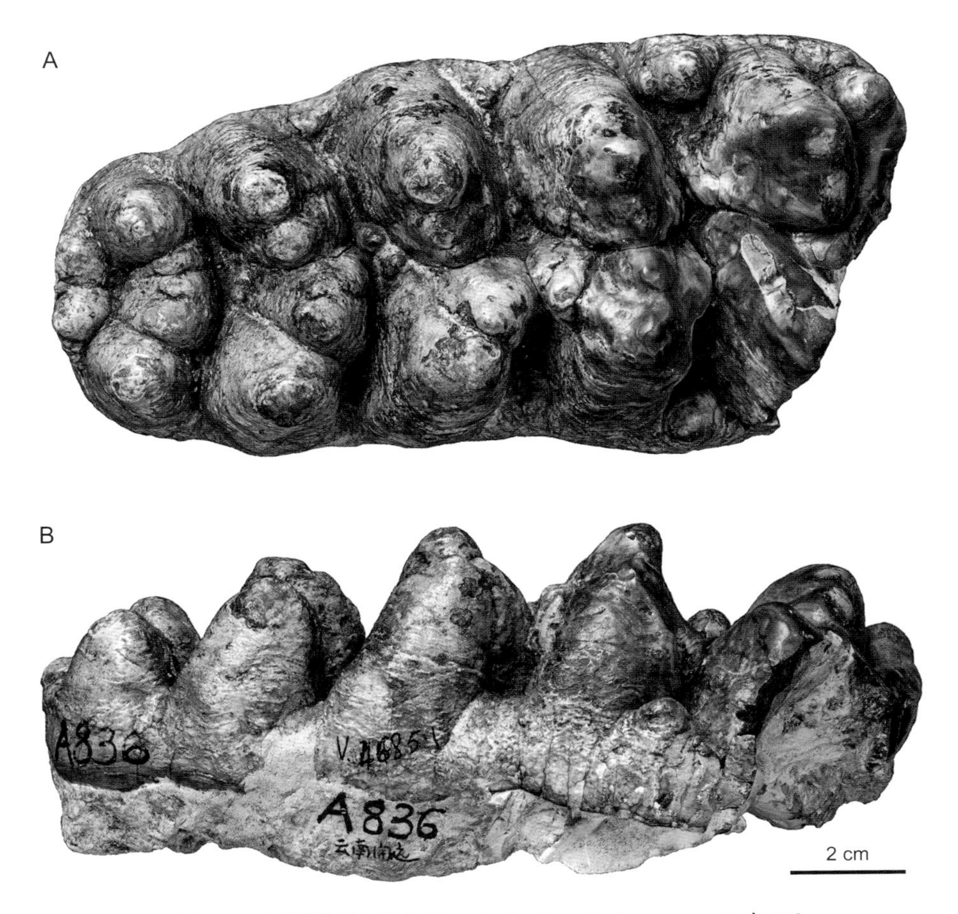

图 58 小龙潭四棱齿象 *Tetralophodon xiaolongtanensis* 右 M3
IVPP V 4685.1，正模：A. 嚼面，B. 唇侧面（引自周明镇等，1978）

沟清楚，主齿柱发育三叶式图案，副齿柱的次三叶式图案弱；白垩质少或不存在。

产地与层位 云南开远小龙潭，中中新统上部—上中新统小龙潭组褐煤层（森林古猿化石层）。

评注 周明镇（1957）最初曾把产自云南开远小龙潭煤矿的几枚牙齿鉴定为 *Tetralophodon* sp.。1974 年他和张玉萍认为它们代表嵌齿象的一个新类型，命名为小龙潭嵌齿象（*Gomphotherium xiaolongtanensis*），与印度西瓦利克 Chinji 层的 *Gomphotherium* (=*Trilophodon*) *macrognathus* 最为接近。随着完整的 M2 和 m2 的发现，董为（1987）把小龙潭嵌齿象归入到四棱齿象中。这一观点为以后的学者（Tobien et al., 1988；Shoshani et Tassy, 1996）所接受。*T. xiaolongtanensis* 代表华南地区的一种原始的四棱齿象。其 M2 具 4 个齿脊，m3 由 5 个齿脊组成，次三叶式图案仅在第一齿脊出现，无白垩质。这使它几乎不同于所有已知早期的四棱齿象种（西瓦利克种 *T. falconeri*、*T. punjabiensis* 以及属型种 *T. longirostris*）。

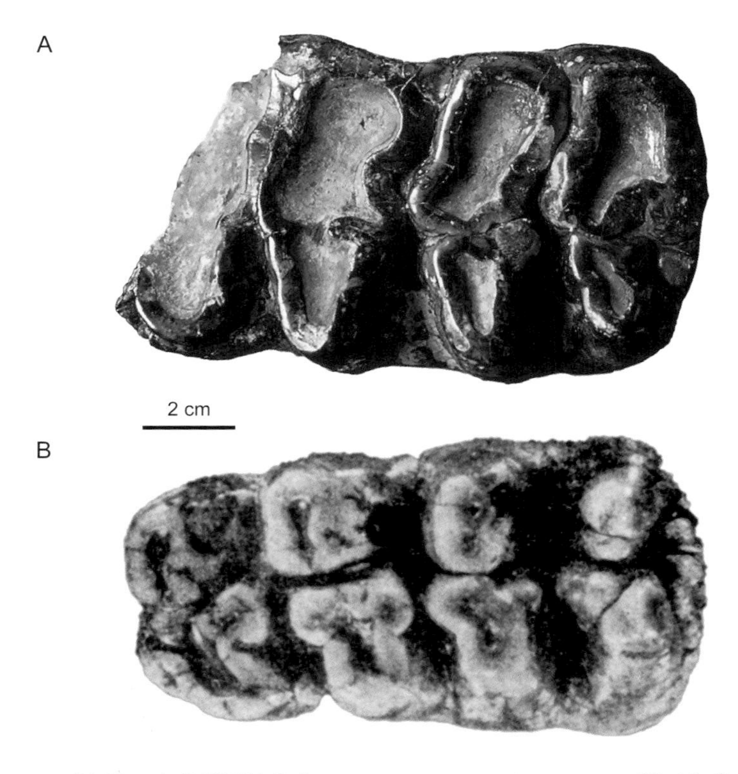

图 59　小龙潭四棱齿象 *Tetralophodon xiaolongtanensis* 第二臼齿
A. 右 M2（YV 0721），B. 左 m2（XV 8095.1）（引自董为，1987）

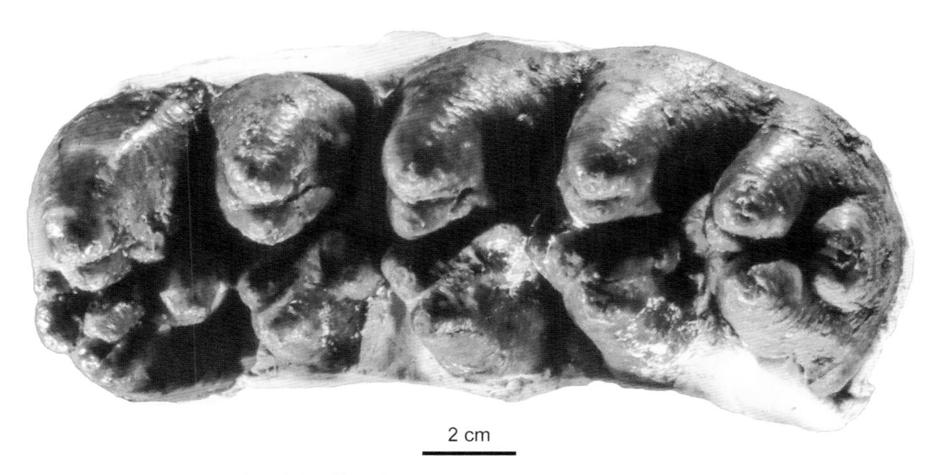

图 60　小龙潭四棱齿象 *Tetralophodon xiaolongtanensis* 左 m3
XV 8095.3：嚼面（引自董为，1987）

小龙潭煤矿含哺乳动物化石层时代，最初，杨钟健和卞美年在 1938 年将之定为“早上新世蓬蒂纪”。吴汝康依据在 1957 年和 1958 年所发现的古猿和象化石，支持这一看法。1957 年，熊永先在综合该煤矿褐煤的岩性和介壳化石后，确认它的地质时代为中新世至上新世。周明镇（1957）根据哺乳动物群对比，认为它的时代为“晚中新世”。以后，一些古生物学者通过对小龙潭哺乳动物群的再研究，确定其地质时代为晚中新世，比印度 Chinji 层的时代晚，而早于禄丰动物群的时代，大致相当于欧洲的 MN9，Vallesian 期（董为，1987；Tobien et al., 1988）。Deng（2006）把小龙潭组的时代放在中中新世晚期（NMU7=MN7/8），相当于距今约 13.5–11.6 Ma。

Bohlin 在 1937 年描述了产自青海托苏诺尔的一枚右 M3（No 487），鉴定为 *Tetralophodon* sp.。Wang 等（2017b）把它看做是小龙潭四棱齿象的亲近种（*Tetralophodon* aff. *xiaolongtanensis*），并推测它是由后者迁移而来。依据牙齿的特征，青海标本似乎与铲齿象更为相似，更可能属于铲齿象（*Platybelodon*）。

小河四棱齿象 *Tetralophodon xiaoheensis* Zhang et al., 1991

（图 61）

正模 YV 0781（云南省博物馆编号），一个基本完整的右 m3。云南元谋竹棚，上中新统小河组。

归入标本 云南小河：单个牙齿（PDY V 494, 672, 770, 1754, 1547, 1751；YV 311, 596, 833, 770；YML 543 等）。其中，YML 为云南元谋县元谋人陈列馆编号，PDY V 为攀登项目用于采集自云南元谋等地化石编号（引自吉学平、张家华，2006）。

鉴别特征 个体大；颊齿齿冠低；m2 有 4 个齿脊和一发育的跟座，m3 由 6 个齿脊和一发育的跟座组成，磨蚀后，三叶式图案在前几个齿脊的主齿柱明显存在，次三叶式图案出现在下臼齿第一齿脊副齿柱；中沟存在，珐琅质厚，无白垩质。

产地与层位 云南元谋小河、竹棚、雷老，上中新统小河组。

评注 *Tetralophodon xiaoheensis* 是张兴永等 1991 年依据出自云南元谋小河地区晚中新世的一枚下第三臼齿建立的。后来人们在竹棚和雷老的小河组地层中又找到了几枚

图 61　小河四棱齿象 *Tetralophodon xiaoheensis*
右 m3（YV 0781，正模）：冠面（引自吉学平、张兴永，1997）

臼齿，均归入此种中。

它的个体比 *T. xiaolongtanensis* 大，第三臼齿齿脊数多，为 6–7 个齿脊和一跟座。后一特征似乎使它与已知所有的四棱齿象区别。

和志强等（1997）曾认为含 *Tetralophodon* 层位的时代为上新世，距今约 5.0–3.8 Ma。祁国琴等主编的《蝴蝶古猿产地研究》中指出小河和雷老的四棱齿象层位的地质时代为晚中新世，绝对年龄约为 8.2–7.0 Ma。

中华四棱齿象 *Tetralophodon sinensis* (Koken, 1885)

（图 62）

Tetralophodon (*Lydekeria*) *sinensis*：Osborn, 1936, p. 355

正模 右 M3（无编号）。云南，具体产地不详。

鉴别特征 M3 有 4 个以上齿脊，主齿柱发育三叶式图案，副齿柱无三叶式图案。

产地与层位 云南，具体产地和层位不详，可能为上新统。

图 62 中华四棱齿象 *Tetralophodon sinensis* 右 M3（正模）（引自周明镇、张玉萍，1974）

评注 这枚牙齿因为破损，Koken 在 1885 年把它鉴定为左 M3，命名为 *Mastodon perimensis* var. *sinensis* Koken, 1885。Osborn（1936）把它订正为 *Tetralophodon* (*Lydekeria*) *sinensis* (Koken, 1885)，并认为它为 M2。周明镇、张玉萍（1974, 1978）认为它是 *Tetralophodon sinensis*，该牙齿为左 M3。从其图版看，它可能是一枚右 M3。（因笔者未见到此件标本，文献中也未表明该牙之大小，因此，图中无比例尺。）

保德四棱齿象 *Tetralophodon exoletus* Hopwood, 1935

（图 63，图 64）

Stegotetrabelodon exoletus：Tobien et al., 1988, p. 140

Paratetralophodon exoletus：Wang et al., 2017d, p. 12, 13

正模 PMU M 3661，一不完整下颌骨，带右 m3。山西保德，上中新统。

副模 山西保德：PMU M 3660，一个破损的右下颌，带 p3、dp4、m1；一些单个牙齿（PMU M 1679，一左 dp3；PMU M 1784，一左 p3；PMU M 1874，一左 p3；PMU M 1877，一左 DP3；PMU M 1878，一左 dp3；PMU M 1879，一左 dp3；PMU M 3568，一右 dp2；PMU M 3569，一左 dp4）。

鉴别特征 个体大；颊齿丘型，齿冠高；中间臼齿有 4 个齿脊加一跟座，第三下臼齿由 7 个齿脊和一跟座构成；中沟存在，主齿柱发育三叶式图案，前两个齿脊的副齿柱的三叶式图案相对不明显；珐琅质层光滑，无齿缘和白垩质。

产地与层位 山西保德，上中新统。

评注 保德四棱齿象（*Tetralophodon exoletus*）系 Hopwood（1935）依据山西保德冀家沟的材料建立的。1978 年，刘东生等把收集自陕西蓝田水家咀晚中新世地层中的不完整的 3 个头骨以及一些牙齿归入该种。Tobien 等（1988）认为保德的标本应是剑棱齿象（*Stegotetrabelodon*）的成员，而水家咀的材料被重新鉴定为副四棱齿象属型种的相似种（*Paratetralophodon* cf. *hasnotensis*）。Wang 等（2017d）在描述甘肃临夏盆地四棱齿象时主张把它们均置入副四棱齿象中，保德的标本被看做是 ?*Paratetralophodon exoletus*，而水家咀的材料在种的位置上属于副四棱齿象（未定种）（*Paratetralophodon* sp.）。

副四棱齿象是 Tassy（1983）依据巴基斯坦 Dhok Pathan 的 *Serridentinus hasnotensis* 建立的，地质时代为晚中新世（距今约 8 Ma）。同时，他把南亚的四棱齿象几乎均归入该属中。其颊齿的主要特征是具丰富的白垩质，其他特征基本上与四棱齿象的相似。

首先，保德四棱齿象与副四棱齿象的不同在于它的 m3 由 7 个齿脊构成，次三叶式图案仅在副齿柱前两个齿脊上存在，无白垩质。其次，它可能也不是剑棱齿象（*Stegotetrabelodon*）的成员。与后者的不同在于它的牙齿丘型，具中沟，磨蚀后前面两个齿脊的副齿柱出现三叶式图案，无白垩质等。最后，它与欧洲典型的四棱齿象不同在于个体大，下第三臼齿由 7 个齿脊构成，次三叶式图案在前两个齿脊的副齿柱上存在。

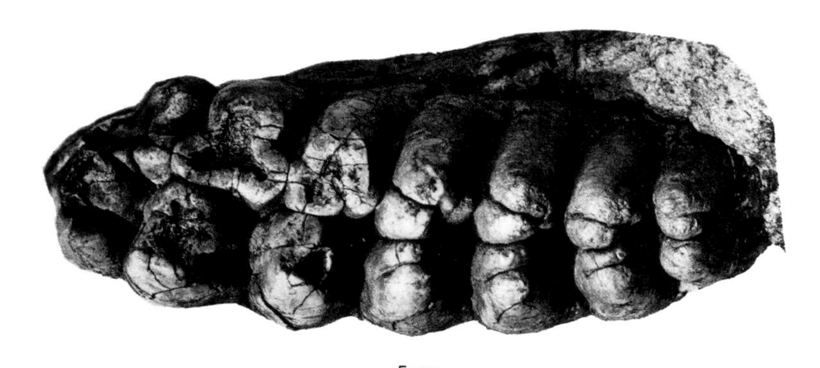

5 cm

图 63 保德四棱齿象 *Tetralophodon exoletus* 牙齿

右 m3（PMU M 3661，正模）：嚼面（引自 Wang et al., 2017b）

由于至今还没有发现头骨，目前笔者仍把它看做是四棱齿象（*Tetralophodon*）的一个成员。

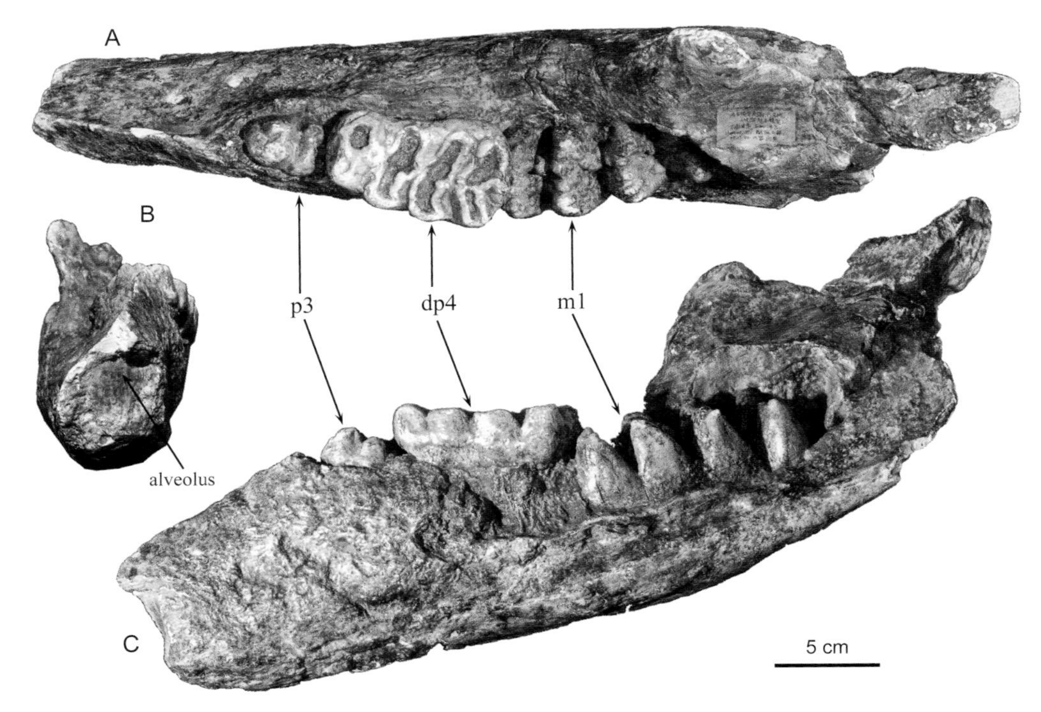

图 64　保德四棱齿象 *Tetralophodon exoletus* 下颌骨

右下颌带 p3、dp4、m1（PMU M 3660，副模）：A. 嚼面，B. 下门齿横切面，C. 内侧面（引自 Wang et al., 2017b）。alveolus，齿槽

？宽吻四棱齿象 ?*Tetralophodon euryrostris* Wang et al., 2017

（图 65，图 66）

正模　HMV 1427，一个不完整的下颌，带 m1–m3。甘肃临夏盆地（准确地点不详），上中新统（MN10?）。

鉴别特征　中等大小的四棱齿象；下颌联合部和下门齿比较宽而长，具有明显的下联合部沟槽；下颌联合部中度向下弯曲；下门齿背面凹，横切面椭圆形，出露长度稍小于联合部长度；下颌髁钝，稍高于嚼面；垂直支与嚼面垂直；中间臼齿具 4 个齿脊和一发育的跟座，第三下臼齿仅有 5 个齿脊；齿脊主齿柱前中心锥几乎缺失（除第一脊外），后面的中心锥小而低，内侧锥增大，白垩质发育。

产地与层位　甘肃临夏盆地，上中新统（MN10?）。

评注　宽齿四棱齿象是 Wang 等（2017b）依据临夏盆地的一个不完整的下颌骨建立的。其下颌的性状与铲齿象的类似。它也可能是属于后者，代表铲齿象的晚期类型。

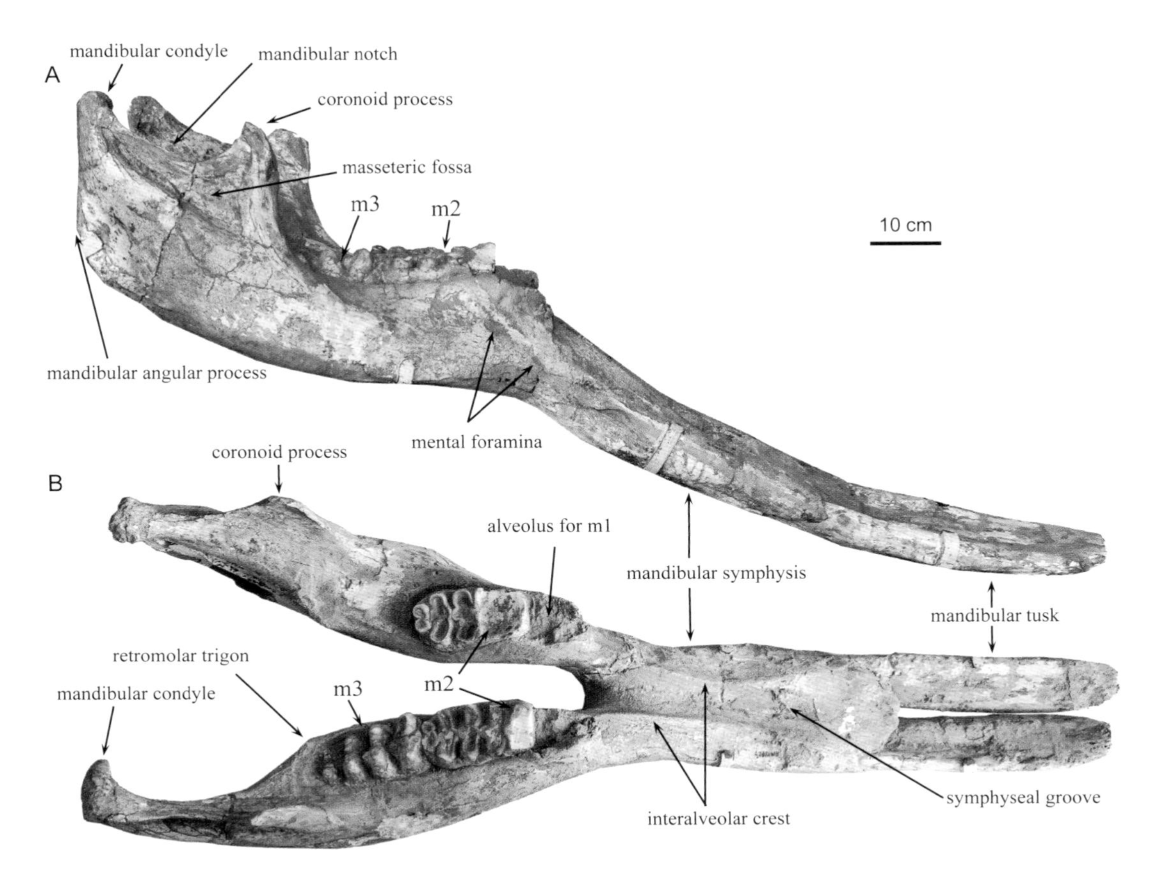

图 65 ？宽吻四棱齿象 ?*Tetralophodon euryrostris* 下颌骨

HMV 1427，正模：A. 侧面，B. 嚼面（引自 Wang et al., 2017b）。

alveolus for m1，m1 齿槽；coronoid process，冠状突；interalveolar crest，内齿槽脊；mandibular angular process，下颌角突；mandibular condyle，下颌髁；mandibular notch，下颌切口；mandibular symphysis，下颌联合部；mandibular tusk，下门齿；masseteric fossa，咬肌窝；mental foramina，颏孔；retromolar trigon，第三臼齿三角座；symphyseal groove，下颌联合部沟槽

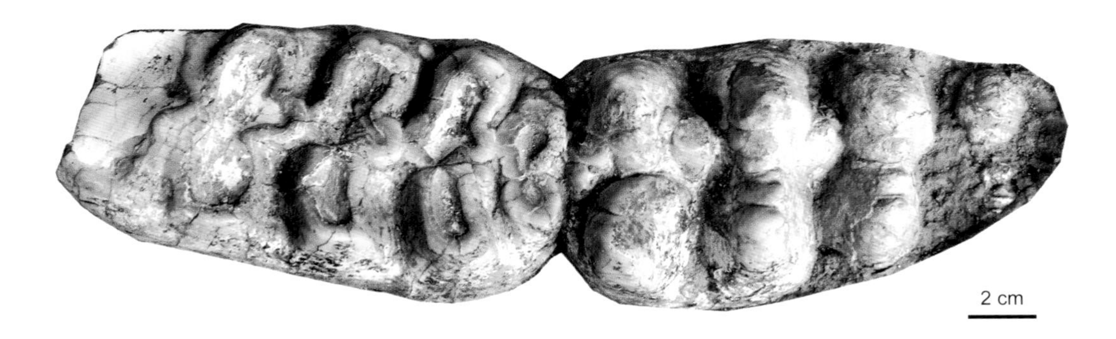

图 66 ？宽吻四棱齿象 ?*Tetralophodon euryrostris* 牙齿

右 m2–m3（HMV 1427，正模）：嚼面（引自 Wang et al., 2017b）

四棱齿象（未定种） ***Tetralophodon* sp.**

（图 67，图 68）

Tetralophodon exoletus：刘东生等，1978，159–166 页

Paratetralophodon cf. *hasnotensis*：Tobien et al., 1988, p. 108

Paratetralohodon sp.：Wang et al., 2017d, p. 10, 11

Tetralophodon cf. *exoletus*：邱占祥等，1987b，46–48 页

材料 陕西蓝田水家咀灞河组上部：3 个不完整的幼年头骨（IVPP V 3130.1–2, V 3131.3），4 个不完整的下颌骨（IVPP V 3130.3–5, 9），2 段门齿（IVPP V 3130.6, V 3131.2），以及 5 个零星牙齿（IVPP V 3131.4, V 3130.7）。宁夏吴忠：左 M1 一枚（IVPP V 7161）。

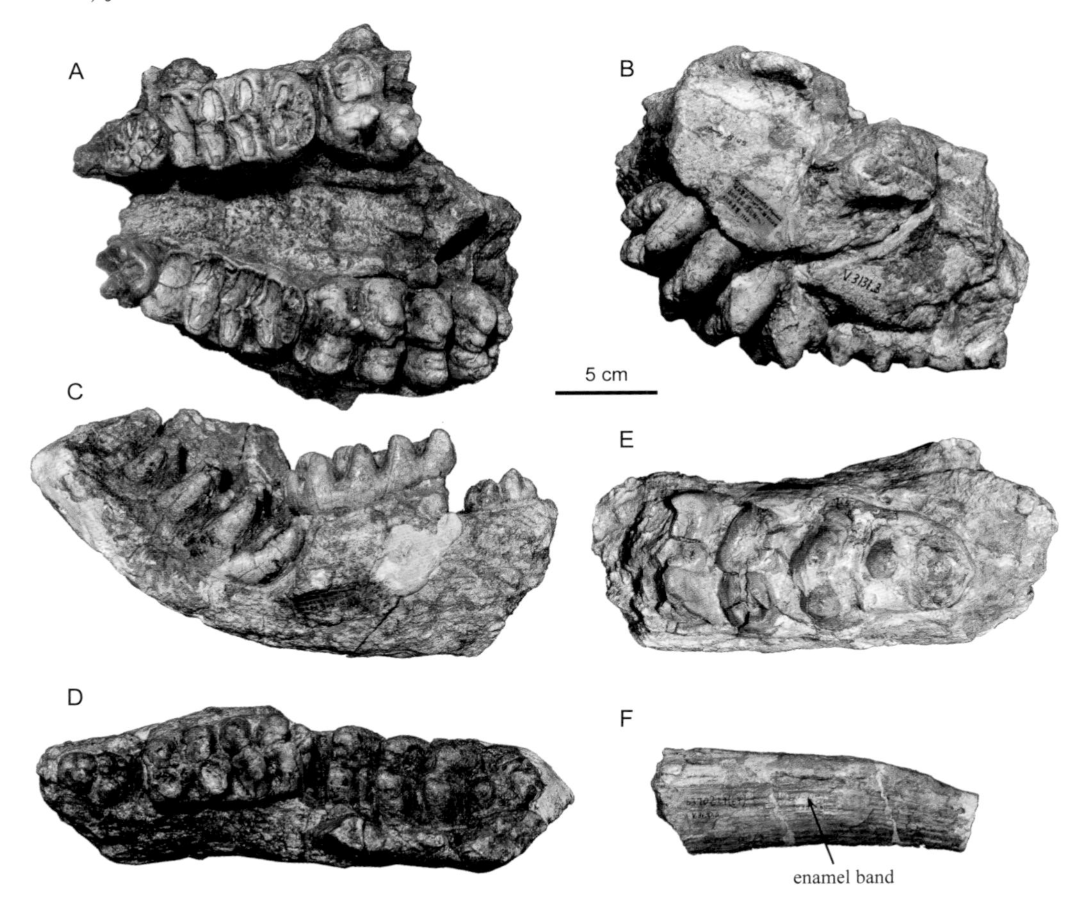

图 67 四棱齿象（未定种）*Tetralophodon* sp. 颌骨及门齿

A, B. 上颚骨带两侧 DP4、P3 和 M1（IVPP V 3131.3），C, D. 左下颌带 m2–m3（IVPP V 3130.4），E. 右 m3（IVPP V 3130.5），F. 一段上门齿（IVPP V 3130.6）（引自 Wang et al., 2017b）。
enamel band，珐琅质带

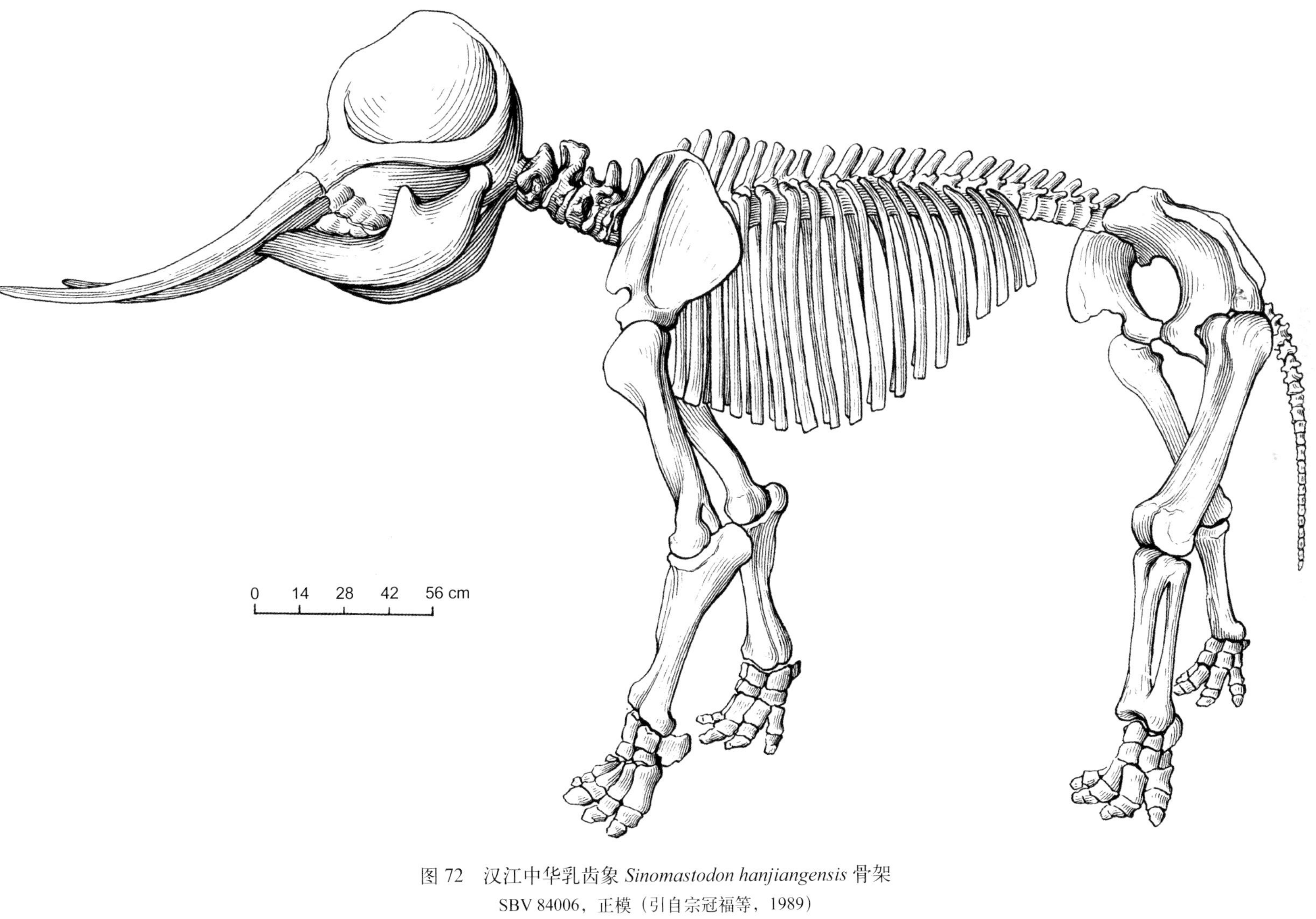

图 72 汉江中华乳齿象 *Sinomastodon hanjiangensis* 骨架
SBV 84006，正模（引自宗冠福等，1989）

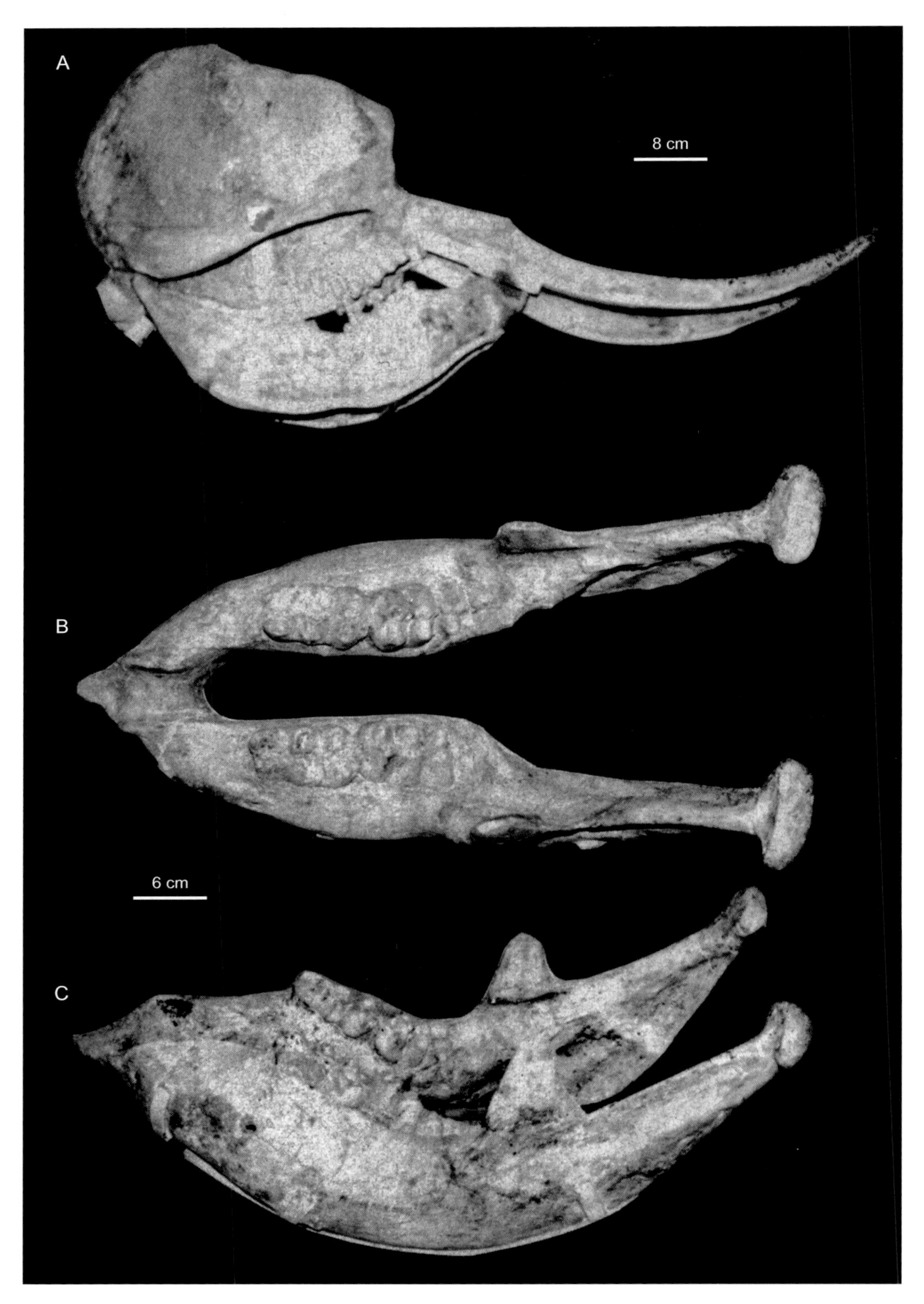

图 73　汉江中华乳齿象 *Sinomastodon hanjiangensis* 头骨和下颌

SBV 84006，正模：A. 头骨和下颌，侧面，B. 下颌，嚼面，C. 下颌，侧面（引自宗冠福等，1989）

Gomphotherium yongrenensis：张兴永，1980，48–49 页

Sinomastodon yanyuanensis：宗冠福，1987，137, 138 页；宗冠福等，1996，62–64 页

Sinomastodon intermedius：Tobian et al., 1986, p. 160

正模 SBV 84006（陕西地质博物馆化石编号），一个较完整的骨架，包括一基本完整的头骨、下颌骨和头后骨骼。陕西勉县杨家湾，上上新统杨家湾组顶部。

归入标本 陕西勉县杨家湾：SBV 84004, SBV 84011，老年个体头骨和部分头后骨骼；SBV 84010，年轻个体的下颌骨；SBV 84008 和 SBV 84009，2 个幼年个体的下颌骨，带 p4 和 m1。四川盐源：IVPP V 7679，下第二臼齿和上第三臼齿各一枚，上门齿残段。

鉴别特征 与 *Sinomastodon intermedius* 相比，其下颌联合部相对短宽，上面具更宽的沟槽；左、右水平支几乎呈平行排列，而不是向后明显扩展；下颌水平支底缘呈弧形，角突更浑圆；侧面观，下颌垂直支和水平支联成半月形；臼齿相对窄长，中间臼齿有 3 个齿脊及一小的跟座，第三臼齿由 5 个齿脊及一大的跟座组成，唇侧齿缘不发育，具弱的次三叶式图案；白垩质少。

产地与层位 中国西中部（陕西）和西南部（四川和云南），上上新统—下更新统（距今约 3.5–2.0 Ma）。

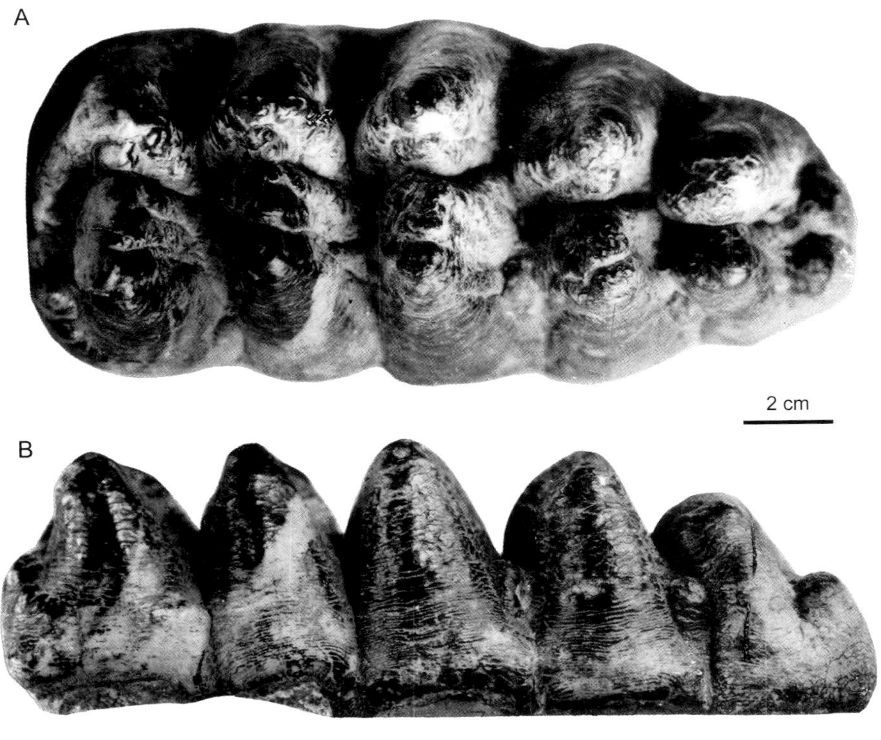

图 74 汉江中华乳齿象 *Sinomastodon hanjiangensis* 臼齿
右 M3（HV 7679）：A. 嚼面，B. 舌侧面（引自宗冠福等，1996）

扬子江中华乳齿象 *Sinomastodon yangziensis* (Chow, 1959)

（图 75，图 76）

Trilophodon yangziensis：周明镇，1959b，256 页

Trilophodon guangxiensis：周明镇，1959b，257 页

Trilophodon wufengensis：裴文中，1965，213 页

Trilophodon serridensidetos：许春华等，1974，301 页；韩德芬等，1975，251 页；王令红等，1982，356 页；裴文中，1987，69–73 页

Tetralophodon wumingensis：赵仲如，1980，299 页

Sinomastodon intermedium：Tobien et al., 1986, p. 160

Trilophodon liuchengensis：裴文中，1987，67–69 页

Sinomastodon sp.：陈冠芳，2004，181 页；Wang Y. et al., 2014, p. 90–96

正模 IVPP V 2399，一完整的左 M3。重庆巫山，早更新世洞穴堆积。

归入标本 广西崇左三合：IVPP V 18220.01–02，2 个右 m3；IVPP V 18220.03–06，4 个破损臼齿。

鉴别特征 与 *S. intermedius* 和 *S. hanjiangensis* 相比，个体相对小，第三臼齿小而窄长，由 5 个半至 6 个齿脊和一跟座组成，结构相对复杂，主齿柱的后附锥比前附锥明显更大，在前两个齿脊中，副齿柱的后附锥发育，磨蚀后，使之出现次三叶式图案。牙齿两侧齿缘不存在，齿谷谷口出现一些小乳突和少量的白垩充填。

产地与层位 华南，下更新统—中更新统。

评注 周明镇（1959b）根据重庆巫山更新世的一枚 M3 建立了 *Trilophodon yangziensis*。Tobien 等（1986）把它归入 *Sinomastodon intermedium* 中。黄万波、方其仁

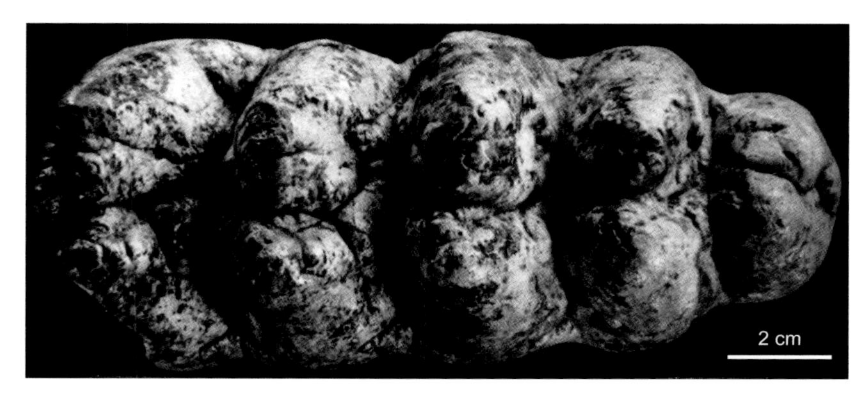

图 75 扬子江中华乳齿象 *Sinomastodon yangziensis* 左 M3
IVPP V 2399，正模：嚼面（引自 Tobien et al., 1986）

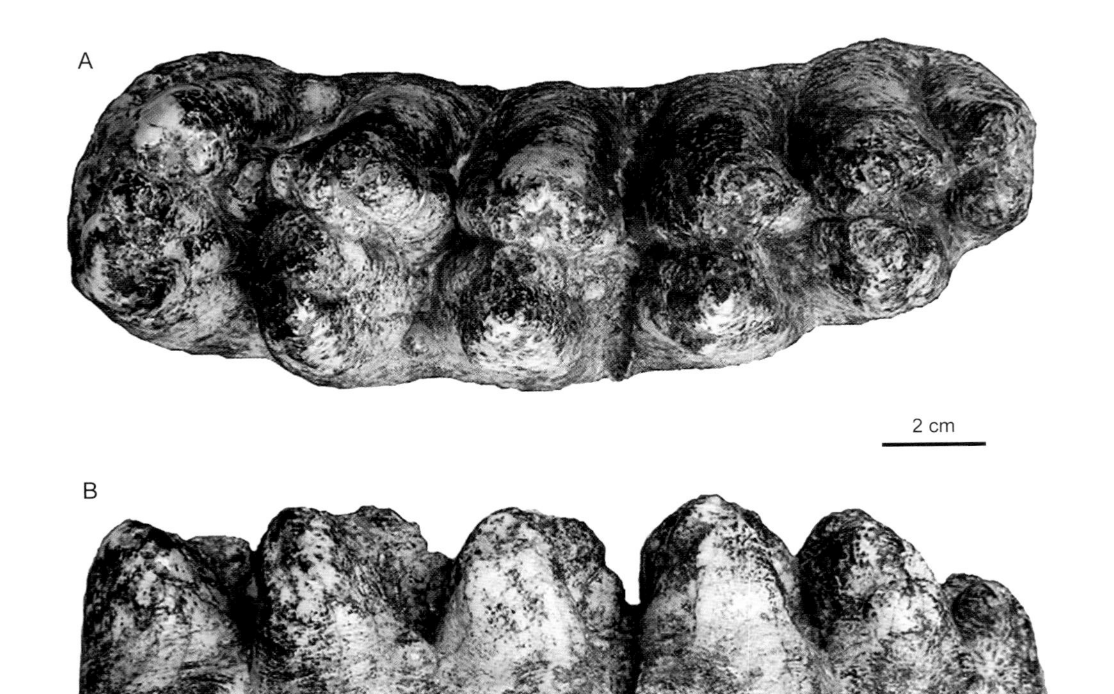

图 76　扬子江中华乳齿象 *Sinomastodon yangziensis* 右 m3
IVPP V 18220.02：A. 嚼面，B. 舌侧面（引自 Wang Y. et al., 2014）

（1991）认为把我国上新世和更新世的乳齿象均归入中间乳齿象不合适，因而保留了种 *S. yangziensis*。陈冠芳（1999）也认为它是中华乳齿象的一有效种，主要出现在更新世早期长江以南地区。王元（2011）也把收集自广西崇左三合早更新世中期（距今约 1.6–1.2 Ma）洞穴堆积中的几枚牙齿归入其中。

江南中华乳齿象 *Sinomastodon jiangnanensis* Wang et Jin, 2013

（图 77—图 79）

Sinomastodon yangziensis：金昌柱等，2009b，765–773 页

正模　IVPP V 18221，一个基本完整的头骨带两侧 DP4–M1 和下颌带两侧 dp4–m1。

副模　IVPP V 14011.02，一右 M3；IVPP V 14011.03，一右 m3。

归入标本　IVPP V 18221，7 件上门齿残段；IVPP V 18222，上、下单个臼齿。

上述标本均产自安徽繁昌人字洞上部堆积第 3–7 水平层，下更新统下部。

鉴别特征 个体比 *S. intermedius*、*S.hanjiangensis* 和 *S. yangziensis* 大；脑颅部向上凸起，枕部和额区变短，上颌骨变深，前颌骨变陡；下颌联合部变短，关节突高，冠状突位置靠前。下颌水平支变深；M3 具 5 个齿脊，m3 由 5 个齿脊和一跟座组成；主齿柱后附锥为一独立的锥；齿谷中无白垩质；前齿缘发育，而后缘和侧缘齿缘退化。

产地与层位 安徽繁昌，下更新统下部（距今约 2.15–2.14 Ma）。

评注 从牙齿的大小和性状特征看，它可能与扬子江中华乳齿象为同一类型。

图 77 江南中华乳齿象 *Sinomastodon jiangnanensis* 头骨及下颌骨

IVPP V 18221，正模：侧面（引自王元等，2013）。

e.a.m.，耳道；Ex.o.，外枕骨；Fr.，额骨；i.o.f.，眶下孔；J，颧骨；L，泪骨；mf，颏孔；Mx.，上颌骨；Na.，鼻骨；o.，眼眶；o.c.，枕髁；P.mx.，前颌骨；p.o.p.，眶后突；Pa.，顶骨；So.，上枕骨；Sq.，鳞骨；t.f.，颞窝

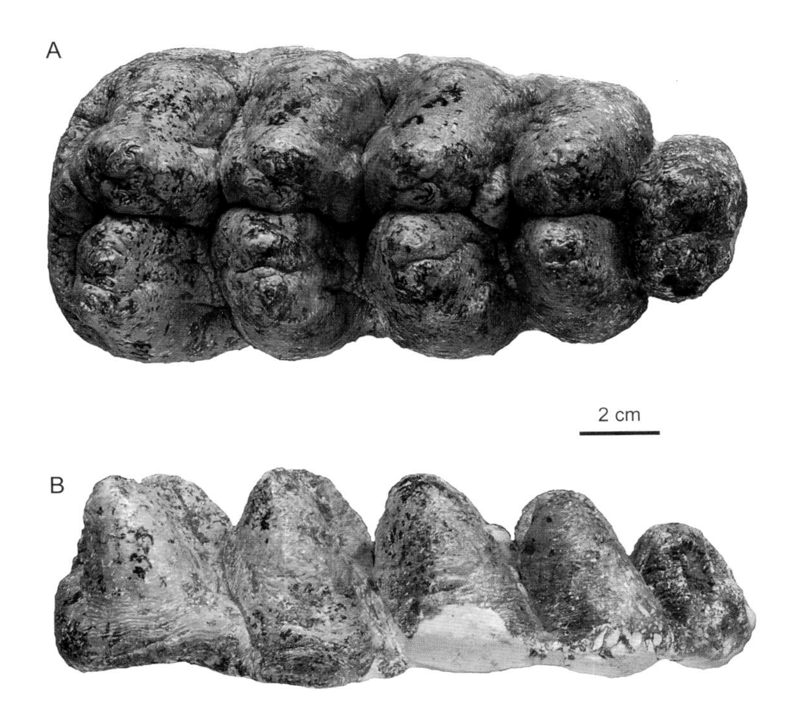

图 78　江南中华乳齿象 *Sinomastodon jiangnanensis* 上臼齿
右 M3（IVPP V 14011.02）：A. 嚼面，B. 唇侧面（引自王元等，2013）

图 79　江南中华乳齿象 *Sinomastodon jiangnanensis* 下臼齿
右 m3（IVPP V 14011.03）：A. 嚼面，B. 舌侧面（引自王元等，2013）

剑齿象科 Family Stegodontidae Osborn, 1918

模式属 剑齿象 *Stegodon* Falconer, 1857

定义与分类 剑齿象科（Stegodontidae）是长鼻类第二次大扩散 - 辐射事件中出现的类型，包括 2 属，脊棱齿象（*Stegolophodon*）和剑齿象（*Stegodon*），主要分布于新近纪和更新世期间的亚洲和晚中新世—早上新世时期的非洲。

Stegodontidae 最早是由 Osborn 在 1918 年作为乳齿象科（Mastodontidae）一亚科描述的，仅包含一属，剑齿象属（*Stegodon* Falconer, 1857）。Young（1935）和 Hopwood（1935）把它提升到科的位置。Osborn（1942）则把剑齿象科升至超科（Stegodontoidea），并认为它仅包括一科，剑齿象科（Stegodontidae）。

Simpson（1945）认为剑齿象科是真象科（Elephantidae）的一亚科，含 2 属：脊棱齿象（*Stegolophodon* Schlesinger, 1917）和剑齿象（*Stegodon* Falconer, 1857）。

随着研究的深入，至今，人们对它的分类位置提出 3 种不同的看法。第一种看法它是轭齿象类（Mammutoidea）中的一科（Maglio, 1973；Tobien, 1976；Coppens et al., 1978；Carroll, 1988；宗冠福，1992）；第二种看法是它是真象科（Elephantidae）的成员（Simpson, 1945；周明镇、张玉萍，1983）；第三种观点认为它是象形亚目（Elephantiformes）中的一科（Tassy, 1982, 1996a；Saegusa, 1987, 1996；Tassy et Shoshani, 1998；Shoshani et Tassy, 2005；Gheerbrant et Tassy, 2009）。笔者采用的是最后一种分类，即把它看做是一有效科，置于象形亚目之下。

鉴别特征 头骨形态类似于真象，下颌联合部变短。上门齿直，平行，稍向上弯曲；颊齿齿冠低到次高冠，丘 - 脊型；中间臼齿至少由 4 个以上的齿脊组成，第三臼齿则由 4 个以上齿脊构成。中心附锥不发育，中沟存在，但并未贯穿整个牙齿。齿脊横切面呈屋脊状，齿谷纵切面呈 V 型。齿脊频率低于 4.5。白垩质少或很丰富。

中国已知属 脊棱齿象 *Stegolophodon* Schlesinger, 1917 和剑齿象 *Stegodon* Falconer, 1857。

分布与时代 亚洲，早中新世—更新世晚期（甚至进入全新世）；非洲，晚中新世—上新世。我国的华北地区（山西）、西北地区（陕西）、西南地区（云南、贵州、四川和重庆）、华中地区（湖北）、华南地区（广西）等，早中新世—更新世晚期。

评注 Stegodontidae 是亚洲新近纪中 - 晚期和更新世时期哺乳动物群的主要成员之一。至今，一些学者把它看做是亚洲的特有类型。已知最早的类型发现于泰国北部早中新世晚期，以 *Stegolophodon* 为代表。从晚中新世开始，至更新世时期，剑齿象类在东亚、东南亚和南亚相当繁盛，于更新世晚期灭绝。在晚中新世和早上新世时期，它似乎也在非洲出现。但是，从未有报道它出现在欧洲、美洲以及南极洲。由此，人们推测剑齿象类起源于亚洲（Saegusa, 1996；Saegusa et al., 2005）。

脊棱齿象属 Genus *Stegolophodon* Schlesinger, 1917

模式种 宽齿脊棱齿象 *Stegolophodon latidens* (Clift, 1828)

鉴别特征 头骨低而长，下颌联合部短。上门齿长，具纵向的珐琅质带，下门齿存在但小。颊齿冠低、大而宽，呈丘-脊型；第二臼齿 4–5 齿脊，第三臼齿少于 7 个齿脊。每一个齿脊由 4–6 锥组成。在原始类型中，齿脊具附锥或中心锥，锥的排列不规则，但在进步类型中齿锥排列呈直线。中沟至少在前面齿脊存在，齿谷纵切面呈 V 形，珐琅质层厚，白垩质少或缺失。

分布与时代 亚洲，早中新世至早更新世。

中国已知种 淮河脊棱齿象 *Stegolophodon hueiheensis* Chow, 1959，原始脊棱齿象 *S. primitium* (Liu et al., 1973)，保山脊棱齿象 *S. baoshanensis* (Yun, 1975)，？宽齿脊棱齿象（相似种）?*S.* cf. *S. latidens* (Clift, 1828)。

评注 脊棱齿象（*Stegolophodon*）是 Schlesinger 在 1917 年以 *Mastodon latidens* Clift 为基础建立的。它代表 Stegodontidae 的早期类型。其特征明显地比晚期类型（*Stegodon*）原始：它的上门齿具长而宽的珐琅质带，下门齿存在，颊齿丘-脊型，齿脊数少，构成每一个齿脊的乳突数少，中沟存在等。*Stegolophodon* 是亚洲类型。它最早出现在早中新世的泰国，中新世晚期—上新世时期在南亚和我国南部地区繁盛，于早更新世灭绝。

中国的 *Stegolophodon* 化石最早是由 Schlosser 在 1903 年记述的。他把来自山西潞安上新世的一个半齿脊的臼齿残块鉴定为 *Mastodon* aff. *latidens* Clift, 1828。周明镇和张玉萍（1974）将其订正为 *Stegolophodon* cf. *latidens*。至今，人们已记述了它的 6 个种，包括淮河脊棱齿象 *Stegolophodon hueiheensis* Chow, 1959、班果脊棱齿象 *Stegolophodon banguoensis* Tang et al., 1974、班果脊棱齿象（亲近种）*Stegolophodon* aff. *banguoensis*、羊邑脊棱齿象 *Stegolophodon yangyiensis* Jiang et al., 1983、西乡脊棱齿象 *Stegolophodon xixiangensis* Tang et al., 1987 和进步脊棱齿象 *Stegolophodon stegodontoides progressus* (Zong, 1991）等。由于建立种的正模基本上为单个牙齿，有的甚至为残破的或不完整的牙齿，加上划分脊棱齿象和剑齿象的界线不很确切，因此，人们在属和种的划分上存在分歧。如宗冠福（1992）认为 *Stegodon officinals* 和 *Stegodon licenti* (Teilhard de Chardin et Trassaert, 1937）属于 *Stegolophodon*。Saegusa 等（2005）提出云南的 *Stegodon primitium* 和班果脊棱齿象为同一类型，属于 *Stegolophodon*。Wang 等（2015c）把云南班果脊棱齿象置入南亚的 *Stegolophodon stegodontoides* 等。这些属种的正确分类似乎需要更完整的材料予以确认。

依据目前脊棱齿象属的确认特征，笔者认为我国的脊棱齿象种有：淮河脊棱齿象、原始脊棱齿象（= 班果脊棱齿象）、保山脊棱齿象和宽齿脊棱齿象（相似种）。其余的有待进一步榷商。

淮河脊棱齿象 *Stegolophodon hueiheensis* Chow, 1959

（图 80，图 81）

Rulengchia hueiheensis：周明镇、张玉萍，1983，56, 57 页

正模 IVPP V 2400.3，一枚左 M3。出自江苏泗洪下草湾，下中新统下草湾组。

副模 IVPP V 2400.1，一个不完整的下颌带两侧 m3；IVPP V 2400.2，一枚上门齿。

鉴别特征 一种大型的脊棱齿象。下颌骨大而粗壮，下颌联合部短，向前平伸，呈尖嘴状，其上的沟槽狭窄；下门齿退化。上门齿外侧有一珐琅质带；颊齿低冠，上、下

图 80 淮河脊棱齿象 *Stegolophodon hueiheensis* 左 M3
IVPP V 2400.3，正模：嚼面（引自 Tobien et al., 1988）

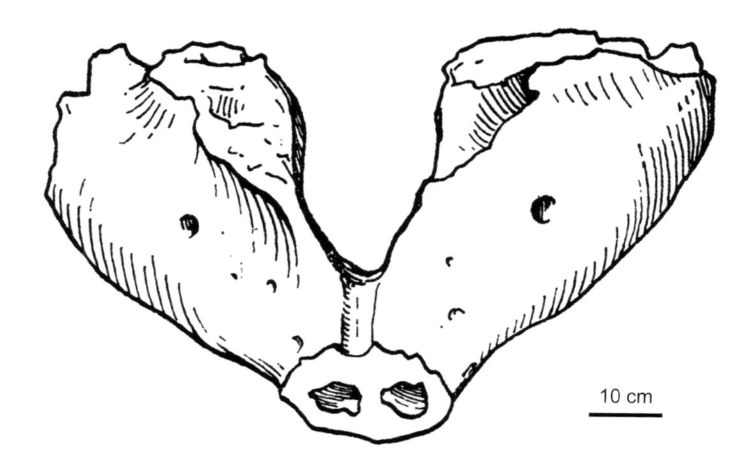

图 81 淮河脊棱齿象 *Stegolophodon hueiheensis* 下颌骨
一不完整下颌（IVPP V 2400.1）（引自 Tobien et al., 1988）

图 84 ？宽齿脊棱齿象（相似种）?*Stegolophodon* cf. *S. latidens*
—右 DP4，嚼面（引自周明镇、张玉萍，1974）

剑齿象属 Genus *Stegodon* Falconer, 1857

模式种 类剑齿象 *Stegodon elephantoides* (Clift, 1828)

鉴别特征 大型。头骨高而短。顶部拱形，腭骨窄。下颌联合部短。上门齿长而直，无珐琅质带；下门齿缺失。颊齿脊型，齿冠宽、低至中等高冠，中间臼齿由 5 个或 5 个以上齿脊组成，M3/m3 一般有 6–7 个或更多的齿脊，齿脊的横切面呈"屋脊"状，构成每一个齿脊的乳突大小不一，数量一般多于 6 个，中沟和附锥经常在臼齿的前两个齿脊上存在，齿谷纵切面呈 V 形，白垩质丰富和齿脊频率 3–5 等。

中国已知种 桑氏剑齿象 *Stegodon licenti* Teilhard de Chardin et Trassaert, 1937，师氏剑齿象 *S. zdanskyi* Hopwood, 1935，贾氏剑齿象 *S. chiai* Chow et Zhai, 1962，昭通剑齿象 *S. zhaotongensis* Chow et Zhai, 1962，药铺剑齿象 *S. officinalis* Hopwood, 1935，东方剑齿象 *S. orientalis* Owen, 1870，华南剑齿象 *S. huananensis* Chen, 2011，中华剑齿象 *S. sinensis* Owen, 1870，巫山？剑齿象 *S. wushanensis* Huang et al., 1991?。

分布与时代 亚洲，晚中新世—全新世；非洲，上新世。

评注 剑齿象（*Stegodon* Falconer, 1857）是构成 Stegodontidae 的主体（Osborn, 1942；Shoshani et Tassy, 1996），也是长鼻类的一个重要组成部分，更是东亚和南亚上新世和更新世哺乳动物群的基本成员之一。它最早出现在我国山西榆社晚中新世的马会组（距今约 6.5–5.5 Ma）或是云南昭通的昭通组，最晚出现在我国浙江金华的全新世。至今，在欧洲、美洲、大洋洲和南极洲还未发现它存在的踪迹。

中国的剑齿象（*Stegodon* Falconer, 1857）最早是由 Owen 于 19 世纪 70 年代记述

的。依据三件标本，他建立了剑齿象的两个种：*Stegodon orientalis* 和 *Stegodon sinensis*。但是其产地和层位不详。在以后的一百多年里，古生物学者（Hopwood, 1935；Teilhard de Chardin et Trassaert, 1937；周明镇、翟人杰，1962；周明镇、张玉萍，1974；宗冠福，1995 等）在我国收集到许多新生代晚期的剑齿象材料，并为它们建立了近 20 个新种。种的建立大部分是以单个牙齿，甚至是以不完整或破损的牙齿为基础。随着材料的增加、研究的深入，人们对其中一些种的分类位置和有效性提出质疑，从而对剑齿象的辐射中心、迁移路线等问题也产生了不同的看法。二十多年前，Shoshani 和 Tassy（1996）总结了新、旧大陆的长鼻类，Saegusa（1989, 1996）也对旧大陆的剑齿象进行论述。但是，他们并未过多或深入地讨论我国的剑齿象。陈冠芳（2011）对我国的剑齿象进行了一次小结。她认为：

1）中国的剑齿象化石相当丰富，发现于东经 99° 以东、北纬 38° 以南的广大地区，东至台湾，西到甘肃，北至山西太原附近，南达海南，包括陕西、山西、甘肃以及华中、华南、西南和部分华东等地区。其生存时代为晚中新世至更新世晚期（或全新世）。

2）我国的剑齿象最早出现在山西榆社马会组，以桑氏剑齿象为代表。Wang 等（2015c）认为云南昭通组出现的昭通剑齿象在时代上早于桑氏剑齿象。

3）她把已描述的我国 20 多种剑齿象分为两部分，第一部分应从 *Stegodon* 属中分出，归入到其他的属或科中。这包括四川德阳中更新世的 *Stegodon parahypsilophus* He, 1984（何信禄，1984）、贵州黔西观音洞早更新世的 *Stegodon guizhouensis* Li et Wen, 1986（李炎贤、文本亨，1986）、广西都安九楞山中更新世的 *Stegodon* cf. *hypsilophus*、云南保山上新世的 *Stegodon baoshanensis* Yun, 1975（云博，1975）和曾被归入 *Stegodon zdanskyi* Hopwood, 1935 的 *Stegolophodon yangyiensis* 以及云南班果早更新世的 *Stegodon primitius* Tang et al., 1973（刘后一等，1973）等。第二部分为剑齿象的有效种。它包含晚中新世的桑氏剑齿象（*Stegodon licenti* Teilhard de Chardin et Trassaert, 1937），上新世的师氏剑齿象（*S. zdanskyi* Hopwood, 1935）、昭通剑齿象（*S. zhaotongensis* Chow et Zhai, 1962），更新世的贾氏剑齿象（*S. chiai* Chow et Zhai, 1962）、药铺剑齿象（*S. officinalis* Hopwood, 1935）、东方剑齿象（*S. orientalis* Owen, 1870）、中华剑齿象（*S. sinensis* Owen, 1870）和华南剑齿象（*S. huananensis* Chen, 2011）等，并认为 *Stegodon elephantoides* 可能在我国不存在。

4）我国的剑齿象似乎经历了三次大的扩散和向南迁徙事件。第一次扩散发生在晚中新世。桑氏剑齿象（*Stegodon licenti*）首次出现在我国山西的马会组地层中，地质时代距今约 6.5–5.9 Ma。第二次扩散发生在上新世早期，距今约 5.3 Ma 之后。当时，剑齿象出现分化。在我国北方，*Stegodon zdanskyi* 取代了 *S. licenti*，占据了北纬 38° 以南的甘肃、陕西和山西等大部地区，成为该地区上新世剑齿象类的主体。同时，在我国四川西部和云南也出现了与 *Stegodon zdanskyi* 相近的剑齿象，如 *S. officinalis* 和 *S. zhaotongensis*。第三次扩散出现在更新世早期。这一时期是剑齿象在我国发展最为繁盛时期，分布广且种的数量多。它不仅存在于秦岭以北的甘肃、陕西和山西，西南的四川和云南，而且出现在长江以南的各省区，如湖北、湖南、江西、江苏、安徽、浙江、福建、广东、广西和台湾等。在我国北方，上新世的典型种 *Stegodon zdanskyi* 已灭绝，代之的是 *S. chiai*。在秦岭以南地区出现了 *S. huananensis* 和 *S. orientalis*。进入中 - 晚更新世时期，剑齿象仅在我国西南、华南和东南地区生存。其中，东方剑齿象几乎成为该地区唯一的剑齿象，其他种已基本灭绝。东方剑齿象残存至全新世。

此外，她还认为剑齿象在我国的出现、分布和扩散迁徙事件与我国的中华乳齿象（*Sinomastodon*）的极为相似（陈冠芳，2011）。它们均出现于晚中新世的山西榆社，可能后者的出现稍比前者晚一些。这表明：①它们可能生长在相近的生态环境中。②扩散、迁移事件的发生可能与它们所处的生境从晚中新世至更新世由我国北部向南方的逐渐消失有关。

桑氏剑齿象 *Stegodon licenti* Teilhard de Chardin et Trassaert, 1937

（图 85，图 86）

Stegolophodon licenti：宗冠福，1992，287 页

Stegolophodon xixiangensis：汤英俊等，1987，225 页；Saegusa et al., 2005, p. 39

正模 No 14255，一个不完整的下颌骨带两侧 m1–m2，山西榆社林头，马会组。此标本下落不明。

归入标本 山西榆社元青：THP 10018，一个破碎的左上颌骨带 M2–M3；陕西西乡杨河村，上新统：SBV 84001，一左上颌残段带 M3。

鉴别特征 一种小型的剑齿象。下颌联合部短而窄，吻端呈喙嘴状。无下门齿。臼齿齿冠低而宽；中间臼齿具 5 个或 5 个以上齿脊，M3 由 6 个齿脊和一跟座组成；构成每一齿脊顶端的乳突数少，一般为 4–6 个，多则达 7 个，它们大小不一。中沟在 M3 的前两个齿脊存在，磨蚀后，三叶式图案出现在 M3 前两个齿脊的主齿柱上；珐琅质层厚，稍褶皱；白垩质存在。

产地与层位 山西榆社盆地，上中新统马会组；陕西西乡，上新统。

评注 *Stegodon licenti* 是 Teilhard de Chardin 和 Trassaert（1937）依据出自山西榆社晚中新世的一个下颌骨带两侧 m1–m2 和一破损上颌骨带 M2–M3 建立的。以后，大部分古生物学者（Teilhard de Chardin et Leroy, 1942；周明镇、张玉萍，1974；Shoshani et Tassy, 1996；Saegusa, 1996）均认为它是剑齿象的一有效种。然而在 90 年代初，宗冠福（1992）否定这一观点。他主张把它从 *Stegodon* 中分出，归入 *Stegolophodon* 中。其理由是 *Stegodon licenti* 的牙齿特征与 *Stegolophodon* 的一致，即 M3 的前两个齿脊均具三叶式

图案，中沟延伸到第四齿脊和每一个齿脊由 4–5 乳突组成。

事实上，桑氏剑齿象是剑齿象属的一有效种。它不同于 *Stegolophodon* Schlesinger, 1917 在于：下门齿不存在；臼齿齿冠低而宽，长宽比值小于 *Stegolophodon* 相应牙齿的

图 85　桑氏剑齿象 *Stegodon licenti* 牙齿
左 M2–M3（THP 10018）：嚼面（张杰摄）

图 86　桑氏剑齿象 *Stegodon licenti* 上颌骨残段
一左上颌残段带 M3（SBV 84001）：A. 嚼面，B. 侧面（引自汤英俊等，1987）

世的一 M3 看做是它的相似种（*S.* cf. *chiai*）。刘冠邦、尹增淮（1997）把出自江苏泗洪早更新世的一枚 M3 归入此种。在 20 世 90 年代中期，一些古生物学者（宗冠福，1995；Saegusa, 1996）认为它与 *Stegodon zdanskyi* 为同一类型。然而，把它与后者相比，可发现它们之间在牙齿上的不同是明显的：首先，它的牙齿明显地大而粗壮；其次，齿脊数多，M3 由 8 个齿脊和一小的跟座组成，m3 有 9 个齿脊和一跟座，构成每一齿脊的乳突数多于 10 个；齿谷纵切面几乎呈 U 形；第三，中沟仅出现在第一齿脊等。依据①它们的牙齿在大小和形态上与 *Stegodon zdanskyi* 的不同，②在地质时代上，它出现在早更新世，晚于师氏剑齿象，③它具一定的分布范围（山西和江苏）。由此，笔者认为它可能为一有效种。在系统演化上，它可能从师氏剑齿象演化而来。

图 89　贾氏剑齿象 *Stegodon chiai* 下臼齿
右 m3（正模）：冠面（引自周明镇、翟人杰，1962）

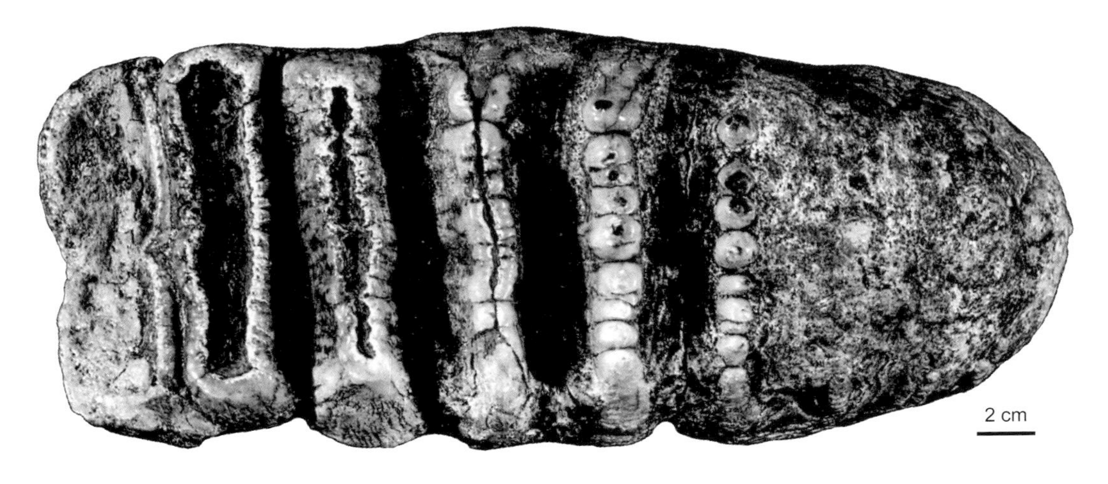

图 90　贾氏剑齿象 *Stegodon chiai* 上臼齿
右 M3（NV 011 a）：冠面（引自刘冠邦、尹增淮，1997）

昭通剑齿象 *Stegodon zhaotongensis* Chou et Zhai, 1962

（图 91）

Stegodon preorientalis：张兴永，1980，47 页

Stegolophodon officinalis：宗冠福等，1996，290 页

Stegodon elephantoides：宗冠福等，1996，69 页

Stegodon zdanskyi：宗冠福，1995，216 页

正模 IVPP V 2647，一左下颌带 m3。云南昭通。

副模 IVPP V 2648，一左下第三臼齿前半部分。

归入标本 云南永仁：YV 80–84（云南省博物馆编号），左上颌带 M3，破残的左 M3 和右 m2 各两枚；YV 86，一右下颌带 m3；YV79，左 m1。

鉴别特征 大型的剑齿象。牙齿齿冠低而宽，M3 有 6 个齿脊和一跟座，m3 具 7 个齿脊，齿脊前后变扁，构成每一个齿脊的乳突数 6–8 个，乳突大小不等，连接呈脊状，中沟在前几个齿脊上存在，齿谷纵切面呈 V 形；磨蚀后，主齿柱未出现三叶式图案；珐琅质层厚，白垩质出现在后几个齿脊的谷内等。

产地与层位 云南昭通，上中新统上部—下上新统。

评注 昭通剑齿象是由周明镇和翟人杰（1962）依据出自云南昭通的一左下颌带 m3（IVPP V 2647）和一破损的左 m3 建立的。林一朴等（1978）把来自云南元谋早更新世的一枚 m2 看做是它的相似种（*Stegodon* cf. *S. zhaotongensis*）。张兴永（1980）把来自云南永仁的一左上颌骨带 M3、以及破损的 M3 和 m3 各两枚归入此种。宗冠福（1992）则把它们看做是 *S. officinalis* 的同物异名，并从 *Stegodon* 中分出，归入 *Stegolophodon*。

S. zhaotongensis 可能是剑齿象的一有效种。它具有 *Stegodon* 的主要特征：颊齿齿冠低而宽，M3 有 6 个齿脊和一跟座（张兴永，1980），m3 具 7 个齿脊（周明镇和翟人杰在 1962 年描述的为 6 个和一跟座，更可能为 7 个齿脊），齿脊前后变扁，每一个齿脊上的乳突数 6–8 个，乳突大小不等，连接呈脊状，中沟在前几个齿脊上存在，白垩质出现在后几个齿脊的谷内等。这些特征不同于 *Stegolophodon*。

依据这些特征，曾归入 *Stegodon zhaotongensis*（张兴永，1980）、*Stegodon preorientalis*（张兴永，1980）、*Stegodon elephantoides*（宗冠福等，1996）和 *Stegolophodon officinalis*（宗冠福等，1996）的永仁标本，以及归入 *Stegodon* cf. *S. zdanskyi* 的保山标本（宗冠福等，1996）可能均属于此种（*Stegodon zhaotongensis*）。推测四川盐源的 *Stegodon*? *elephantoides* 的一件破损臼齿也归于此种。

它与我国北方晚中新世 *Stegodon licenti* 相比，臼齿大而粗壮，磨蚀后，臼齿前面齿脊无三叶式图案出现。在牙齿大小和齿脊数上，它接近于我国北方上新世的 *S. zdanskyi*，

不同在于臼齿小，构成臼齿的齿脊数少、每一齿脊的乳突大而少，无三叶式图案出现和白垩质相对不发育等。与时代稍晚的 *S. chiai* 相比，它的臼齿相对小和齿脊数少。

它很难和 *Stegodon officinalis* 进行比较。这是因为 *S. officinalis* 仅以两个破损的臼齿为代表（一个为下臼齿的前两个齿脊，另一个是上臼齿的最后两齿脊），且其产地和层位不详，推测来自四川（Hopwood, 1935）。它们之间的不同在于 *S. zhaotongensis* 的臼齿宽（M3 的宽度为 120 mm，m3 的倒数第二个齿脊宽为 109 mm），每一个齿脊的乳突数相对稍多（6–8 个），而 *S. officinalis* 的牙齿似乎相对较窄，其 M3 的倒数第二齿脊宽为 101 mm，每一个齿脊乳突数相对少，为 4–6 个，多则 8 个。因此，在材料少，人们对它们的了解还很不够的情形下，最好把它们看做不同的种。

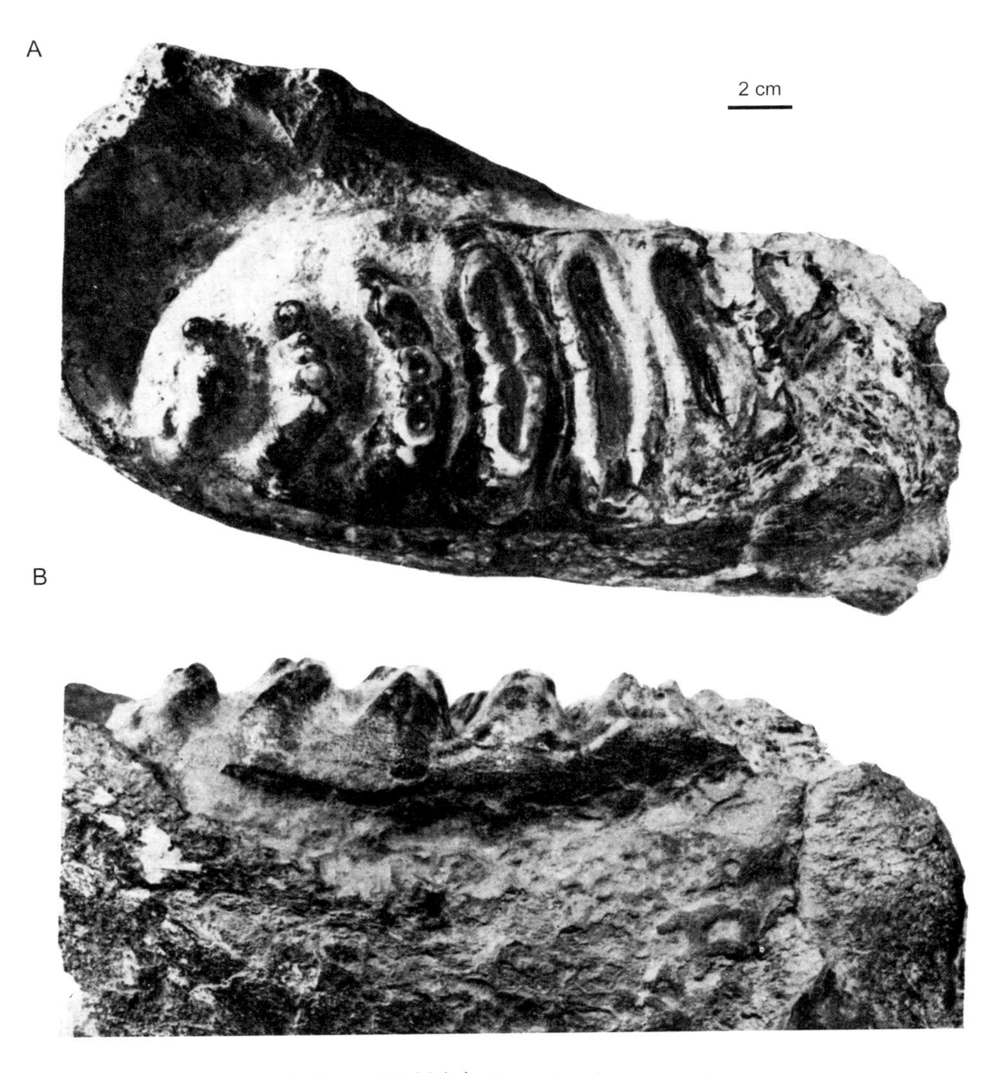

图 91　昭通剑齿象 *Stegodon zhaotongensis*

一不完整左下颌带 m3（IVPP V 2647，正模）：A. 嚼面，B. 舌侧面（引自周明镇、翟人杰，1962）

药铺剑齿象 *Stegodon officinalis* Hopwood, 1935

（图 92）

Stegodon zdanskyi：Teilhard de Chardin et Leroy, 1942, p. 898

Stegolophodon officinalis：宗冠福，1992，290 页

正模 PMU-M1906，下臼齿的前两个齿脊。产地和层位不详。据说它可能来自四川，上新统？。

鉴别特征 每一个齿脊具 4–5 乳突，中沟在臼齿的前两齿脊存在，齿谷纵切面为 V 形。

产地与层位 四川？，上新统？。

评注 *Stegodon officinalis* 是由 Hopwood（1935）依据可能出自四川的两件破损标本建立的。一件为一下臼齿的前两个齿脊，另一件是一上臼齿的最后两齿脊。它曾被 Teilhard de Chardin 和 Leroy（1942）、周明镇和张玉萍（1974）看做是 *Stegodon zdanskyi* 的同物异名。宗冠福（1992）依据齿脊乳突数少和前两个齿脊具中沟等性状主张把它归入 *Stegolophodon* 中，并认为云南昭通的 *Stegodon zhaotongensis* Chow et Zhai, 1962 和保山的 *Stegodon baoshanensis* Yun, 1975 为同物异名；出自永仁的一右 m3 也应归入其中。由于 *Stegodon officinalis* 的建种材料少且不完整，人们很难确定其明确的特征，要与其他剑齿象中的类型比较很困难，所以，笔者主张维持现状，仍把它看做是剑齿象的一有效种。

图 92　药铺剑齿象 *Stegodon officinalis*

A. 下臼齿前两个齿脊（PMU-M1906，正模），B. 上臼齿最后两个齿脊（引自 Osborn, 1936）

东方剑齿象 *Stegodon orientalis* Owen, 1870

（图 93，图 94）

Stegodon orientalis grangeri：Osborn, 1929, p. 16, 17

Stegodon yuanmouensis：尤玉柱等，1978，56 页

Stegodon yuxiensis：云博，1975，231 页

Stegodon guangxiensis：赵仲如，1977，148 页

Stegodon elephantoides：宗冠福，1995，218 页；林一朴等，1978，105 页；张兴永，1981，377，378 页

Stegodon preorientalis：Young, 1938, p. 219–226

正模 Brit. Mus. 41926-7，一破碎的臼齿。推测收集自重庆附近洞穴。

归入标本 云南玉溪春和：YV 1011，同一个体左下颌带 m1 和右下颌带 dp4–m1（云博，1975）；元谋：一右下颌带 m3（无编号，云南楚雄彝族自治州博物馆）；镇雄：一左 m3（无编号，云南省博物馆）（张兴永，1981）。广西柳州：大量单个牙齿，包括 M3（IVPP V 1818, V 1769, V 1768），m3（IVPP V 1777, V 1776, V 1820）以及上、下第一、第二臼齿和乳齿等（洞穴堆积或裂隙堆积；裴文中，1987）；广西溶洞或裂隙堆积：F.0039，一枚左 M3（广西壮族自治区博物馆编号；赵仲如，1977）。贵州镇宁县原黄果树乡水西村溶洞：GV 001, GV 002, GV 005，3 枚左 M3；GV 004，一枚左 m3；GV 003，一枚左 P3。陕西洋县：IVPP V 12001，右 M2 一枚；IVPP V 12002，右 M3 一枚；IVPP V 12000，左 m3 一枚（宗冠福，1995）。

鉴别特征 个体大；头骨高，前后变扁；颊齿窄，齿脊数多（M1 有 6 个齿脊和一个跟座，M2 有 8 个齿脊，M3 具 10–11 齿脊和一跟座，m1 由 7 个齿脊、m2 由 8–9 齿脊、m3 由 12–13 齿脊组成），白垩质丰富，M3/m3 的齿脊频率高，中沟在第一齿脊存在。构成齿脊的乳突较小，乳突数一般超过 10 个等。

产地与层位 华南地区（广西）、西南地区（重庆、云南），下更新统下部—上更新统。

评注 *Stegodon orientalis* 是我国秦岭以南地区更新世时期哺乳动物群的基本成员之一。它是 Owen 在 1870 年依据层位和产地不详的一破损臼齿（仅保留一个半或二齿脊）建立的。Osborn（1929）把出自四川万县（今重庆万州）盐井沟的大量标本归入此种，并为它建立东方剑齿象的一亚种：*Stegodon orientalis grangeri*。Colbert 和 Hoojier（1953）认为它们属同一类型。这一看法为以后的古生物学者所接受。宗冠福（1995）则把 Owen 在 1870 年建立的东方剑齿象标本归入类剑齿象（*Stegodon elephantoides*），而把格氏东方剑齿象提升到种的位置，替代东方剑齿象。陈冠芳（2011）依据东方剑齿象的特征，认为出自华南地区更新世洞穴堆积的下列种：玉溪剑齿象（*Stegodon yuxiensis* Yun,

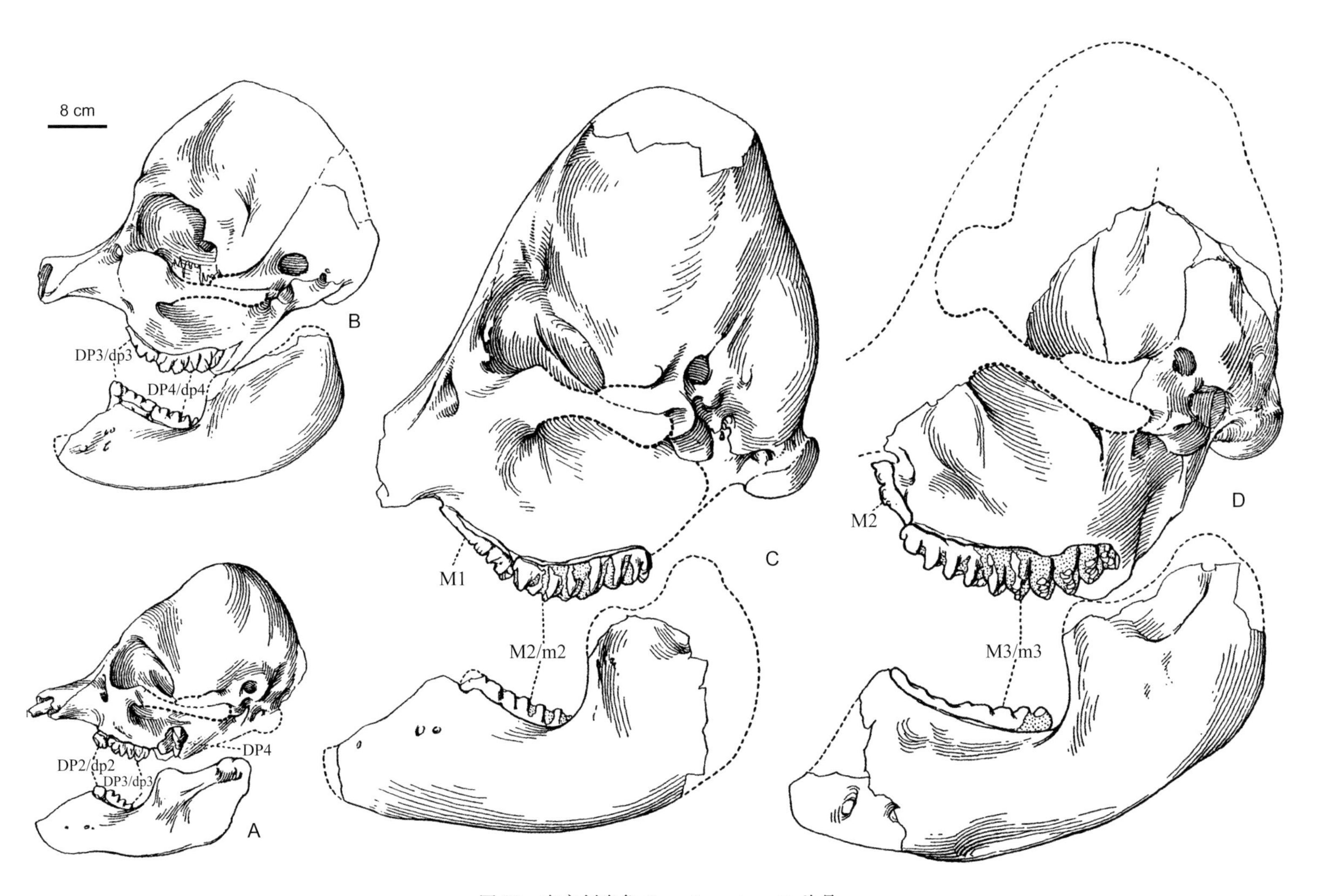

图 93　东方剑齿象 *Stegodon orientalis* 头骨

A, B. 幼年头骨，C. 年青成年头骨，D. 老年头骨（引自 Colbert et Hoojier, 1953，略有修改）

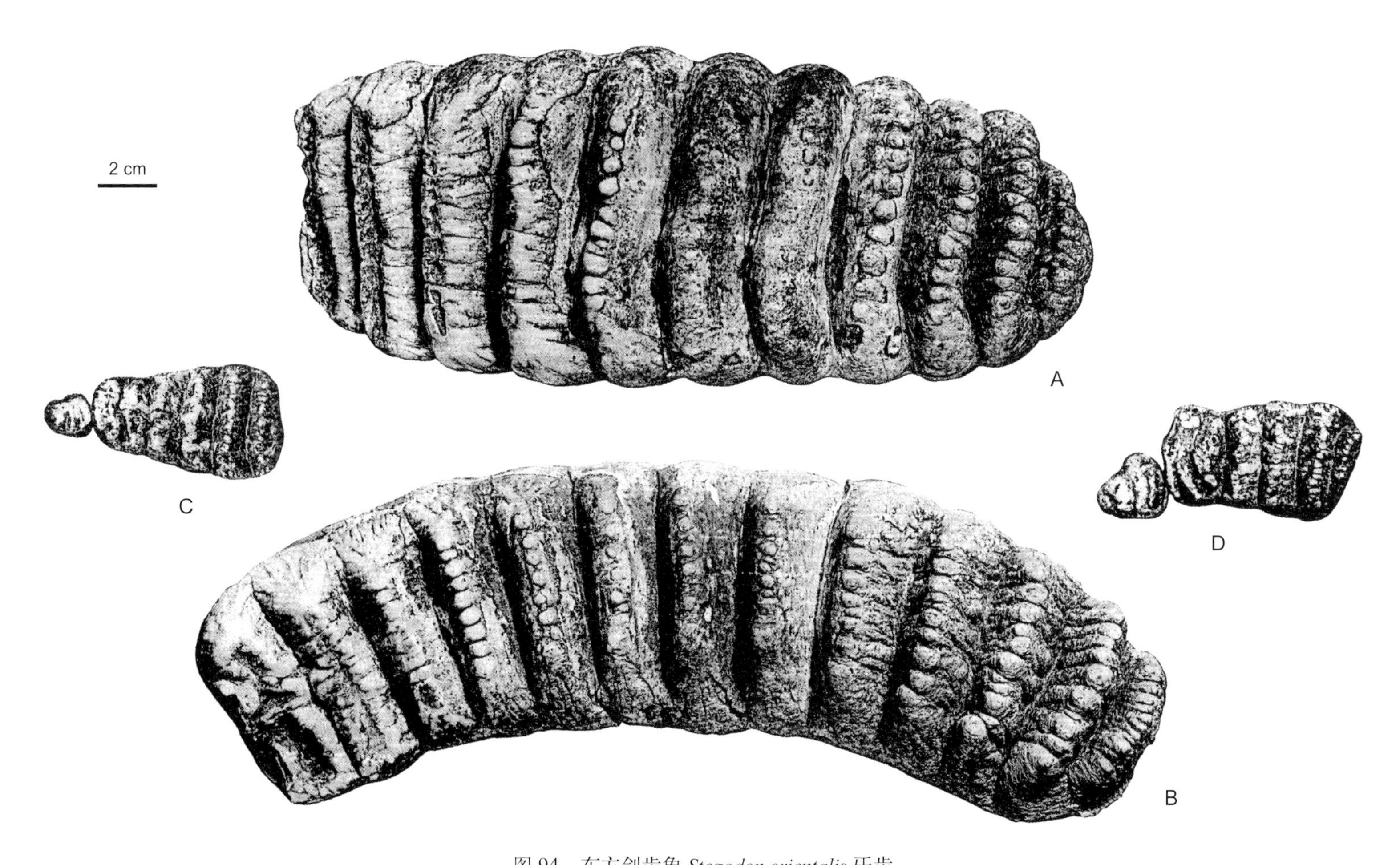

图 94　东方剑齿象 *Stegodon orientalis* 牙齿

A. 左 M3（AMNH 18714），B. 左 m3（AMNH 18714），C. 右 DP2–DP3（AMNH 18705），D. 右 dp2–dp3（AMNH 18705）（引自 Colbert et Hoojier, 1953）

1975，YV 1011，同一个体左下颌带 m1 和右下颌骨带 dp4–m1）、元谋剑齿象（*Stegodon yuanmouensis* You et al., 1978）、广西剑齿象（*Stegodon guangxiensis* Zhao, 1977）和曾归入 *Stegodon elephantoides* Clift, 1928 的我国更新世标本可能均是 *S. orientalis* 的同物异名。

中华剑齿象 *Stegodon sinensis* Owen, 1870

（图 95）

Stegodon orientalis：Teilhard de Chardin et Leroy, 1942, p. 53

正模　Brit Mus. 41925，一右 DP3。产地和层位未知。

鉴别特征　DP3 由 4 个齿脊和前、后跟座组成，后两个齿脊明显比前两个齿脊宽，中沟在前三个齿脊上存在，牙齿的珐琅质薄，褶皱，白垩质少或无。

产地与层位　华南，更新统。

评注　自从 Owen 在 1870 年建立种 *Stegodon sinensis* 后，许多古生物学者（Teilhard de Chardin et Leroy, 1942；周明镇、张玉萍，1974）把它归入东方剑齿象。然而，另一些古生物学者（Sarwar, 1977）仍认为它和东方剑齿象为两个不同的种。由于已知 *Stegodon sinensis* 的材料少，且其 DP3 在结构上与 *Stegodon orientalis* 的不一致，笔者支持后者的观点。

发现于江苏南京汤山驼子洞的 3 枚牙齿（一 DP3 和 2 枚 m2）似乎能证实这个种的存在。驼子洞的牙齿曾被鉴定为前东方剑齿象（相似种）（*Stegodon* cf. *preorientalis*）（房迎三等，2006）。其中的 DP3，在形态和大小上与 *Stegodon sinensis* 的正型标本类似。它由

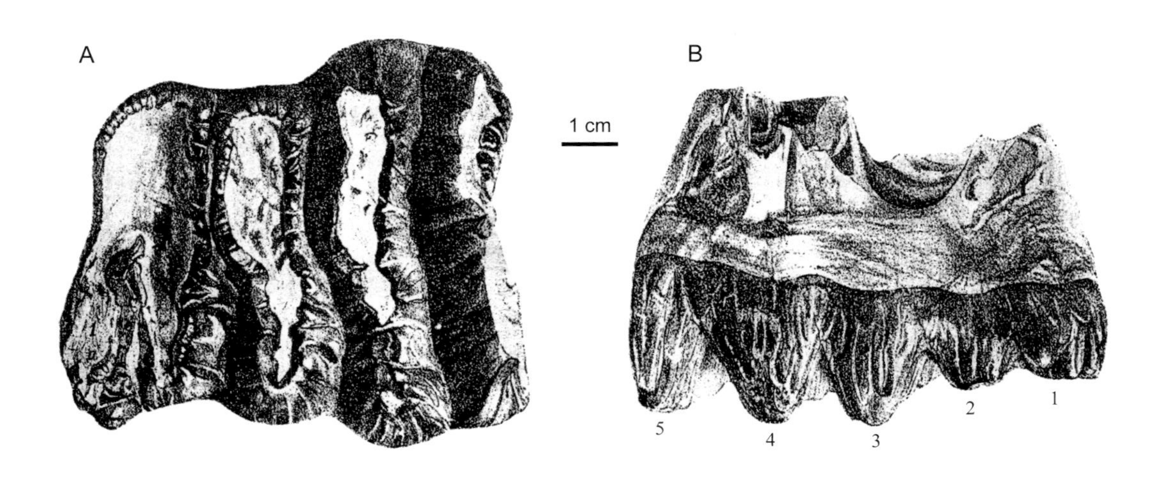

图 95　中华剑齿象 *Stegodon sinensis*

右 DP3（Brit Mus. 41925，正模）：A. 嚼面，B. 外侧面；1–5 齿脊数（引自 Osborn, 1942）

4 个齿脊和前、后跟座组成，这与曾归入前东方剑齿象的湖北建始高坪的 DP3（陈冠芳，2004）和重庆巫山的 DP3（黄万波、方其仁，1991）不同。后者由 5 个齿脊组成，最窄处位于牙齿后三个齿脊之前。它也与东方剑齿象的 DP3 由 5 齿脊和一跟座组成，前稍窄于后面的不同。而驼子洞的 m2 按其形态结构看更可能为 dp4。它是由 7 个齿脊和前、后跟座组成，这与东方剑齿象的 dp4 由 7 个齿脊和一跟座组成不同。也不同于前东方剑齿象。因此，汤山的标本更可能属于中华剑齿象。若这一看法可取，那么，江苏汤山早更新世的驼子洞可能是中华剑齿象至今唯一可靠的产地。

华南剑齿象 *Stegodon huananensis* Chen, 2011

（图 96）

Stegodon preorientalis：韩德芬等，1975，251, 252 页；裴文中，1987，73–76 页；黄万波、方其仁，1991，114 页

?*Stegodon huananensis*：陈冠芳，2011，285, 286 页

正模 CV 762，一左 M3。重庆巫山，下更新统。

归入标本 重庆巫山：CV 769，一左下臼齿；CV 764，左下第四乳齿；CV 765–767，3 个 dp3。广西柳城笔架山：IVPP V 5186，一个破碎的右下第三臼齿；柳城巨猿洞：一些不完整的乳齿和臼齿（IVPP V 1738, V 13444, V 1751–1756, V 1790–1795），等等。湖北建始：IVPP V 13483–13484，几枚乳齿和一不完整下臼齿。

鉴别特征 个体相对较小，牙齿窄，M3 由 7–8 个齿脊组成，m3 有 8 个齿脊，构成每一个齿脊的乳突大，数量一般不超过 10 个，中沟在臼齿的前面齿脊中存在，齿脊频率低（3），白垩质少或不存在，DP2 具乳齿象的结构等。

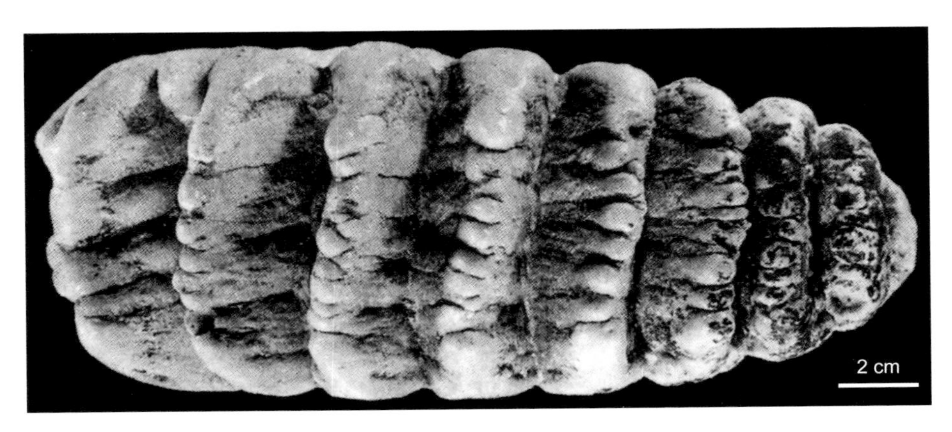

图 96 华南剑齿象 *Stegodon huananensis*

一左 M3（CV 762，正模）：嚼面（引自黄万波、方其仁，1991）

产地与层位 重庆、湖北和广西等，下更新统。主要产地有重庆巫山龙骨坡，广西柳城巨猿洞、柳城笔架山和崇左，以及湖北建始。

评注 华南剑齿象（*S. huananensis*）是陈冠芳（2011）以先东方剑齿象为基础建立的。先东方剑齿象是由杨钟健于 1938 年描述的。其正型标本出自广西八步早更新世。该种的有效性一直有所争论。Teilhard de Chardin 和 Leroy（1942）、Saegusa（1996）主张把它归入 *S. orientalis*，宗冠福（1995）则把它置入 *S. elephantoides* 中。但是，周明镇和张玉萍（1974, 1978）、裴文中（1987）和韩德芬等（1975）仍把它作为一有效种，并把出自广西柳城巨猿洞和柳城笔架山的标本归入其中。以后，一些古生物学者也把重庆巫山、湖北建始、云南永仁和江苏南京汤山驼子洞的材料放入此种中。事实上，先东方剑齿象的正型标本，即一不完整的 m3，具有明显的 *Stegodon orientalis* 的特征：牙齿窄，第一齿脊具中沟，齿脊顶端的乳突数多（9–11 个），白垩质不发育，第四齿脊宽为 81 mm 等，它应归入东方剑齿象中。因此，陈冠芳（2011）认为它是一无效种。但是，除云南永仁和江苏南京汤山外，曾归入先东方剑齿象的其他地点的标本均没有东方剑齿象的特征。它们可能代表一类比东方剑齿象原始，又比昭通剑齿象进步的象。结果是她以巫山的标本作为正型标本建立了华南剑齿象（*Stegodon huananensis*）。

巫山？剑齿象 *Stegodon wushanensis* Huang et al., 1991?

（图 97）

Stegodon elephantoides：宗冠福，1995，218 页

Stegodon sp.：陈冠芳，2011，286, 287 页

图 97 巫山？剑齿象 *Stegodon wushanensis*?
右 M3（CV 763，正模）：嚼面（引自黄万波、方其仁，1991）

正模 CV 763，一不完整的右 M3。重庆巫山一裂隙中，下更新统（CV 为重庆自然博物馆古生物标本编号）。

鉴别特征 依据 M3 保存的后面 4 个半齿脊推测它的主要特征为：个体大，牙齿宽；构成每一齿脊的乳突多，齿脊频率可能低。在保存牙齿的第二齿脊谷口发育一乳突。白垩质量少，珐琅质层厚。

产地与层位 重庆巫山，下更新统。

评注 黄万波和方其仁（1991）以一枚不完整牙齿为基础建立巫山剑齿象（*Stegodon wushanensis*）。宗冠福（1995）把它归入类剑齿象。陈冠芳（2011）认为其种的分类位置还不能确定。主要原因是该枚牙齿破损，磨蚀深，其第二齿脊谷口有一大的乳突，致使齿脊排列不规则，这一变异使人们很难确定它的性状。由此，她认为目前最好维持现状，把它看做是剑齿象的一可疑种，待有更加完整的材料时再来判断它的分类位置。

真象科 Family Elephantidae Gray, 1821

模式属 真象 *Elephas* Linnaeus, 1758

定义与分类 真象科是长鼻类在最后一次大辐射扩散事件中出现的类型，包括 2 个亚科：剑棱齿象亚科（Stegotetrabelodontinae）和真象亚科（Elephantinae）。前者代表真象的早期类型，仅包含 1 属（*Stegotetrabelodon*）或 2 属（加 *Stegodibelodon*），分布于晚中新世—上新世的非洲，在欧亚大陆也有它的零星记录；后者为真象的晚期类型，含 5 个属（见下），广布于晚中新世—更新世时期的非洲、欧亚大陆和北美。其中，亚洲象和非洲象残存至今。

鉴别特征 大型；头骨短而高（其高度大于脑颅长度），脑颅骨空腔明显发育；下颌及下颌联合部短；齿式：1•0•2–0•3/0•0•2–0•3；上门齿长，横切面为圆形，无珐琅质带或珐琅质仅残存于其末端，下门齿完全缺失；颊齿低冠至高冠，由排列相对紧密的齿脊组成，第三臼齿有 6 至 30 个齿脊。附锥缺失，齿谷纵切面呈 U 形，齿冠中等宽至窄。同时使用时，颊齿常常保留为 1 个或 1 个半牙齿。

中国已知亚科 真象亚科（Elephantinae）。

分布与时代 非洲，晚中新世至今；欧洲，上新世—更新世；亚洲，上新世至今；北美，更新世中期—晚期。在我国，除新疆、青海外，其他省区在上新世和更新世地层中均有发现。

评注

1）Elephantidae 是 Gray 在 1821 年依据真象 *Elephas* Linnaeus, 1758 建立的。Osborn（1942）认为它包括 3 个亚科：Loxondontinae、Mammontinae 和 Elephantinae。Simpson（1945）提出它包含 2 个亚科：Elephantinae 和 Stegondontinae。他把 Osborn（1942）

的 Loxondontinae 和 Mammontinae 并入 Elephantinae。Maglio（1973）则主张把非洲中新世晚期的 Stegotetrabelodontinae 作为真象科的早期类型，而把 Stegondontinae 置入轭齿象类（Mammutidae）中。由此，真象科（Elephantidae）包括的 2 个亚科为：Stegotetrabelodontinae 和 Elephantinae。以后的古生物学者（Shoshani et Tassy, 1996, 2005；Sanders et al., 2010）基本上采用了这一观点。

2）已知真象类的最早类型是剑棱齿象（*Stegotetrabelodon*），出现于晚中新世（距今约 7.4–5.0 Ma）的非洲。然而，目前已知，几乎同时（距今约 7.4–5.0 Ma），真象亚科最原始的类型（*Primelephas* Maglio, 1970 和 *Loxodonta* 的早期类型）也在非洲出现了。*Mammuthus* 和 *Elephas* 出现时间则相对较晚（早上新世）。

人们认为真象亚科有两次扩散发生在非洲，一次在上新世早期，猛犸象和真象进入欧亚大陆；另一次在上新世晚期，古菱齿象侵入欧亚大陆。这些象类大部分在更新世晚期灭绝，仅有亚洲象残存至今（Todd, 2010）。

3）真象类的出现可能是与当时的生态环境变化，尤其 C_4 植被面积扩大有关。为适应这种变化，真象类首先需要改变的是它的颊齿咀嚼机制。这反映在它的颊齿已由乳齿象类颊齿的剪切、研磨（grinding-shearing mastication）和侧向运动转为真象类颊齿的剪切（shearing）和前后方向运动。随着以食草为主和剪切功能增强，颊齿和头骨形态均发生了重大的改变，如颊齿增大，齿冠增高增长，齿板数增多和齿脊频率加大，乳突和中沟消失，珐琅质层褶皱明显；白垩质丰富；头骨增高、变短，下颌联合部变短；下门齿缺失；等等（Aguirre, 1969；Maglio, 1973；Todd et Roth, 1996；Sanders et al., 2010）。这些改变使真象类从上新世晚期至更新世一直占据着非洲、欧亚大陆和北美。

4）我国是否存在剑棱齿象（*Stegotetrabelodon*）一直是有争议的。早在 20 世纪 80 年代，周明镇和张玉萍（1983）最早提出它曾出现在我国。他们首先把陕西靖边的一枚破残的右 M3（IVPP V 6276，仅保存后两个齿脊）鉴定为 *Stegotetrabelodon* sp.，同时把云南元谋班果盆地的 *Stegodon primitium* Liu et al., 1973 看做是剑棱齿象的一有效种。Tobien 等（1988）认为山西保德的 *Tetralophodon exoletus* Hopwood, 1935 和云南元谋班果的 *Stegodon primitium* 分别代表我国的剑棱齿象 2 个种，即 *Stegotetrabelodon exoletus* 和 *Stegotetrabelodon* sp.。吉学平和张兴永（1997）、吉学平和张家华（2006）把云南小河竹棚和元谋姜驿晚中新世几枚牙齿鉴定为剑棱齿象，其中包括一个未定种 *Stegotetrabelodon* sp.（YV 0832，m3）和两个新种：似嵌齿剑棱齿象 *Stegotetrabelodon gomphotheroides*（YV 0797，m2）和姜驿剑棱齿象 *Stegotetrabelodon jiangyiensis*（YV 0802，m3）。但是 Saegusa 等（2005）把我国云南曾归入剑棱齿象的种全置入脊棱齿象（*Stegolophodon*）中。Wang 等（2017b）也主张把保德的 *Stegotetrabelodon exoletus* 作为副四棱齿象的一个种（*Paratetralophodon exoletus*）。由于周明镇和张玉萍（1983）归入 *Stegotetrabelodon* sp. 的材料太破损，笔者认为很难确定其准确的分类位置。因此，至少在目前情形下，还没有可靠资料能证实剑棱齿象在我国存在。

真象亚科 Subfamily Elephantinae Gill, 1872

模式属 真象 *Elephas* Linnaeus, 1758

定义与分类 真象类（Elephantinae）是长鼻目的晚期类型，以头骨高耸、下颌联合部短及颊齿高冠、脊型齿为其主要特征。它包括5属：原始真象（*Primelephas* Maglio, 1970）、猛犸象（*Mammuthus* Brookes, 1828）、真象（*Elephas* Linnaeus, 1758）、古菱齿象（*Palaeoloxodon* Matsumoto, 1924）和非洲象（*Loxodonta* Anonymous, 1827），分布于晚中新世—更新世的旧大陆和更新世的北美。

鉴别特征 大型；头骨高而短；上门齿的齿槽有时明显向前外方向分散；上门齿无珐琅质带或珐琅质残存其末端；下颌联合部短；下门齿缺失，小的下门齿仅在早期类型中存在；颊齿低—高冠，脊型齿。齿脊增多，中间臼齿多于6个齿脊，第三臼齿具7–30个齿脊；无中沟，中心锥在早期类型臼齿中的前几个齿脊后面存在，在进步类型中消失，珐琅质层厚度变薄，褶皱；白垩质发育。

中国已知属 古菱齿象 *Palaeoloxodon* Matsumoto, 1924，真象 *Elephas* Linnaeus, 1758，猛犸象 *Mammuthus* Brookes, 1828。

分布与时代 非洲，晚中新世至今；欧洲，上新世—更新世；亚洲，晚上新世至今；北美，中—晚更新世。

古菱齿象属 Genus *Palaeoloxodon* Matsumoto, 1924

模式种 诺氏古菱齿象 *Palaeoloxodon naumanni* (Makiyama, 1924)

鉴别特征 头骨高，呈穹形，有一明显的额脊突起，前颌骨向前下方倾斜；上门齿比较直，末端微向上、向内弯曲；颊齿齿冠高度中等到高冠，宽度由宽到窄，齿板排列紧密且彼此平行，齿板的磨蚀圈呈菱形或带有两臂的菱形图案，齿板频率4–8，珐琅质层厚度6–2 mm，褶皱程度由弱到强，齿板数目由少增多，第三臼齿齿板数为9–21个。

中国已知种 我国可能只存在1种，即模式种。

分布与时代 非洲，上新世—晚更新世；欧亚大陆，上新世晚期到更新世晚期。中国，晚更新世。

评注

1）*Palaeoloxodon* 属的分类位置。*Palaeoloxodon* 是日本学者 Matsumoto（1924）以 *Elephas namadicus naumanni* Makiyama, 1924 为基础建立的。其模式产地为日本 Totomi 的 Sahamma，地质时代可能为晚更新世。当时，他把它看做是 *Loxodonta* 属的一个亚属。1942年 Osborn 把它看做一有效属，但放在 Loxodontidae 中。当时 *Sivalikia* Osborn, 1924 也被 Osborn 看做是古菱齿象的同物异名。Simpson（1945）仍把它看做是非洲象属

（*Loxodonta*）的一个亚属。Maglio（1973）主张废除古菱齿象属名，认为它包含的种均应归入真象属（*Elephas*）中。然而，这一观点并未得到之后古生物学者的认可。首先，我国的学者（周明镇、张玉萍，1974, 1978；刘嘉龙，1977；张玉萍、宗冠福，1983；石荣琳，1983；汤英俊等，1983；Li et al., 2016）和日本的古生物学者仍把它作为一个有效属，置于真象科中。张玉萍和宗冠福（1983）甚至把它的分类位置提升到亚科一级。Shoshani 和 Tassy（1996）认为它是真象属的一亚属。2001 年，Shoshani 依据 Inuzuka 在 1977 年的论文，以及他和 Takahashi 对 *P. naumanni* 骨架的形态观测和研究，认为古菱齿象是一有效属。此后古生物学者大都接受这一观点（Todd, 2010）。

依据目前资料，古菱齿象最早出现在非洲的上新世（距今约 4.0 Ma），以 *Palaeoloxodon recki* 为代表。中更新世在欧亚大陆出现，晚更新世它成为东亚象类的主要成员，并于晚更新世晚期或全新世早期灭绝。

在欧亚大陆已描述的种有：欧洲的 *P. antiquus*；亚洲的 *P. namadicus* 和 *P. naumanni*；以及在一些岛屿上存在的小型古菱齿象 *P. chaniensis*、*P. cypriotes*、*P. falconeri* 和 *P. mnaidriensis* 等。

2）我国的古菱齿象。我国的古菱齿象早在 20 世纪 30 年代已有记载。40 年代初，Teilhard de Chardin 和 Leroy（1942）认为在我国只有一种，即纳玛象，产自河南（Hopwood, 1935）、北京周口点第九地点（Teilhard de Chardin, 1936）、云南（Bien et Chia, 1938）、四川（Young, 1939）、江苏（Pei, 1940）和广西（Pei, 1935）等地的早更新世地层以及宁夏萨拉乌苏的晚更新世地层中。50 年代以后，人们又描述了收集自甘肃、陕西、山西、山东、安徽和江苏等地中—晚更新世的一些牙齿。

1983，张玉萍和宗冠福对我国的古菱齿象进行了一次小结。他们认为我国的古菱齿象包括下列种：

平额古菱齿象 *P.* (*Achidiskodon*) *planifrons* Falconer et Cautley, 1846

南方古菱齿象 *P.* (*Achidiskodon*) *meridionalis* Nesti, 1823

平凉古菱齿象 *P. pingliangensis* Zhang, Zong et Liu, 1983

德永古菱齿象 *P. tokunagai* Matsumoto, 1929

纳玛古菱齿象 *P. namadicus* Falconer et Cautley, 1846, 1847?

诺氏古菱齿象 *P. naumanni* (Makiyama, 1924)

随着研究的深入，上述的前四个种已被 Wei 等（2006）归入猛犸象类中。由于归入纳玛古菱齿象和诺氏古菱齿象的我国标本在牙齿形态特征上很难区分，因此纳玛古菱齿象是否在我国存在似乎还有待进一步确认。笔者仅以诺氏古菱齿象作为古菱齿象类在我国的代表，待有可靠的能确定为纳玛古菱齿象的材料后，再来区分现有属于诺氏古菱齿象的标本中是否有纳玛古菱齿象。

诺氏古菱齿象 ***Palaeoloxodon naumanni* (Makiyama, 1924)**

（图 98—图 100）

Loxodonta (*Palaeoloxodon*) *namadicus naumanni*：Makiyama, 1924, p. 268

Palaeoloxodon cf. *tokunagai*：裴文中等，1958，51–60 页

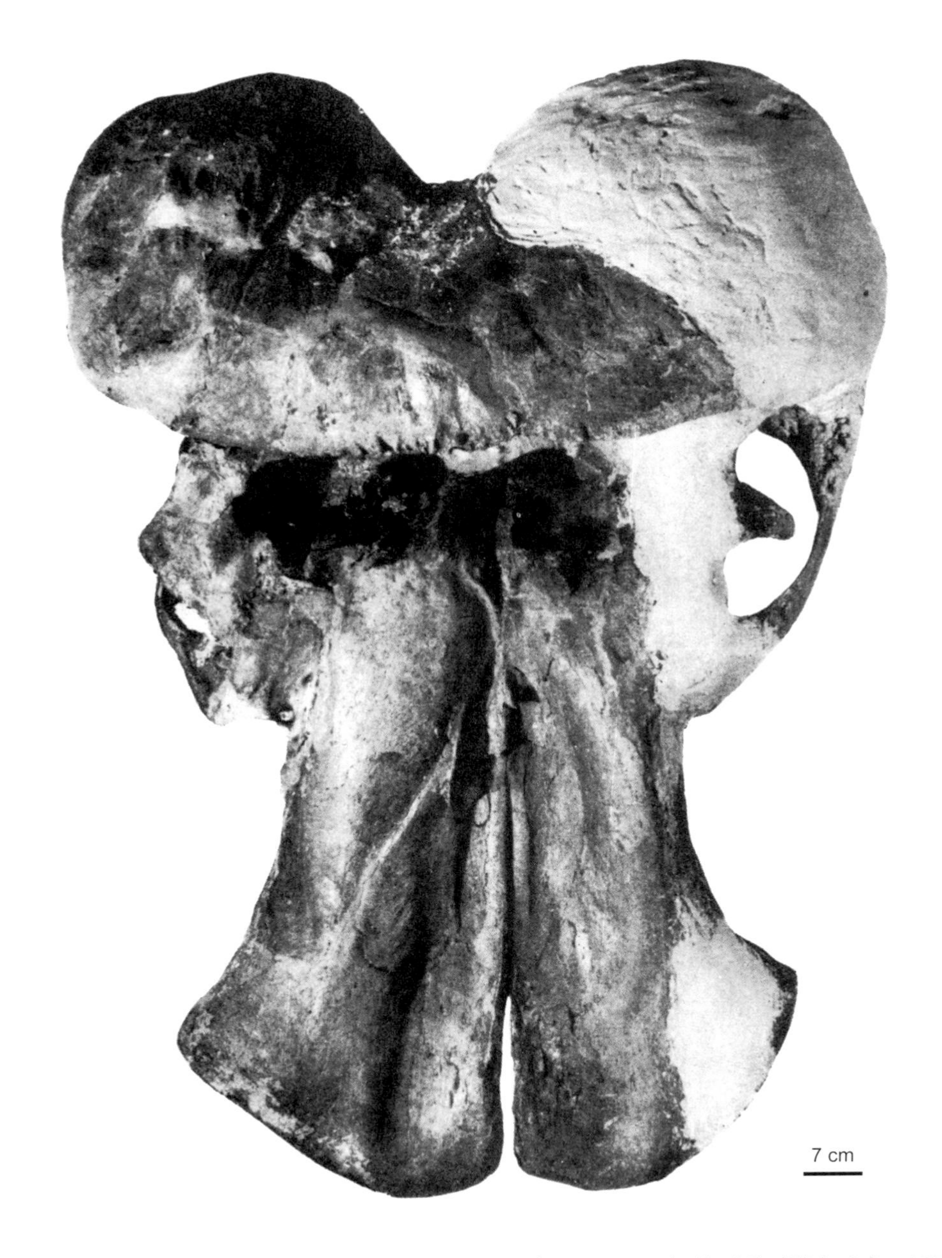

图 98　诺氏古菱齿象 *Palaeoloxodon naumanni* 头骨（IVPP V 4443）前面观（引自卫奇，1976）

Palaeoloxodon namadicus：王将克，1961，269–272 页；丁梦麟，1962，404, 405 页；张席褆，1964a，269–275 页；卫奇，1976，53–57 页；刘嘉龙，1977，278–283 页

Palaeoloxodon cf. *namadicus*：甄朔南，1960，157, 158 页

全模 一破损头骨和一下颌骨带 m3，一 M3 和一下门齿。日本，上更新统。

归入标本 河北泥河湾：IVPP V 4443，一个比较完整的头骨。北京密云：一下颌骨带两侧第三臼齿（无编号）；怀柔：IVPP V 2948，不完整下颌带左 m3 和属于同一个体的右 m3。河南平顶山：IVPP V 2949，左下颌带 m3；IVPP V 2952，一幼年右下颌。山西永济：IVPP V 6645，一左上第三臼齿；万荣：IVPP V 2950，一左 M3。山东诸城等地

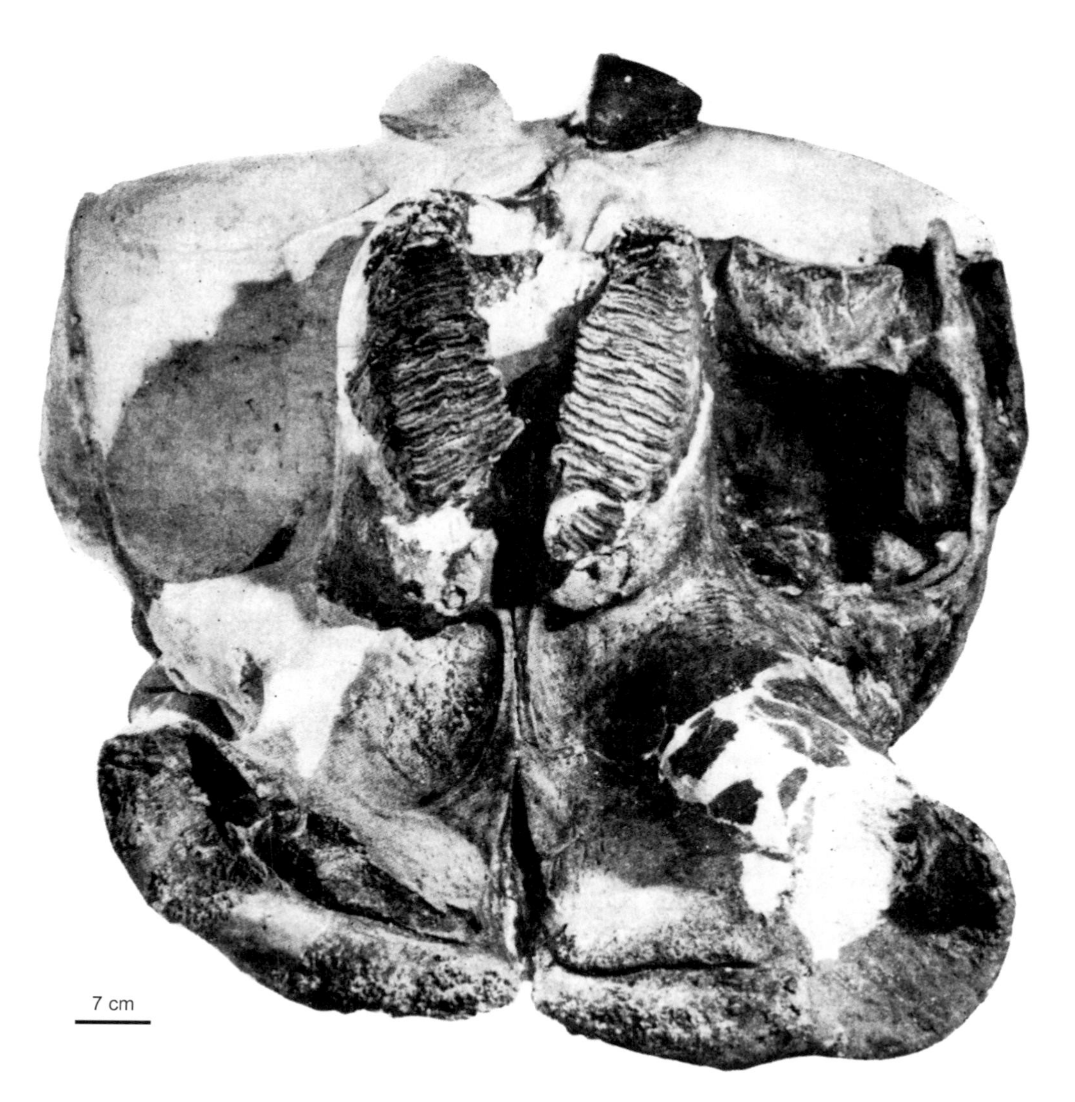

图 99　诺氏古菱齿象 *Palaeoloxodon naumanni* 头骨（IVPP V 4443）腹面观（引自卫奇，1976）

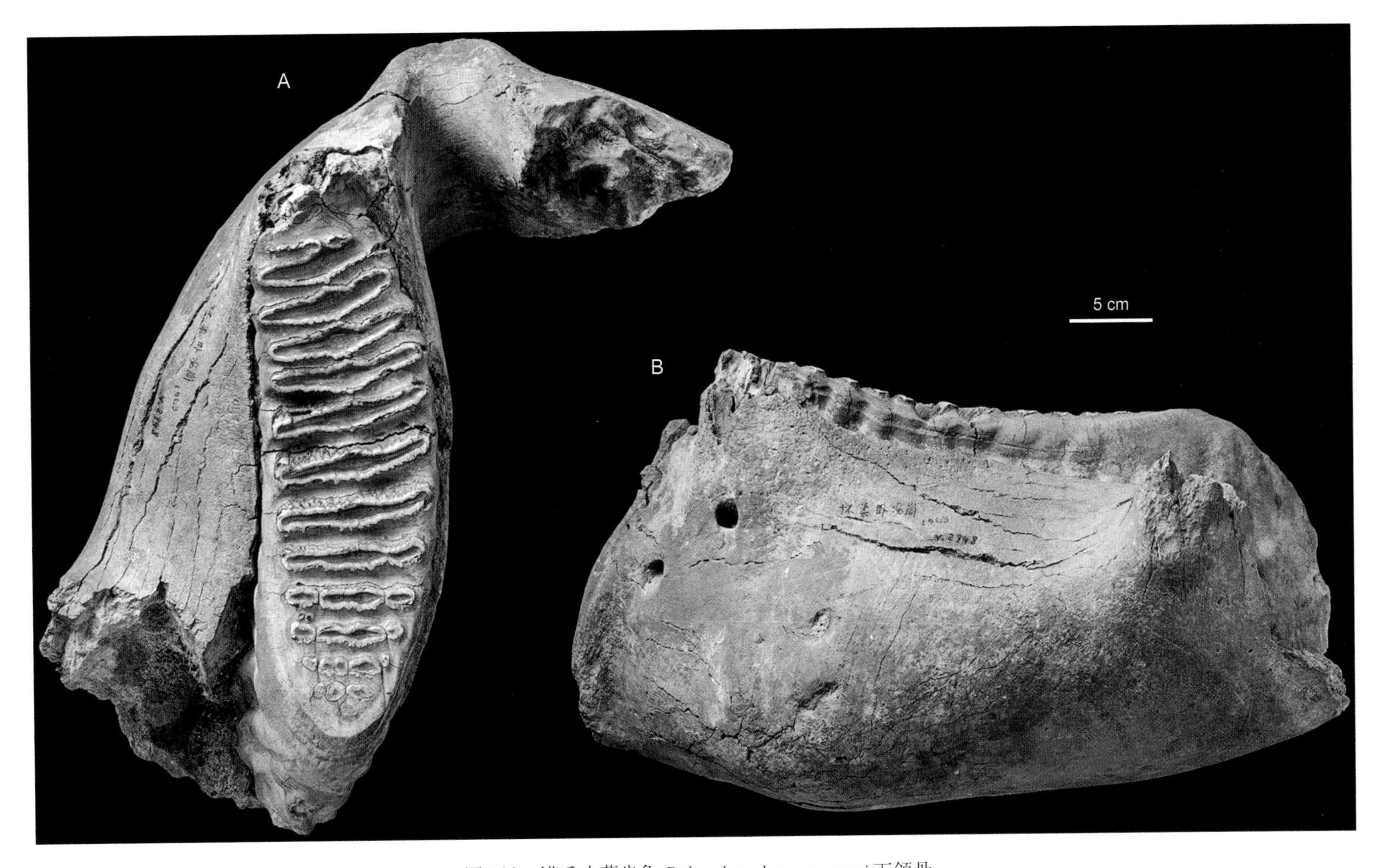

图 100　诺氏古菱齿象 *Palaeoloxodon naumanni* 下颌骨

破损下颌带左 m3（IVPP V 2948）：A. 嚼面，B. 颊侧面（高伟摄）

（山东省博物馆馆藏）：750394，左 M3；750381, 750376，2 枚右下 m3；750395，一左 M3；750382，一门齿；750396，破损上臼齿。江苏新沂瓦窑镇：IVPP V 2951，一上颌骨带两侧 M2–M3。安徽蚌埠（无编号）：一不完整头骨带两侧 M2–M3；怀远：IVPP V 6641.1–2，同一个体的左、右 M3；H 010，一个比较完整骨架；H 030，一个不完整骨架。陕西靖边：IVPP V 2530，一右 M2。甘肃宁县：IVPP V 6642，一下颌骨带两侧 m3；IVPP V 6643，右上颌骨带 M2–M3。

鉴别特征 个体大；头骨高，穹形，有明显的额脊突起，前颌骨向前倾斜；上门齿明显弯曲，雄性旋转，不同于 *P. antiquus*（直）；颊齿窄，齿冠高，高度指数（HI）为 250–300；齿板数多，第三臼齿可达 17–21 个，齿脊频率（LF）6–8，中尖突有时显著，磨蚀后，釉质层形成带有两侧臂的菱形图案，到后期呈透镜状，珐琅质层厚 2–3 mm，褶皱强烈。

产地与层位 中国和日本，上更新统。在我国，它主要出现在华北地区（山西、河北、山东、北京）、西北地区（甘肃、陕西）和长江淮河流域（江苏、安徽），上更新统。

评注 诺氏古菱齿象是我国黄河和长江流域晚更新世常见的哺乳动物之一。它明显地不同于纳玛古菱齿象和欧洲的 *P. antiquus*。这表现在其颊齿齿冠高（HI=250–300）而窄，第三臼齿齿脊数多（M3/m3=17–21/19），齿脊频率大（LF=6–8），珐琅质层薄（2–3 mm），褶皱强烈，下颌前突前伸距离短，下颌水平支与上升支等进步特征。按照诺氏古菱齿象的性状，曾被描述为纳玛古菱齿象及其亚种的中国标本可能均属诺氏古菱齿象，如 Teilhard de Chardin 和 Piveteau（1930）记述的泥河湾化石，裴文中等（1958）记述的丁村化石、资阳人地点的化石，张席褆（1964a）记述的 *Palaeoloxodon namadicus naumadi* 和 *P. namadicus yabei*，卫奇（1976）记述的泥河湾化石以及刘嘉龙（1977）订立的诺氏古菱齿象淮河亚种，等等。它们可能代表古菱齿象的晚期类型。

颊齿齿冠的宽窄程度似乎是区分纳玛古菱齿象和诺氏古菱齿象的一个重要特征。前者为宽齿型，后者为窄齿型。依据这一性状，张玉萍和宗冠福（1983）曾把安徽怀远的属于同一个体的破损的左、右 M3（IVPP V 6641），以及卫奇（1976）描述的河北泥河湾的一个不完整头骨归入纳玛古菱齿象。但是，这些标本，尽管齿冠相对较宽，但它们已具有诺氏古菱齿象的基本特征：保存的 M3 已具有 18–19 个齿脊（明显地多于纳玛古菱齿象 M3 的 15 个）；齿脊频率为 6，珐琅质层变薄，等等。因此，笔者暂时把它放在诺氏古菱齿象中，可能代表其早期类型。

真象属 Genus *Elephas* Linnaeus, 1758

模式种 亚洲象 *Elephas maximus* Linnaeus, 1758

鉴别特征 个体小到中等大小；脑颅部垂直方向高，前后变短，横向变宽；侧面观，头骨顶部几乎是圆的；额 - 顶面中间平或下凹；下颌骨侧向膨大，联合部由长变短，无下门齿；上门齿长，一般弯曲，横切面圆形或椭圆形，无珐琅质带；臼齿脊型；其结构从早期类型至晚期类型有下列变化：第三臼齿齿脊数为 10–30 个，齿脊频率从 3.5 到 9.0，齿谷变窄，齿脊紧密排列；珐琅质层厚度从 4.0 mm 到 2.0 mm，珐琅质层光滑到晚期的紧密褶皱，齿冠增高，其高度为齿冠宽度的 1 至 3 倍；磨蚀后，珐琅质层形成两边大略平行的图案，早期类型具中间突，晚期类型退化；白垩质发育。

中国已知种 亚洲象 *Elephas maximus* Linnaeus, 1758 和江南真象 *E. kiangnanensis* Pei, 1987。

分布与时代 非洲，上新世—早更新世；亚洲，上新世晚期至今。我国的华东、华南和西南地区，更新世—全新世。

评注 真象是由 Linnaeus 在 1758 年依据现生象建立的。这属的最早记录出现在非洲（肯尼亚和南非）的上新世早期（距今约 5.0 Ma），以种 *E. ekorensis* 和 *E. recki brumpti* 为代表。不久，即从非洲迁移进入欧亚大陆，但它从未到达美洲。至今，人们认为它包括一个现生种和 10 个灭绝种。

亚洲最早出现真象的产地是在南亚上西瓦利克的 Tatrot 带（晚上新世）。更新世时期在东亚变得繁盛。在晚更新世趋于衰退。现在仅存一种。我国的真象化石主要出现在华南和西南地区中更新世和晚更新世；在云南西双版纳地区还存在它的现生种。

江南真象 *Elephas kiangnanensis* Pei, 1987

（图 101）

群模 10 个单个的上、下第一和第二臼齿：M1（IVPP V 1941, V 1937），M2（IVPP V 1926, V 1940, V 1951, V 1961, V 1966），m1（IVPP V 1957），m2（IVPP V 1931, V 1945）；广西洞穴堆积，中更新统。

归入标本 云南腾冲：HV 7684，一不完整的右 M3；广西崇左：IVPP V 16756，左 M2。

鉴别特征 与亚洲象相比，牙齿齿冠低而狭长，齿板数目少，第三臼齿约具 12 齿板，珐琅质层厚（约 4 mm），褶皱明显，齿板厚度大，齿脊频率为 5（M3）。

产地与层位 广西和云南，中、上更新统。

评注 *Elephas kiangnanensis* 最早是由裴文中（1987）依据广西洞穴中真象类臼齿标本建立的。宗冠福等（1996）和王元等（2017）分别把云南腾冲和广西崇左中更新世的一枚 M3 和一左 M2 归入其中，并认为江南真象与亚洲象的不同在于前者的颊齿齿冠高度相对低，齿脊数少；珐琅质层厚，褶皱不紧密等。除此外，它们的不同还反映在前者的齿脊频率低。依据牙齿特征，江南真象被认为是与亚洲象关系较近且相对原始的一类。

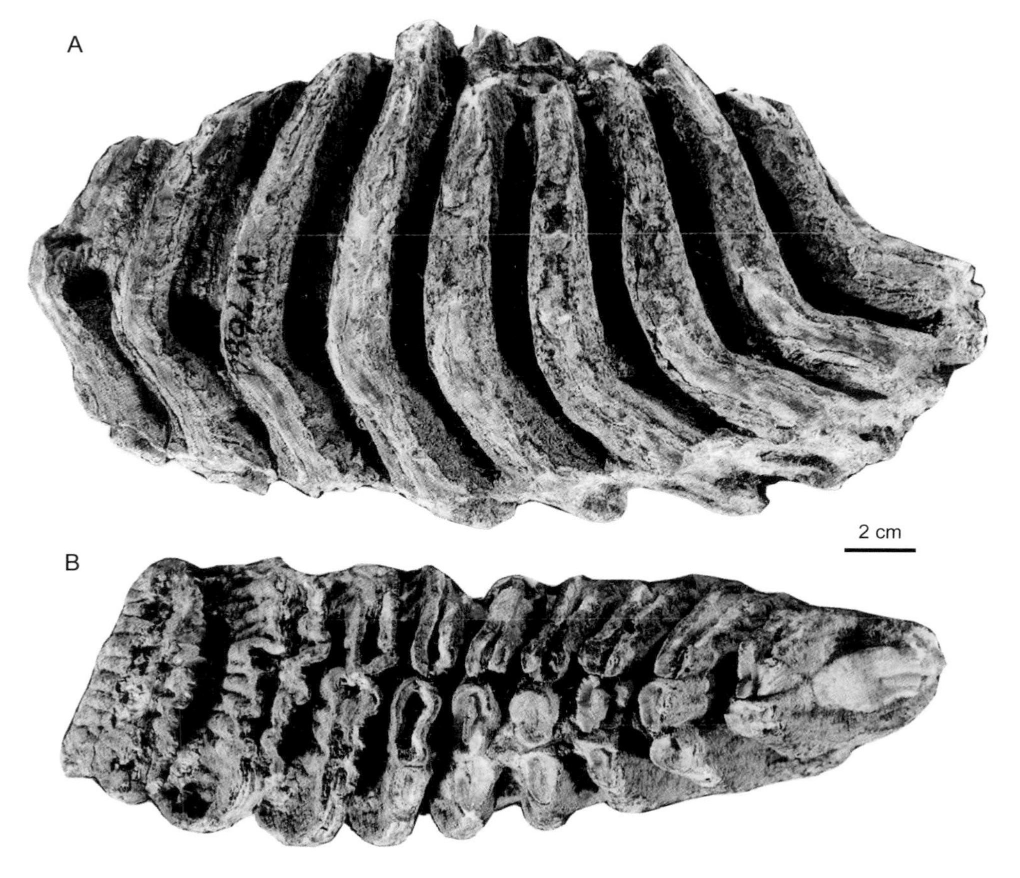

图 101　江南真象 *Elephas kiangnanensis*
右 M3（HV 7684）：A. 舌侧面，B. 嚼面（引自宗冠福等，1996）

亚洲象 ***Elephas maximus*** **Linnaeus, 1758**

（图 102）

Elephas maximus shichiaoshanensis：王将克，1978，123–128 页

Elephas cf. *indicus*：裴文中等，1958，57–66 页；裴文中，1987，80–83 页；宗冠福等，1996，71 页

正模　无。

归入标本　广西桂林甑皮岩：编号 E1，M3（李有恒、韩德芬，1978）；广东西樵山（西樵山陈列馆）：一个不完整的头骨，带两侧 M1；福建昙石山：一左尺骨远端，全新统（祁国琴，1977）；福建惠安：IVPP V 2414，左 M3（徐余瑄，1959）；浙江吴兴菱湖：M 1231（浙江省博物馆编号），一右 m3（全新世亚洲象；张明华，1979）；广西崇左：IVPP V 16755，右 dp4。

鉴别特征　一种个体小至中等大小的真象；头骨具膨大的顶骨区，顶骨面圆，额骨

鉴别特征 M3 具 8 或 9 个齿脊，m3 有 10 齿脊；齿脊厚，齿脊频率低（LF=3–5）；珐琅质层厚；齿冠高度指数低。

产地与层位 欧亚大陆，上上新统。我国出现在华北（山西）和西北（陕西）地区，上上新统。

评注 *Mammuthus rumanus* 最初是由 Stefanescu 在 1924 年作为 *Elephas antiquus* 的一亚种（*E. a. rumanus*）描述的。Osborn（1942）把它看做是平额象（*Archidiskodon planifrons*）一亚种。Maglio（1973）认为它属于亚洲象。Lister 和 van Essen（2003）认为来自罗马尼亚的 Tulucesti 的 m3 和 Cernatest 的 M3，以及来自英国 Red Crag 和意大利 Montopoli 的材料比南方猛犸象的原始，即第三臼齿的齿脊数少（M3 有 8–10 齿脊，m3 有 10 齿脊）。由此，他们把这些材料作为欧洲最古老的猛犸象的代表，取名罗马尼亚猛犸象。当时，他们认为其正型标本已丢失，取罗马尼亚 Cernatest 的 M3 作为新模标本。他们的这一观点为以后的很多古生物学者所接受，即罗马尼亚猛犸象是欧亚大陆最古老的猛犸象。它出现在距今约 3.5–2.6 Ma 期间，主要分布于欧洲。它是由非洲迁移而来。

但是，并不是所有的古生物学者都同意这种看法。Obada（2010）把 Tulucesti 的 m3 作为 *Elephas* (*Palaeoloxodon*) *rumanus* 的正模，把保加利亚的 Bossilkovtsi 和英国 Red Crag 的材料归入 *Loxodonta* sp.，并以 Cernatest 的 M3 为基础建立新种，命名为 *Archidiskodon stefanescui*。Maschenko 等（2011）同意把 Tulucesti 的 m3 归入 *Elephas* (*Palaeoloxodon*)，但把 Cernatest 的 M3，Bossilkovsti 和 Red Crag 的材料置入 *Archidiskodon* sp. 中，并依据出自俄罗斯 Sablinskoye 地点的一个不完整下颌带 m3 建立一新种 *Archidiskodon garuti*。

Wei 等（2003, 2006）把我国山西榆社的平额象和陕西渭南的真象均归入罗马尼亚猛犸象中，认为它们代表我国最古老的猛犸象。基于以下理由：①归入的材料少且均为不

图 105 罗马尼亚猛犸象 *Mammuthus rumanus* 牙齿之二
不完整的右 m3（THP 18906）：嚼面（引自 Teilhard de Chardin et Trassaert, 1937）

完整的臼齿（已知仅有山西榆社海眼组的一枚不完整的m3、沁县的一枚不完整的M3和陕西渭南游河组的一枚不完整的m3）；②这一时期真象类的牙齿在结构和形态特征方面与同时代的猛犸象的非常相似；它们的第三臼齿齿脊数少，齿脊频率低，珐琅质层一般光滑，如渭南的材料，一枚m3，其形态特征似乎更接近于真象或古菱齿象。榆社的标本不完整且磨蚀深，它与典型的罗马尼亚正型标本也有明显的不同。笔者认为这些标本是否属于欧洲的罗马尼亚猛犸象还需要更多更完整的标本来佐证。

南方猛犸象 *Mammuthus meridionalis* (Nesti, 1825)

（图106，图107）

Archidiskodon tokunagai：Matsumoto, 1924, p. 267；Teilhard de Chardin et Trassaert：1937, p. 44–46

Archidiskodon meridionalis：Osborn, 1942, p. 969–980；周明镇、张玉萍，1974，56, 57页；周明镇、张玉萍，1978，454页；汪洪，1988，64–66页

Archidiskodon cf. *planifrons*：周明镇，1961，361, 362页

Archidiskodon planifrons：郑绍华等，1975，41, 42页

Palaeoloxodon pingliangensis：张玉萍等，1983，65–67页

选模 IGF 1054，一个几乎完整的头骨带两侧M3。收集自意大利北部，下更新统。

归入标本 山西榆社：THP 10459，10461，左、右上第三臼齿各一枚；THP 10460，10462，左、右下第三臼齿各一枚，以及若干单个上、下牙齿（THP 10463, THP 10464, THP10456，等等）。河北泥河湾：一破损牙齿。山东蓬莱：SD 77004，右M2；SD 77005，左m2。陕西大荔：78 DL 01，一个完整头骨带两侧M3，一完整下颌骨带两侧m3，一右门齿以及头后骨骼；78 DL 02，一幼年个体的上颌骨带两侧M2及未萌出的M3，下颌骨带两侧m2及未萌出的m3。甘肃平凉：No 1001（甘肃平凉地区博物馆编号），一右下第三臼齿。

鉴别特征 颊齿宽，冠低；第三臼齿由11–15齿板组成。齿脊频率为3.5–6.5，珐琅质层中等厚（2–4 mm），褶皱不太明显；高度指数中等（HI=10%–60%）。

产地与层位 欧洲和中亚，上上新统—下更新统。我国的华北和西北地区，下更新统。

评注 南方猛犸象最早是由Nesti在1825年作为真象的一种*Elephas meridionalis*描述的。Osborn（1942）把它归入平额象（*Archidiskodon meridionalis*）。Maglio（1973）认为它是南方猛犸象的成员（*Mammuthus meridionalis*）。这一观点为以后的古生物学者所接受。

我国最原始的南方猛犸象发现于陕西大荔后河村，标本包括一完整头骨及头后骨骼，

图 106　南方猛犸象 *Mammuthus meridionalis* 上臼齿

左上第三臼齿（THP 10461）：A. 舌侧面，B. 嚼面（张杰摄）

最初被鉴定为平额象（*Archidiskodon meridionalis*）（汪洪，1988），经绝对年龄测定后河村动物群的地质年代可能约为距今 2.6–2.5 Ma。魏光标等（2010）认为它的出现早于它在欧洲出现的时代。由此，南方猛犸象很可能在距今约 2.6–2.5 Ma 前起源于我国。

图 107　南方猛犸象 *Mammuthus meridionalis* 下臼齿
左下第三臼齿（THP 10460）：A. 嚼面，B. 颊面（张杰摄）

草原猛犸象 *Mammuthus trogontherii* (Pohlig, 1885)

（图 108—图 110）

Elephas namadicus：Teilhard de Chardin et Piveteau, 1930, p. 10

Parelephas trogontherii：Osborn, 1942, p. 1047

Mammuthus (*Parelephas*) *trogontherii*：周明镇、张玉萍，1974，57 页

Archidiskodon planifrons：贾兰坡、王健，1978，9 页

Palaeoloxodon cf. *namadicus*：贾兰坡、王健，1978，11 页

Palaeoloxodon tokunagai：汤英俊等，1983，80 页

正模　一枚第三右上臼齿（M3）和一枚第三右下臼齿（m3）。德国北部（Sussenborn near Weimar），下更新统。

归入标本 河北阳原马家圈：IVPP V 13610，一左 M3；无编号，一右 M3，一左 M2；蔚县北水泉镇东窑子头村东南，大南沟东陡壁：IVPP V 15715，一个不完整下颌，垂直支缺失，两侧 m3 保存完整。陕西省西安市高陵县（今高陵区）上马渡；SMD: 8，右 M3（保存在原山西省考古研究所）。内蒙古扎赉诺尔：ZLNE 001，一个骨架带 M3，下颌带 m2–m3。山西芮城西侯度：IVPP V 2849，下颌骨。

鉴别特征 一种大型的猛犸象；头骨比南方猛犸象高而短，比真猛犸象的低而长。

图 108 草原猛犸象 *Mammuthus trogontherii* 臼齿

左 M3（IVPP V 13610）：A. 颊侧面，B. 嚼面（引自 Wei et al., 2003）

下颌骨短而高；上门齿长、强烈旋转。臼齿的齿板数比南方猛犸象的多，比真猛犸象的少；第三臼齿齿脊数一般为14–21个；齿脊频率为6–6.5；珐琅质层厚约为2.5–3 mm，褶皱强烈；中间尖突缺失；开始磨蚀时为三点，以后连成珐琅质圈；齿脊数：DP2/dp2，3/4；DP3/dp3，5–7/7；DP4/dp4，9/10；M1/m1，10–12/11–13；M2/m2，11–15/11–15；M3/m3，16–21/16–21。

产地与层位 欧洲，中更新统；亚洲，下更新统—中更新统。我国的东北、华北和西北地区，下更新统—中更新统。

评注 草原猛犸象最早是由Pohlig在1885年作为一真象种（*Elephans trogontherii*）描述的。Osborn（1942）把它归入猛犸象亚科的属*Parelephas* Osborn, 1924中。Simpson（1945）认为它是猛犸象（*Mammuthus*）属中的一种。Aguirre（1969）和Maglio（1973）把它看做是*Mammuthus armeniacus*的同物异名。以后，大部分古生物学者还是采用了草原猛犸象（*Mammuthus trogontherii*）之名。

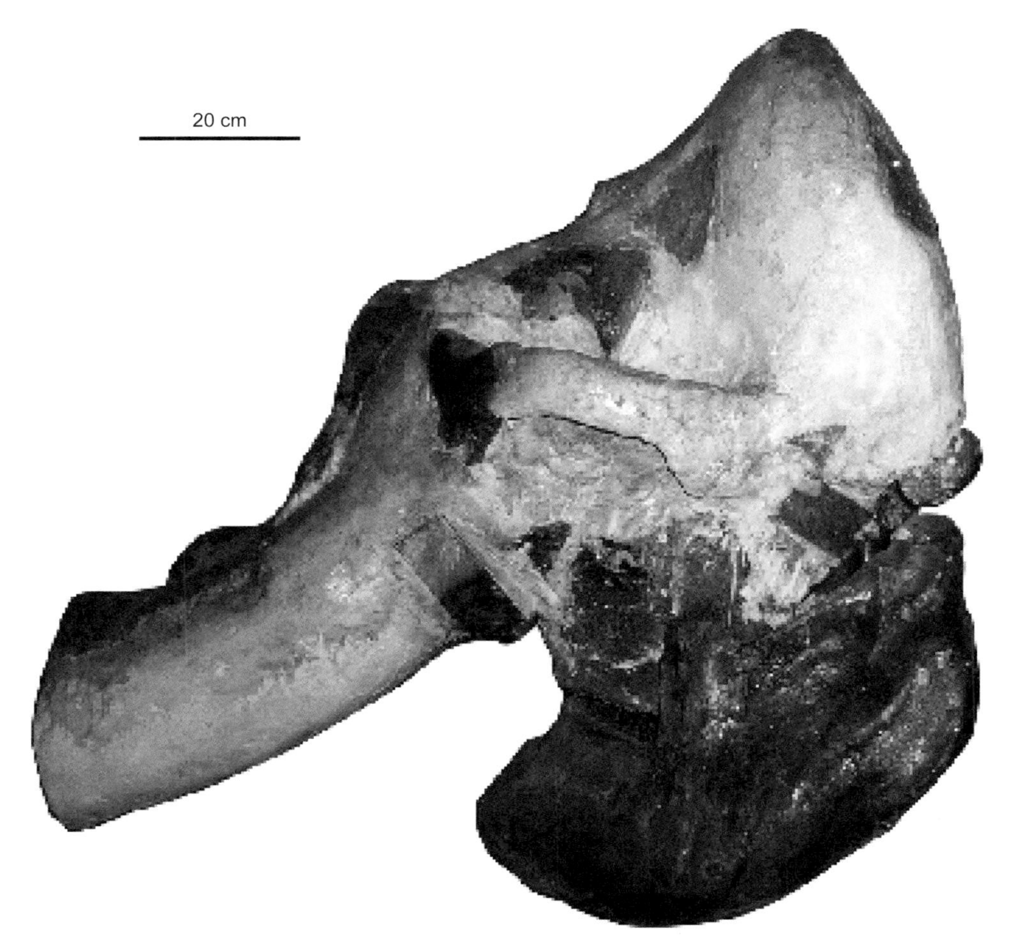

图109 草原猛犸象 *Mammuthus trogontherii* 头骨
不完整头骨和下颌（扎赉诺尔，无编号）（引自 Larramendi, 2015）

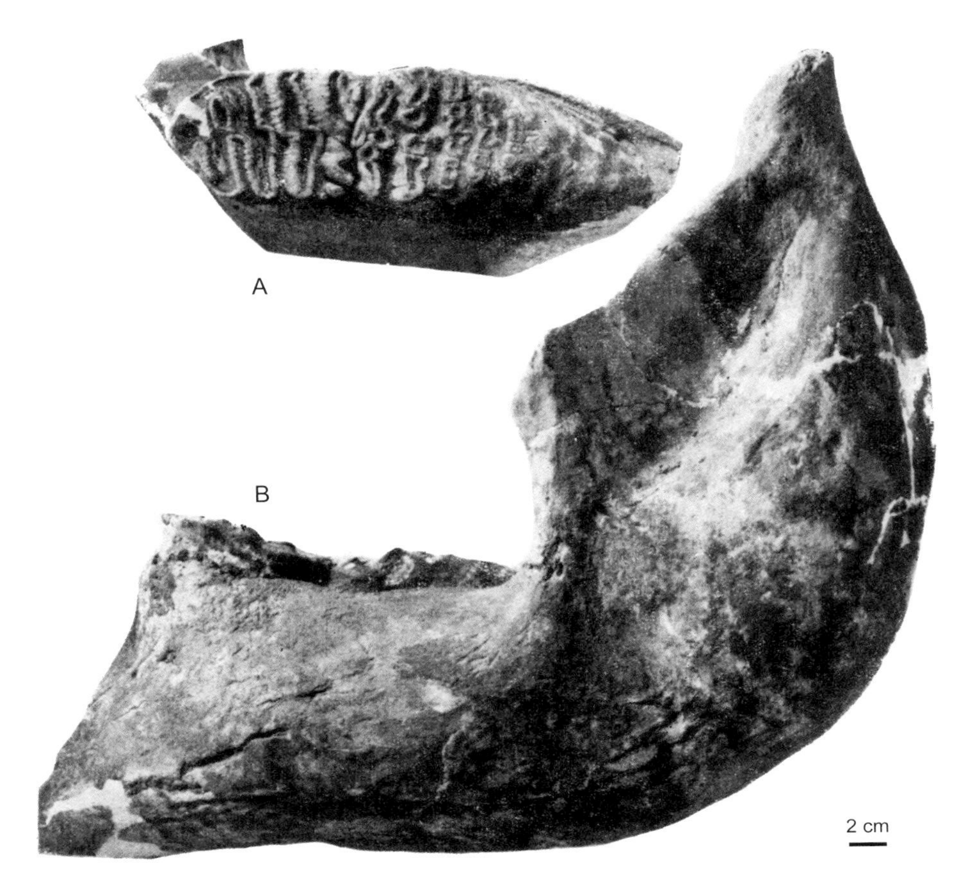

图 110　草原猛犸象 *Mammuthus trogontherii* 下颌骨

左下颌骨（IVPP V 2849）：A. 左 m2–m3，嚼面，B. 外侧面（引自贾兰坡、王健，1978）

草原猛犸象是欧亚中更新世时期动物群的典型成员。它被看做是早更新世的南方猛犸象和更新世晚期的真猛犸象之间一种过渡类型。其最早出现在我国河北泥河湾马家圈地点，地层时代为更新世早期，距今约 1.6 Ma，早于欧洲和西伯利亚东北部草原猛犸象首次出现时间（约 1.2–0.8 Ma）。它于更新世晚期灭绝（Wei et al., 2003, 2006, 2010）。

我国的草原猛犸象最早也是作为真象描述的（Teilhard de Chardin et Piveteau, 1930）。周明镇和张玉萍（1974）首次提出草原猛犸象在我国的存在。近 20 年来，我国的一些古生物学者（Wei et al., 2003, 2006, 2010；Tong et Chen, 2016）把收集自河北泥河湾地区的一些牙齿化石鉴定为草原猛犸象，并把曾被作为 *Archidiskodon planifrons* 和 *Palaeoloxodon* cf. *namadicus* 描述的山西西侯度标本、作为 *Palaeoloxodon tokunagai* 描述的山西临猗的标本和河北小长梁的标本（*Palaeoloxodon* sp.）均看做是草原猛犸象的同物异名。他们认为草原猛犸象首次出现在我国早更新世河北泥河湾地区和山西西侯度，中更新世时期主要分布于华北地区（河北阳原泥河湾，内蒙古扎赉诺尔），晚更新世早期灭绝。其出现时间比欧洲的要早，是由南方猛犸象演化而来。

真猛犸象 ***Mammuthus primigenius* (Blumenbach, 1799)**

（图 111，图 112）

选模 一枚左 m3 和一右 DP4。西伯利亚，具体产地和层位不明，上更新统。

归入标本 吉林榆树：上门齿 2 个（IVPP V 2111–2112），DP4 1 枚（IVPP V 2098），M1 2 枚（IVPP V 2072, V 2022），M2 8 枚（IVPP V 2094 等），M3 8 枚（IVPP V 2053, V 2044 等），m3 7 个（IVPP V 2043, V 2016, V 2064, V 2106 等），以及其他许多单个牙齿；汪清：上门齿一对，第四前臼齿 1 个，右下第一臼齿、右上第三臼齿 2 个，右股骨、胫骨和肩胛骨各一个。

鉴别特征 一种小至中等大小猛犸象；头骨前后短，脑颅在垂直方向上高而尖，顶

图 111 真猛犸象 *Mammuthus primigenius* 下臼齿

左 m3（IVPP V 2106）：A. 嚼面，B. 舌侧面（高伟摄）

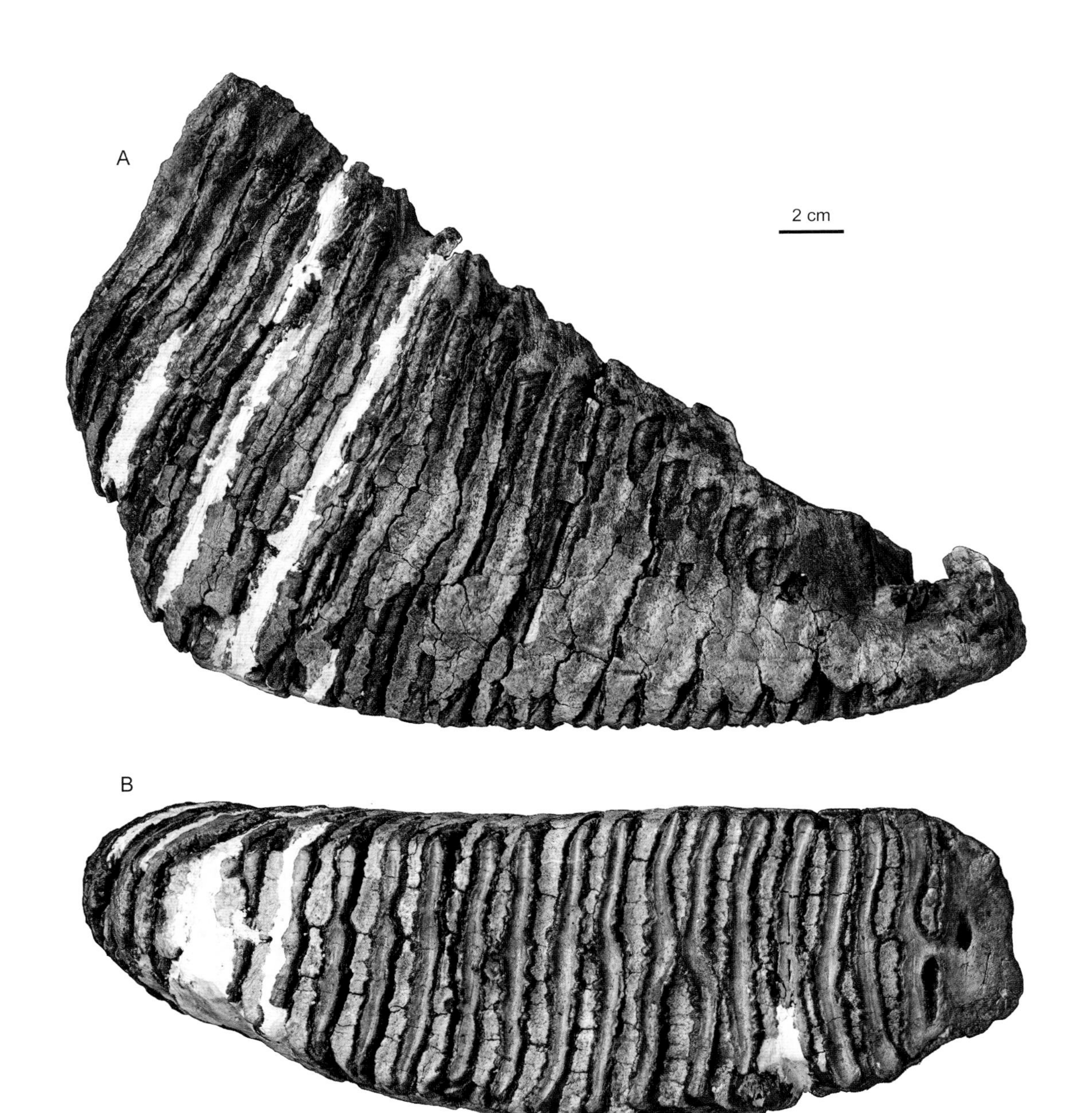

图 112　真猛犸象 *Mammuthus primigenius* 上臼齿
左 M3（IVPP V 2053）：A. 侧面，B. 嚼面（高伟摄）

骨区膨大；额面凹，横向凸，枕部圆，前颌骨明显指向下，上门齿齿槽紧密排列；下颌骨水平支高，下颌联合部短；上门齿长而大，强烈弯曲并旋转，无珐琅质带；下门齿缺失；臼齿齿冠高而宽，第三臼齿具 22–27 齿板，齿冠高度大于宽度约 50%–150%，齿板薄，排列紧密，M1–M3 的齿脊频率为 7–12，珐琅质层薄，厚度约为 1–2 mm，磨蚀后齿脊的珐琅质层图案不规则，中间也不具中间膨大或中尖突。白垩质发育。

产地与层位 欧亚大陆和北美，上更新统—全新统。我国的东北地区、内蒙古，上更新统—全新统。

评注 真猛犸象是猛犸象演化中出现的最后类型。它最早可能出现在中更新世（距今约 0.8 Ma）的欧洲，在晚更新世至全新世时期广布于欧亚大陆北部和北美西北部，于全新世早期灭绝。它被认为是从草原猛犸象演化而来（魏光标等，2010）。

我国的真猛犸象主要分布于东北地区的晚更新世时期。周明镇（1959）以及周明镇和张玉萍（1974, 1978）曾描述的松花江猛犸象和六盘山猛犸象可能与真猛犸象属于同一类型。在我国发现真猛犸象的地点较多，收集到的材料似乎也不少。但是，至今人们似乎还未真正对它进行记述。

附　长鼻类的属一级分类表

（引自 Shoshani et Tassy, 2005 和 Gheerbrant et Tassy, 2009，稍有修改）

Mammalia Linnaeus, 1758 哺乳动物纲

Placentalia Owen, 1837 (=Eutheria Huxley, 1880) 有胎盘类

Ungulata Linnaeus, 1766 有蹄超目

Uranotheria McKenna, Bell et al., 1997 (=Paenungulata Simpson, 1945, in part) 近有蹄大目

Order Proboscidea Illiger, 1811 长鼻目

Suborder Plesielephantiformes Shoshani et al., 2001 近象形亚目

Family Incertae sedis Gheerbrant, 2009 科未定

Genus *Eritherium* Gheerbrant, 2009 古兽属

Family Phosphatheriidae Gheerbtant et al., 2005 磷灰兽科

Genus *Phosphatherium* Gheerbtant et al., 1996 磷灰兽属

Genus *Khamsaconis* Jaeger et al., 1993 卡姆萨兽属

Family Daouitheriidae Gheerbrant et Sudre, 2002 道伊兽科

Genus *Daouitherium* Gheerbrant et Sudre, 2002 道伊兽属

Family Numidotheriidae Shoshani et Tassy, 1992 努米道兽科

Genus *Numidotherium* Mahboubi et al., 1986 努米道兽属

Family Barytheriidae Andrews, 1906 重兽科

Genus *Barytherium* Andrews, 1901 重兽属

Family Moeritheriidae Andrews, 1906 摩里斯湖兽科

Genus *Moeritherium* Andrews, 1901 摩里斯湖兽属

Family Deinotheriidae Bonaparte, 1841 恐象科

Genus *Chilgatherium* Sanders et al., 2004 支咖象属

Genus *Prodeinotherium* Éhik, 1930 原恐象属

Genus *Deinotherium* Kaup, 1829 恐象属

Suborder Elephantiformes Tassy, 1988 象形亚目

Genus *Eritreum* Shoshani, 2006 厄立特里亚象属，科未定

Family Palaeomastodontidae Andrews, 1906 古乳齿象科

Genus *Palaeomastodon* Andrews, 1901 古乳齿象属

Family Phiomiidae Kalandadze and Rautina, 1992 始乳齿象科

Genus *Phiomia* Andrews et Beadnell, 1902 始乳齿象属

Family Mammutidae Hay, 1922 轭齿象科

Genus *Losodokodon* Rasmussen et Gutierrez, 2009 洛斯达克象属

Genus *Eozygodon* Tassy et Pickford, 1983 始轭齿象属

Genus *Zygolophodon* Vacek, 1877 轭齿象属

Genus *Mammut* Blumenbach, 1799 短颌轭齿象属

Family Gomphotheriidae Hay, 1922 嵌齿象科

Subfamily Gomphotheriinae Hay, 1922 嵌齿象亚科

Genus *Gomphotherium* Burmeister, 1837 嵌齿象属

Subfamily Rhynchotheriinae Hay, 1922 喙嘴象亚科

Genus *Rhynchotherium* Falconer, 1868 喙嘴象属

Subfamily Cuvieroniinae Cabrera, 1929 居维叶象亚科

Genus *Cuvieronius* Osborn, 1923 居维叶象属

Genus *Stegomastodon* Pohlig, 1912 剑乳齿象属

Genus *Haplomastodon* Hoffstetter, 1950 哈帕弄乳齿象属

Genus *Notiomastodon* Cabrera, 1929 短颌乳齿象属

Subfamily Choerolophodontinae Gaziry, 1976 豕脊齿象亚科

Genus *Afrochoerodon* Pickford, 2001 非洲豕脊齿象属

Genus *Choerolophodon* Schlesinger, 1917 豕脊齿象属

Subfamily Amebelodontinae Barbour, 1927 板齿象亚科

Genus *Afromastodon* Pickford, 2001 非洲乳齿象属

Genus *Progomphotherium* Pickford, 2003 原嵌齿象属

Genus *Eurybelodon* Lambert, 2016 欧里铲齿象属

Genus *Serbelodon* Frick, 1933 锯齿象属

Genus *Archaeobelodon* Tassy, 1984 古铲齿象属

Genus *Protanancus* Arambourg, 1945 原互棱齿象属

Genus *Amebelodon* Barbour, 1927 板齿象属

Genus *Konobelodon* Lambert, 1990 柱齿铲齿象属

Genus *Torynobelodon* Barbour, 1929 美洲铲齿象属

Genus *Aphanobelodo*n Wang et al., 2017 隐齿铲齿象属

Genus *Platybelodon* Borissiak, 1928 铲齿象属

Subfamily Tetralophodontinae Van der Maarel, 1932 四棱齿象亚科

Genus *Tetralophodon* Falconer, 1857 四棱齿象属

Genus *Paratetralophodon* Tassy, 1983 副四棱齿象属

Genus *Morrillia* Osborn, 1924 莫尔象属

Genus *Pediolophodon* Lambert, 2007 陪地欧四棱齿象属

Subfamily Anancinae Hay, 1922 互棱齿象亚科

Genus *Anancus* Aymard, 1855 互棱齿象属

Subfamily Sinomastodontinae Wang et al., 2013 中华乳齿象亚科

Genus *Sinomastodon* Tobien, Chen et Li, 1986 中华乳齿象属

Family Stegodontidae Osborn, 1918 剑齿象科

Genus *Stegolophodon* Schlesinger, 1917 脊棱齿象属

Genus *Stegodon* Falconer, 1857 剑齿象属

Family Elephantidae Gray, 1821 真象科

Subfamily Stegotetrabelodontinae Aguire, 1969 剑棱齿象亚科

Genus *Stegodibelodon* Coppens, 1972 剑铲齿象属

Genus *Stegotetrabelodon* Petrocchi, 1941 剑棱齿象属

Subfamily Elephantinae Gill, 1872 真象亚科

Genus *Primelephas* Maglio, 1970 原始真象属

Genus *Loxodonta* Anonymous, 1827 非洲象属

Genus *Palaeoloxodon* Matsumoto, 1924 古菱齿象属

Genus *Mammuthus* Brookes, 1828 猛犸象属

Genus *Elephas* Linnaeus, 1758 真象属

蹄 兔 目

系 统 记 述

蹄兔目 Order HYRACOIDEA Huxley, 1869

概述 蹄兔是一类稀少而奇特的近有蹄类哺乳动物。Storr 在 1780 年首次在非洲发现它的现生类型。因其个体小，形如兔或鼠，后足有蹄状趾甲，取名为蹄兔（*Procavia* Storr, 1780）。

现生蹄兔分布于非洲和亚洲的西南地区，包括 1 科 3 属：蹄兔属（*Procavia*，含 1 种）、岩蹄兔属（*Heterohyrax*，含 2 种）和树蹄兔属（*Dendrohyrax*，含 3 种），属于蹄兔科（Procaviidae）。它们的主要特征是个体小，体重约为 2–5 kg，体长约为 30–60 cm，齿式不完全（1•0•4•3/2•0•4•3），颊齿齿冠高度不等，m3 无次小尖，下颌骨缺失舌侧和唇侧的窝，前足 4 指，后足 3 趾，具蹄状趾甲等。它们多栖息于岩石沙漠、灌丛地带和森林地区。Huxley 于 1869 年以现生蹄兔为基础建立了蹄兔目（Hyracoidea）。

蹄兔的化石主要发现于非洲，其次是欧亚大陆。在美洲、大洋洲和南极洲人们至今还未找到它们的踪迹。蹄兔起源于非洲。最早的蹄兔化石发现于非洲阿尔及利亚 El Kohol 的早始新世地层中（距今约 50 Ma），以 *Seggeurius* Crochet, 1986 为代表。中始新世至渐新世时期，蹄兔在非洲相当繁盛，已明显分化，包括了个体大小不一、牙齿形态各异（有丘型齿、丘脊型齿和脊型齿等）的多种蹄兔类型（约有 4 科：Geniohydae Andrews, 1906，Saghatheriidae Andrews, 1906，Titanohyracidae Matsumoto, 1926 和 Pliohyracidae Osborn, 1899）。从中新世早期开始至以后的整个地质时期里，它开始衰退。一方面，它仍在非洲地区生存，并残存至今；另一方面，在中新世晚期，它的一支（上新蹄兔科）进入欧亚大陆，并于更新世早、中期灭绝。其中，上新蹄兔是这一支系的主要类型，它广布于欧洲的希腊、法国、西班牙和亚洲的土耳其等地；而我国上新世和更新世早、中期的后裂爪蹄兔和横断山蹄兔可能是上新蹄兔科在欧亚大陆的最晚代表。

至于我国的蹄兔，人们了解得更少。这是因为已知的蹄兔化石产地少，收集到的标本也不多，且保存很不完整。依据已知材料，目前仅记录了它的 1 科（上新蹄兔科）、

3 属（上新蹄兔、后裂爪蹄兔和横断山蹄兔）、4 种。它们主要分布于晚中新世和上新世时期的山西，及更新世时期的山西、河北、北京周口店以及四川等地。

定义与分类 蹄兔目（Hyracoidea）是一类个体大小不一、牙齿形态各异、后足具有蹄状趾甲的食草哺乳动物。19 世纪 80 年代，Storr 首次记述非洲的现生蹄兔时，把它归入啮齿类。居维叶在 1798 年把它置入厚皮动物（pachydermes）（包括貘、犀、河马等）。19 世纪中期，Gaudry 在希腊 Pikermi 上新世（现为晚中新世）地层中，发现了蹄兔的第一件化石标本（为一个下颌骨），把它命名为 *Leptodon graecus* (Gaudry, 1862)，认为它与古马 *Palaeotherium* 和犀牛 *Rhinoceros* 有紧密的关系。在 1868 年，厚皮动物（pachydermes）被分为几个组，Owen 把蹄兔放在奇蹄类。一年后（1869 年），Huxley 为现生蹄兔建立了蹄兔目（Hyracoidea）。但是，以后的一些古生物学者对蹄兔目的这一分类位置仍然提出不同的看法。一些学者依据相近的颊齿和距骨特征把它归入奇蹄目的犀牛或爪兽类（Fischer, 1986；Heissig, 1999；齐陶，2009）。Simpson（1945）认为它的足和门齿增大等特征与长鼻类和海牛接近，建议把它们一起放入近有蹄类 Paenungulata。80 年代以后，大部分古生物学者和分子生物学者均确认蹄兔（Hyracoidea）在系统关系上与长鼻类和海牛类有紧密关系，主张把它们一起归于天王兽目 Uranotheria（=Paenungulata 近有蹄类目），置入非洲兽总目（Afrotheria）（Shoshani, 1986；Rasmussen et al., 1990；Novacek, 1992；McKenna et Bell, 1997；Springer et al., 1997；Shoshani et McKenna, 1998；Rasmussen et Gutierrez, 2010）。

蹄兔目的次一级分类也是一直有争议的。目前，广泛使用的有两种分类方法：

第一种，蹄兔目包含 2 科：上新蹄兔科（Pliohyracidae Osborn, 1899）和蹄兔科（Procaviidae Thomas, 1892）。前者包括非洲和欧亚大陆从始新世到更新世所有的化石类型，含 4 个亚科：Geniohyinae、Saghatheriinae、Titanohyracinae 和 Pliohyracinae；后者，蹄兔科，仅指从中新世至今出现在非洲的类型。这种分类在近几十年来被广泛使用（Meyer, 1978；Fischer, 1989；Rasmussen, 1989；McKenna et Bell, 1997；邱占祥等，2002）。

第二种分类是 Rasmussen 和 Gutierrez（2010）在研究非洲的蹄兔时，依据牙齿结构把蹄兔目分为 5 科：Geniohyidae、Saghatheriidae、Titanohyracidae、Pliohyracidae 和 Procaviidae。笔者采用了这一分类。

当然，还有其他的分类，如 Whitworth（1954）把 Hyracoidea 分为 2 亚目：Pseudhippomorpha 和 Procaviamorpha。前者包括 3 科：Geniohyidae、Titanohyracidae 和 Pliohyracidae；后者包括 2 科：Saghatheriidae 和 Procaviidae。Simpson（1945）和 Melentis（1966）把蹄兔目分为 3 科：Procaviidae、Geniohyidae 和 Myohyracidae，认为 Pliohyracidae 应归属于 Procaviidae 或作为后者的一个亚科。

鉴别特征 个体大小不一，大者如犀牛，小的如鼠；头骨的顶面平而宽，几乎与枕面垂直，具有宽而圆的颧弓，眼眶后部在大部分现生类型和一些化石类型中封闭，吻部窄，腭骨向后延伸至 M3 之后，矢状脊常存在；齿式完全，晚期类型不完全；颊齿齿冠从原始类型低冠，逐渐变为高冠；第一上门齿为一弯曲的獠牙，横切面呈三角形；下第一门齿呈平伏、增大的刮舌形，未磨蚀时，前端为三叶状；侧门齿简单，退化；犬齿简单，前臼齿化；前臼齿半臼齿化到臼齿化，m3 具下次小尖（图 113、图 114）。

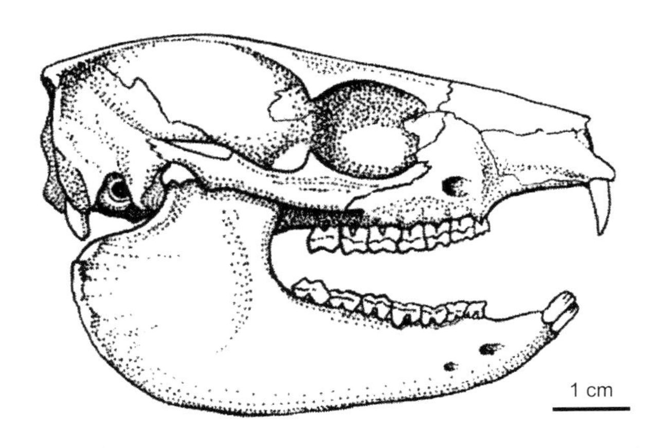

图 113　蹄兔（*Hyrax*）头骨示意图（现生）（引自网易截图）

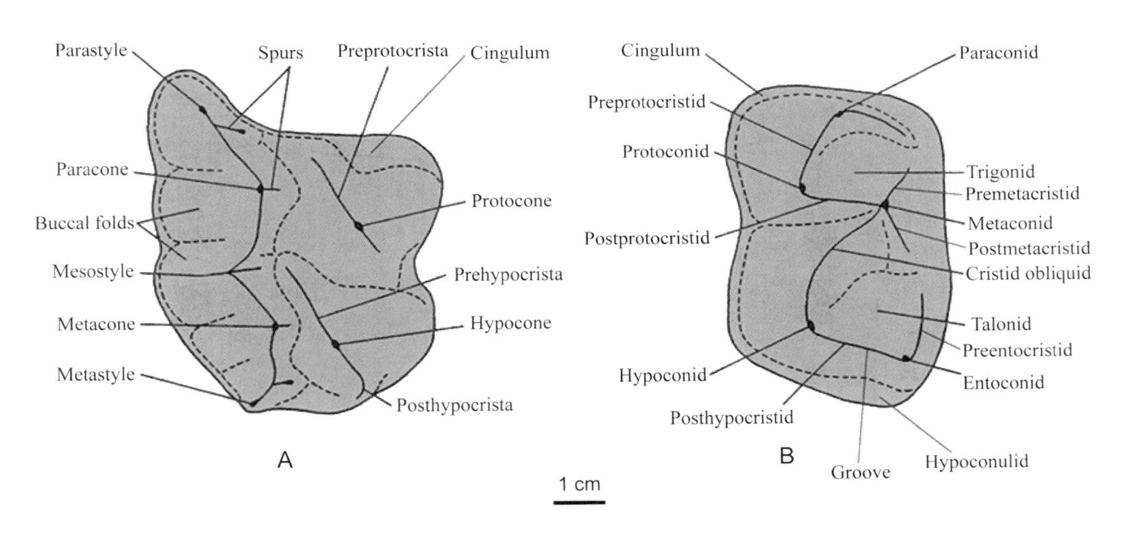

图 114　蹄兔颊齿结构图

A. 右上颊齿，B. 左下颊齿（引自 Rasmussen et Simons, 1988）。

Buccal folds，颊褶；Cingulum，齿缘；Cristid obliquid，斜脊；Entoconid，下内尖；Groove，沟；Hypocone/id，次尖 / 下次尖；Hypoconulid，下次小尖；Mesostyle，中附尖；Metacone/id，后尖 / 下后尖；Metastyle，后附尖；Paracone/id，前尖 / 下前尖；Parastyle，前附尖；Posthypocrista，次尖后脊；Posthypocristid，下次尖后脊；Postmetacristid，下后尖后脊；Postprotocristid，下原尖后脊；Preentocristid，下内尖前脊；Prehypocrista，下次尖前脊；Premetacristid，下后尖前脊；Preprotocrista/id，原尖前脊 / 下原尖前脊；Protocone/id，原尖 / 下原尖；Spurs，刺；Talonid，跟座；Trigonid，三角座

它们有蹠行性（plantigrade）的足；中心骨在腕骨中存在（在进步的有蹄类中这一性状不存在）；肢骨中轴通过第三指（趾）；掌骨有 5 指，足有 3 趾。中心趾（指）具有长而弯曲的爪，侧指（趾）末端呈短平的指甲。

中国已知科 上新蹄兔科（Pliohyracidae）。

分布与时代 非洲，早始新世至今；欧洲，晚中新世—上新世；亚洲，晚中新世—中更新世。

评注 蹄兔起源于非洲，其演化史基本上是在非洲完成的。最早的化石发现于早始新世的非洲阿尔及利亚。在以后的整个地质时期里，人们在非洲收集到大量的化石标本，记述了相当多的种类。这些类型明显分化。一些古生物学者提出蹄兔在非洲可能经历了三次主要的演化辐射事件。第一次辐射事件发生在始新世—渐新世，这时出现了大量个体大小不一，牙齿形态各异的古老蹄兔类型，包括 geniohyids、saghatheriids 和 titanohyracids 等，其发展达到鼎盛。第二次辐射出现在渐新世、中新世之间，早期类型的蹄兔灭绝，上新蹄兔（Pliohyracidae）出现。第三次辐射事件发生在晚中新世，Procaviidae 出现。至今，蹄兔仍存在于非洲（Rasmussen, 1989；Rasmussen et Gutierrez, 2010）。

欧亚大陆的蹄兔应该是在中新世晚期由非洲迁徙而来。它们可能代表蹄兔的一个旁支，在更新世早、中期灭绝。

我国的蹄兔最早是由 Teilhard de Chardin 和 Piveteau（1930）作为爪兽描述的。至今，人们已记载了它的一科（Pliohyracidae）3 属（*Pliohyrax*、*Postschizotherium* 和 *Hengduanshanhyrax*）的 4 个种，主要发现于山西、河北、北京和四川等地的上新世和早更新世地层中（von Koenigswald, 1932, 1966；童永生、黄万波，1974；邱占祥，1981；陈冠芳，2003）。

上新蹄兔科 Family Pliohyracidae Osborn, 1899

模式属 上新蹄兔 *Pliohyrax* Osborn, 1899

定义与分类 上新蹄兔是一类灭绝的大型蹄兔，主要分布于中中新世至上新世时期的旧大陆，包括约 8 属：非洲的晚渐新世至中中新世的 *Meroehyrax* Whitworth, 1954，中新世的 *Prohyrax* Stromer, 1926 和中、晚中新世的 *Parapliohyrax* Lavocat, 1961；以及欧亚大陆晚中新世至上新世的 *Pliohyrax* Osborn, 1899 和 *Sogdohyrax* Dubrovo, 1978，上新世的 *Kvabebihyrax* Gabunia et Vekua, 1966，晚中新世至更新世中期的 *Postschizotherium* von Koenigswald, 1932 和上新世或早更新世的 *Hengduanshanhyrax* Chen, 2003。其中，*Sogdohyrax* Dubrovo, 1978 被邱占祥等（2002）看做 *Pliohyrax* 的同物异名。

鉴别特征 个体中至大型；头骨短宽，吻部狭长，下颌骨一般具内、外窝；齿式完全（3•1•4•3/3•1•4•3）；i2 呈獠牙状，明显地大于 i1；i3 小、退化；下犬齿前臼齿化，2 根；颊齿齿冠低至高冠，丘型齿至脊型齿；前臼齿臼齿化，上前臼齿中附尖不发育；臼齿单面高冠，前附尖和中附尖非常发育，M3 具第三叶。m3 具下次小尖（hypoconulids）。与蹄兔目早期的科的不同在于它的个体大而粗壮，颊齿由新月形脊组成，单面高冠等；与晚期蹄兔科（Procaviidae）的不同在于它的个体大，下颌内侧有内窝和孔存在，齿式完全，m3 的第三叶发育等。

中国已知属 上新蹄兔 *Pliohyrax* Osborn, 1899，后裂爪蹄兔 *Postschizotherium* von Koenigswald, 1932 和横断山蹄兔 *Hengduanshanhyrax* Chen, 2003，共 3 属。

分布与时代 非洲东部和南部，晚渐新世—上新世；欧亚大陆，晚中新世—中更新世。我国的山西保德、榆社、天镇，河北阳原泥河湾，北京，晚中新世—中更新世；四川甘孜，晚上新世或早更新世。

评注 上新蹄兔科是由 Osborn 在 1899 年以欧洲蹄兔化石为基础建立的。它最早出现在非洲晚渐新世，以 *Meroehyrax* 为代表，中中新世在非洲很繁盛，出现了 *Prohyrax* 和 *Parapliohyrax* 等属，并于晚中新世在非洲灭绝。同时，它的一支系进入欧亚大陆。在欧洲，它主要在地中海沿岸地区发育，于上新世时期灭绝（Ginsburg, 1977；Meyer, 1978；Pickford et Fischer, 1987；Baudry, 1994；Pickford, 2004b）。在亚洲这一科的成员主要出现在晚中新世至更新世中期的我国北方。

上新蹄兔属 Genus *Pliohyrax* Osborn, 1899

模式种 希腊上新蹄兔 *Pliohyrax graecus* (Gaudry, 1862)

鉴别特征 大型；头骨宽而平，吻短，眼和鼻的位置抬高，眼窝后部封闭，鼻孔位置后移于 M3 之后；齿式完全，颊齿脊型，单面高冠。齿列（I2–M3）紧密排列；第一上门齿（I1）增大、呈刮勺状（spatulate），具三角形横切面。

中国已知种 东方上新蹄兔 *Pliohyrax orientalis* Tong et Huang, 1974。

分布与时代 欧亚大陆，晚中新世至上新世。

评注 *Pliohyrax* 是欧亚大陆晚中新世的蹄兔，包括欧洲晚中新世的 *Pliohyrax graecus*、*P. rossignoli* 和 *P. kruppi* 等。它最早出现在土耳其和西班牙的晚中新世（MN9），最晚发现于法国（Montpellier）的上新世（Ruscinian, MN14）（Sen, 2013；Pickford, 2009）。在亚洲，似乎仅出现在我国华北地区（山西）。

东方上新蹄兔 *Pliohyrax orientalis* Tong et Huang, 1974

（图 115）

正模 IVPP V 4696，一枚左 M3。具体产地和层位不详，推测可能来自山西保德“三趾马层”，上中新统。

归入标本 IVPP V 4696.1，一枚右 DP4。具体产地和层位不详，推测可能出自山西保德“三趾马层”，上中新统。

鉴别特征 M3呈钝角三角形，前缘和内缘构成钝角的两边，外脊是钝角的对边；齿冠内侧低，外侧高；原尖和次尖相当发育，呈圆锥状，前者比后者大而粗壮，它们已和外脊相连；外脊强大，后叶延长，形成第三叶；前、中附尖很发育，并强烈向前倾斜；内齿缘连续，在原尖和次尖之间有一明显的小尖突起；外脊的第三叶和纤细的内侧齿缘相连形成封闭的第三窝；白垩质在前、后窝和齿脊的外壁上存在。

产地与层位 ？山西保德，上中新统。

评注 童永生和黄万波（1974）依据收集自山西临汾市药材公司的2枚牙齿（M3和DP4），建立了*Pliohyrax orientalis*。这是上新蹄兔首次在我国的报道。Rasmussen（1989）和Dubrovo（1978）均主张把它归入后裂爪蹄兔（*Postschizotherium*）中。

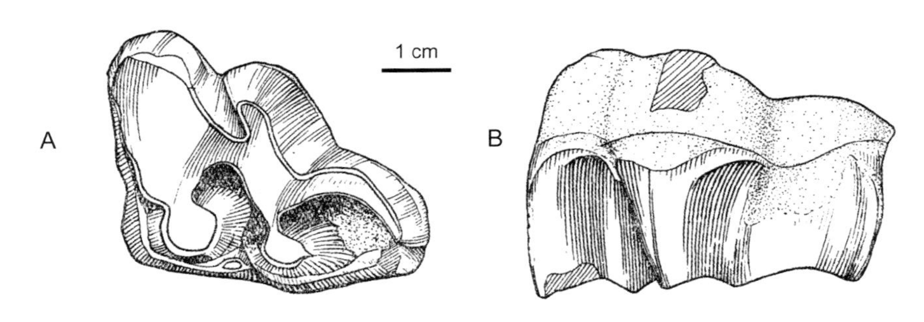

图115 东方上新蹄兔 *Pliohyrax orientalis*

左M3（IVPP V 4696，正模）：A. 嚼面，B. 外侧面（引自童永生、黄万波，1974）

后裂爪蹄兔属 Genus *Postschizotherium* von Koenigswald, 1932

模式种 德氏后裂爪蹄兔 *Postschizotherium chardini* von Koenigswald, 1932

鉴别特征 一类大型的上新蹄兔；吻部长而宽，眶下孔位于P4–M1之上方，上腭骨后缘的中切迹几乎与M3中叶齐平；下颌联合部长、粗壮，具内窝、外窝和下内窝，下颌水平支高；齿式完全；上第一门齿和下第二门齿呈獠牙状，门齿单根；下犬齿前臼齿化，2根；齿隙在上门齿之间、下门齿之间以及下门齿和下犬齿之间存在。颊齿脊型、单面高冠，有白垩质覆盖，齿缘发育；前臼齿臼齿化，与臼齿相比，大小悬殊；上臼齿的前、中附尖发育，下臼齿有第三叶。

中国已知种 中间后裂爪蹄兔 *Postschizotherium intermedium* von Koenigswald, 1966，德氏后裂爪蹄兔 *P. chardini* von Koenigswald, 1932和后裂爪蹄兔（未定种）*Postschizotherium* sp.（待发表）。

分布与时代 山西、河北和北京，晚中新世至中更新世。

评注

1）后裂爪蹄兔（*Postschizotherium*）的分类位置。后裂爪蹄兔是由von Koenigswald

(1932）以河北阳原泥河湾早更新世哺乳动物群中的种 Chalicotheriids gen. n. indet.（Teilhard de Chardin et Piveteau, 1930, p. 23, 24）为基础建立的。在此后较长的一段时期内，它一直被看做是奇蹄目的爪兽（von Koenigswald, 1932；Teilhard de Chardin et Pei, 1934；Teilhard de Chardin et Licent, 1936；Teilhard de Chardin, 1938, 1939；Teilhard de Chardin et Leroy, 1942；Simpson, 1945；齐陶，2009 等）。直到 1947–1949 年，法国古生物学者 Viret 才指出它可能是蹄兔的成员。以后，随着材料的增加和研究的深入，von Koenigswald（1966）、童永生和黄万波（1974），以及邱占祥（1981）等进一步确认它的这一分类位置，即后裂爪蹄兔属于蹄兔类。现在，它被看做是上新蹄兔科在欧亚大陆的最晚代表（邱占祥等，2002；陈冠芳，2003）。

2）关于后裂爪蹄兔的齿式。20 世纪 80 年代之前，“齿式不完全”这一性状一直被作为后裂爪蹄兔区分于欧洲和非洲同时代蹄兔的重要特征之一。Teilhard de Chardin（1936）依据山西榆社的标本认为后裂爪蹄兔仅有两对下门齿，第一下门齿缺失。1939 年 Teilhard de Chardin 又把它们看做是第一和第二对下门齿。von Koenigswald（1966）支持后一种看法，认为缺失的是第三下门齿，而不是第一下门齿。邱占祥（1981）在描述可能来自山西的一个下颌骨时，依据牙齿的磨蚀程度，首次提出后裂爪蹄兔的下门齿为 3 对，即它的齿式是完全的。1983 年，人们在山西天镇高崖乡水冲沟村附近的早更新世地层中发现了较完整的后裂爪蹄兔上、下颌骨，证实它的齿式是完全的这一性状。1987 年，Pickford 和 Fisher 也从上新蹄兔亚科（Pliohyracinae）的特征（下犬齿前臼齿化和第三下门齿小且退化等性状）推测后裂爪蹄兔的齿式是完全的。

3）榆社的标本 B（一个不完整的下颌骨）可能不是后裂爪兽的成员。von Koenigswald（1966）曾把该标本归入桑氏后裂爪蹄兔（*P. licenti*）中。由于该标本至今下落不明，笔者未能对它进行观测。但是，Teilhard de Chardin（1939）和 von Koenigswald（1966）的描述和图版表明它的主要特征：个体小，下颌骨无内窝和外窝，下前臼齿的臼齿化程度低和它们的外侧无齿缘等。这些性状使它与后裂爪蹄兔的下颌明显不同。

4）后裂爪蹄兔包括的种。von Koenigswald（1966）认为我国的后裂爪蹄兔包括 3 种：德氏后裂爪蹄兔（*Postschizotherium chardini*）、桑氏后裂爪蹄兔（*P. licenti*）和中间后裂爪蹄兔（*P. intermedium*）。宗冠福等（1996）把四川甘孜横断山汪布顶组的一个头骨和两个下颌也归入该属中，并建立了一个新种，西藏后裂爪蹄兔（*Postschizotherium tibetense*）。邱占祥等（2002）则认为桑氏后裂爪蹄兔（*Postschizotherium licenti*）可能是无效种。陈冠芳（2003）也把西藏后裂爪蹄兔（*Postschizotherium tibetense*）从后裂爪蹄兔中分出，并为它建立一新属。此外，在 20 世纪 80 年代末，中美科考队在山西榆社马会组地层中收集到一枚下臼齿，它可能是目前已知最早的后裂爪蹄兔。因此，我国的后裂爪蹄兔可能包括 3 种：早—中更新世的 *P. chardini*、晚上新世—早更新世的 *P. intermedium* 和晚中新世的 *Postschizotherium* sp.（待发表）。

另 Kalmykov（2013）把在俄罗斯（外贝加尔西部）发现的几枚上前臼齿和臼齿鉴定为 *Postschizotherium* cf. *P. chardini*。他认为其时代为上新世。

5）系统演化。蹄兔起源于非洲。欧亚大陆新近纪晚期和第四纪早期的蹄兔可能是从非洲迁移而来。然而，要讨论 *Postschizotherium* 与欧洲和非洲同时代蹄兔之间的相互关系和系统演化，在目前蹄兔化石相当少的情形下，是十分困难的。尽管如此，一些古生物学者还是谈及了他们各自的看法。归结起来有：

A．邱占祥（1981）认为 *Postschizotherium* 与非洲中新世的副上新蹄兔 *Parapliohyrax* Lavocat, 1961 最接近。理由是它们的下颌骨均具有内下窝和外窝，每一个下臼齿的后半部发育外齿缘，以及下第二门齿的横端面近似等。这些相似特征表明前者可能是由后者或类似于后者的类型演化而来。

B．Pickford 和 Fischer（1987）认为 *Postschizotherium* 代表了一独立的演化支系。它与欧洲的蹄兔 *Pliohyrax*-*Kvabebihyrax* 和非洲中新世中、晚期的蹄兔（*Parapliohyrax*, *Prohyrax*）是平行演化。

德氏后裂爪蹄兔 ***Postschizotherium chardini*** **von Koenigswald, 1932**

（图 116—图 118）

Chalicotheriide gen. n.：Teilhard de Chardin et Piveteau, 1930, p. 23, 24

Chalicotheriid; *Postschizotherium* (?)：Teilhard de Chardin et Pei, 1934, p. 375–377

?*Postschizotherium chardini*：von Koenigswald, 1932, p. 10

Postschizotherium cf. *chardini*：Teilhard de Chardin, 1938, p. 21–24；Teilhard de Chardin, 1939, p. 262–264；邱占祥，1981，11–20 页

Postschizotherium licenti：von Koenigswald, 1966, p. 347–349

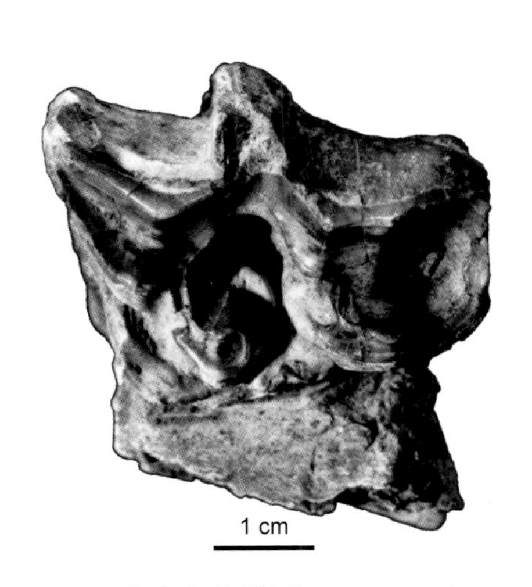

图 116　德氏后裂爪蹄兔 *Postschizotherium chardini* 上臼齿
左 M2（No 22300，正模）：嚼面（张杰摄）

正模　No 22300，一枚 M2。河北阳原泥河湾，下更新统。

归入标本　山西榆社：No 21032，一个不完整的下颌骨带门齿和右犬齿。北京周口店第十二地点：C.P. 160，一右 m2，另有半个上臼齿。河北泥河湾：P4（无编号）。山西：TNP 00208，一右下颌之前的部分，其产地和层位不详，可能从山西收购的“龙骨”中拣出，时代可能为早更新世，保存在天津自然博物馆。

山西天镇水冲口村附近收集的，野外产地号为81018。

鉴别特征 个体中等大小；面部宽，眶下孔位于P4之上方，上颌骨后缘的中切迹与M3的第二叶齐平；下颌骨联合部短而粗壮，其后缘位于p2之前，下颌骨具内窝和外窝。内窝位于联合部背面，是由联合部背面下凹和位于第二下门齿至下犬齿后缘之下的颌骨舌面内陷而形成的，大而浅；外窝处在第二下门齿至第三下前臼齿之下的下颌骨水平支外侧面上，呈一长的椭圆形；颏孔圆，位于p3之下的外侧面上；齿式完全；第一上门齿和第二下门齿呈獠牙状；门齿之间以及门齿和犬齿之间具齿隙；上前臼齿和臼齿两者之间大小悬殊；颊齿单面高冠，上前臼齿的附尖不发育，臼齿的前附尖和中附尖明显粗壮，次尖和原尖呈锥状，次脊明显，后窝呈椭圆形；M3外脊向后延伸，形成小的第三叶，舌侧原尖和次尖之间有一小锥存在；下臼齿有发育的下次小尖，无外侧齿缘。

产地与层位 山西（榆社和天镇），上上新统—下更新统。

评注 *Postschizotherium intermedium*是von Koenigswald（1966）依据Teilhard de Chardin（1936）描述的*Postschizotherium* sp.标本建立的。邱占祥等（2002）把山西天镇水冲口村附近的81018地点中两个不完整头骨和下颌（IVPP V 6825, V 6826）也归入其中。它与德氏后裂爪蹄兔的主要不同在于它的个体小，下颌联合部相对短而窄，下颌水平支浅等。

后裂爪蹄兔（未定种） ***Postschizotherium* sp.**

（图123）

材料 IVPP V 11335，一枚左下第一臼齿。收集自山西榆社云簇次盆地，上中新统马会组。古地磁绝对年龄测定值距今约为5.8–5.0 Ma。

描述 牙齿小，呈长方形，较窄，磨蚀中等。齿冠低，明显为单面高冠，外侧面齿冠壁向下外方倾斜，内侧壁平直。它由两个新月形齿脊组成，前叶短于后叶，次小尖发育，从下向上增大，但没有形成第三叶。齿缘出现在牙齿外侧，白垩质几乎不存在，具3或4根。

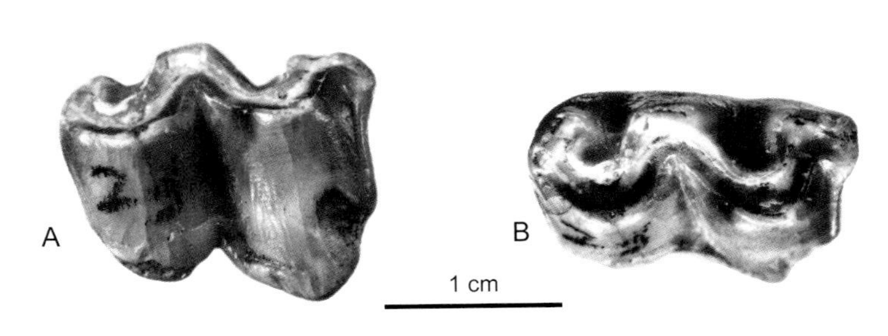

图123 后裂爪蹄兔（未定种）*Postschizotherium* sp.
左m1（IVPP V 11335）：A. 颊侧面，B. 嚼面（张杰摄）

评注 它也有可能属于 *Pliohyrax*。

横断山蹄兔属 Genus *Hengduanshanhyrax* Chen, 2003

模式种 西藏横断山蹄兔 *Hengduanshanhyrax tibetensis* (Zong et al., 1996)

鉴别特征 个体明显比后裂爪蹄兔（*Postschizotherium*）的小，面部窄，吻部相对短宽，眶下孔大，位于P4之上方；齿式完全；齿隙在门齿之间、I3和C之间以及C和P1之间存在；上犬齿小，单根，前臼齿化不明显；颊齿单面高冠，上齿列从P1至M3紧密排列，上前臼齿呈长方形，长大于宽，臼齿化程度弱，次尖小或无，与臼齿相比，大小不悬殊，P4具中附尖；臼齿长大于宽，其壁上存在少量白垩质。

中国已知种 仅模式种。

分布与时代 四川甘孜德格汪布顶乡（金沙江高阶地），晚上新世或早更新世。

评注 宗冠福等（1996）曾把出自金沙江上游、四川最西部的德格汪布顶组中的几件标本归入后裂爪蹄兔（*Postschizotherium*）中，并认为它们代表两种：西藏后裂爪蹄兔（*Postchizotherium tibetensis* Zong et al., 1996）和后裂爪蹄兔（未定种）（*Postschizotherium* sp.）。陈冠芳（2003）认为：西藏后裂爪蹄兔的正模（一不完整的头骨，HV 7788. 1）所显示的特征与后裂爪蹄兔的明显不同，或者说，该蹄兔不具有后裂爪蹄兔的基本特征。它可能为一新的蹄兔类型，并命名为横断山蹄兔（*Hengduanshanhyrax*）。曾归入西藏后裂爪蹄兔的另外两件不完整的左下颌骨（HV 7788.2和HV 7788.3）以及置于后裂爪蹄兔（未定种）的一个破损左上颌骨（HV 7789）在牙齿和颌骨的形态特征上与蹄兔的不同，而与爪兽的一致，如它们的下颌水平支浅，p1缺失，下臼齿无下次小尖，上臼齿的原尖大而孤立和无前脊（原脊）等等。它们可能属于爪兽。

Hengduanshanhyrax 目前只发现于我国四川，仅包含一种，出现时间相对较晚，为晚上新世或早更新世。

西藏横断山蹄兔 *Hengduanshanhyrax tibetensis* (Zong et al., 1996)

（图124）

Postschizotherium tibetensis：宗冠福等，1996，61页

正模 HV 7788.1，一个不完整的头骨带两侧的门齿、犬齿和颊齿（P1–M2）。

鉴别特征 同属。

产地与层位 四川甘孜德格汪布顶乡，上上新统或下更新统，汪布顶组。

图 124　西藏横断山蹄兔 *Hengduanshanhyrax tibetensis*
一不完整头骨（HV 7788.1，正模）：A. 嚼面，B. 左侧（引自陈冠芳，2003）

鳞　甲　目

系 统 记 述

鳞甲目 Order PHOLIDOTA Weber, 1904

概述　现生的鳞甲类仅包含穿山甲一科（Manidae Gray, 1821）一属（*Manis* Linnaeus, 1758），共8种（Schlitter, 2005），分布于亚洲及非洲。我国有两种：中国穿山甲（*Manis pentadactyla* Linnaeus, 1758），爪哇穿山甲（*Manis javanica* Linnaeus, 1822）。穿山甲又称鲮鲤，体外覆有角质鳞甲，鳞片间杂有稀疏硬毛。头小，不具齿，吻尖，舌发达，舌肌后伸、附着于胸骨之后的“后延骨”上，前爪长，适应于挖掘蚁穴、舐食蚁类等昆虫。鳞甲类先后被归入贫齿目（Edentata）、异节目（Xenarthra）和管齿目（Tubulidentata）。

化石鳞甲目依据Rose等（2005）的分类及地史分布是：

狭义的化石鳞甲目（Order Pholidota），包括有三科

1）Family Eomanidae Storch, 2003（始穿山甲科；欧洲，中始新世）

2）Family Patriomanidae Szalay et Schrenk, 1998（故土穿山甲科；北美、亚洲，中始新世）

3）Family Manidae Gray, 1821（穿山甲科；亚洲，晚中新世—现代；欧洲，更新世；非洲，？早渐新世、早更新世—现代）

存疑的化石鳞甲目（?Order Pholidota），可分为两亚目

Suborder Palaeanodonta Matthew, 1918（古乏齿兽亚目），包括有三科

1）Family Escavadodontidae Rose et Lucas, 2000（埃斯卡瓦兽科；北美，早古新世）

2）Family Epoicotheriidae Simpson, 1927（侨兽科；北美，晚始新世；亚洲，早始新世；欧洲，早渐新世）

3）Family Metacheiromyidae Wortman, 1903（异指兽科；北美，晚古新世—中始

新世）

Suborder Ernanodonta Ding, 1987（蕾兽亚目；亚洲，晚古新世），包括一科

Family Ernanodontidae Ding, 1979（蕾兽科；亚洲，晚古新世）

鳞甲目的系统关系见图 125。

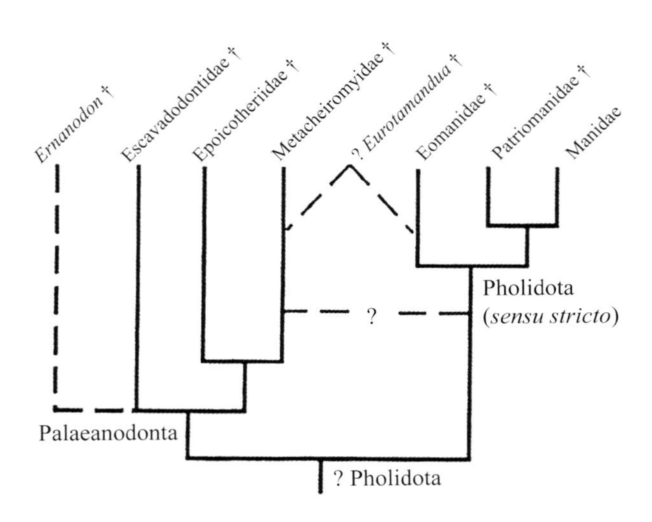

图 125　鳞甲目的系统关系图（引自 Rose et al., 2005, p. 108）

故土穿山甲科 Family Patriomanidae Szalay et Schrenk, 1998

模式属　故土穿山甲 *Patriomanis* Emry, 1970

鉴别特征　化石鳞甲类。不同于其他绝灭的和现生的鳞甲类在于，距骨上近端的滑车面向后绕至腹面形成一宽阔的凹面（fff），该面为腓骨屈肌的附着处，被 Szalay 和 Schrenk（1998）视为 Patriomanidae 最重要的自近裔特征。此外，还有缺少桡骨等（摘自 Gaudin et al., 2006）。

中国已知属　隐藏兽 *Cryptomanis* Gaudin, Emry et Pogue, 2006。

隐藏兽属 Genus *Cryptomanis* Gaudin, Emry et Pogue, 2006

模式种　戈壁隐藏兽 *Cryptomanis gobiensis* Gaudin, Emry et Pogue, 2006

鉴别特征　化石穿山甲。股骨与现生的爪哇穿山甲（*Manis javanica*）者大体等长。像所有穿山甲类（除 *Eomanis* 外）一样，具有分裂的趾尖、包卷状的后面胸椎和腰椎关节、愈合的舟月骨。与现生的穿山甲及 *Patriomanis* 不同，具有一些原始性状，诸如股骨中段发育有突出的第三转子、胫骨有粗转脊（cnemial crest）、凸的距骨头和仅出现在腹

面的足后龙骨脊（keels）等。不同于所有绝灭及现生的鳞甲类的自近裔性状有：股骨体前后向压扁（较 *Necromanis* 更甚），髌骨前后向增厚且表面粗糙，胫骨具矩形、平的外髁（lc）和厚的前远端胫突（adp），前后压扁的腓骨体，距骨靠近中滑车有大的突起，距骨头背面微凹，跟骨柄横宽，颈椎椎体宽平，根茎状的荐椎骨体具有前后伸长的棘突孔，小的肩胛-乌喙骨突，肱骨具有异常强大的旋后肌脊（sc）和侧方分叉的大粗隆（gtb），尺骨远端深、侧扁及骨体内外两侧显著凹陷，桡骨中线脊在骨体近端前面，第二掌骨增大，几与第三掌骨等长。

中国已知种 仅模式种。

分布与时代 内蒙古，中始新世。

戈壁隐藏兽 *Cryptomanis gobiensis* Gaudin, Emry et Pogue, 2006

（图 126—图 128）

正模 AMNH 26140，属于同一个体的一件不完整的颅后骨骼、近乎完整的后肢、一件不完整的荐椎、一件包括完整腰椎的脊柱、数件肋骨和不完整的胸骨、一件不完整的肩胛骨和部分前肢。

鉴别特征 同属。

产地与层位 内蒙古四子王旗江岸苏木四方敖包（Twin Obo），中始新统上部。

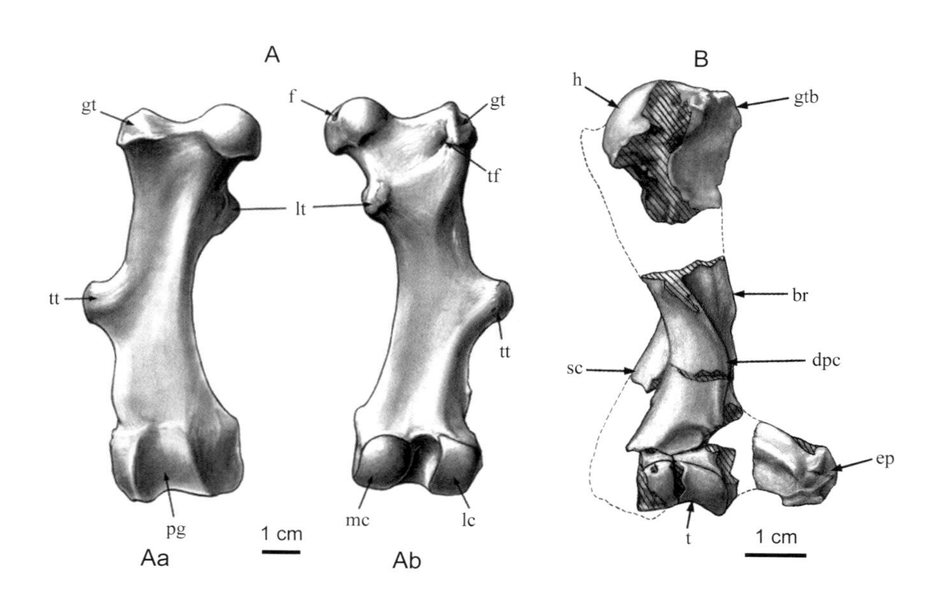

图 126 戈壁隐藏兽 *Cryptomanis gobiensis*（AMNH 26140）骨骼（一）

A. 右股骨：Aa. 前面视，Ab. 后面视；B. 右肱骨：前面视（引自 Gaudin et al., 2006）。
br，肱骨二头肌脊；dpc，三角胸肌脊；ep，内上髁突；f，股骨头凹；gt，大转子；gtb，大结节；h，肱骨头；lc，外髁；lt，小转子；mc，内髁；pg，髌骨沟；sc，旋后肌脊；t，肱骨滑车；tf，转子窝；tt，第三转子

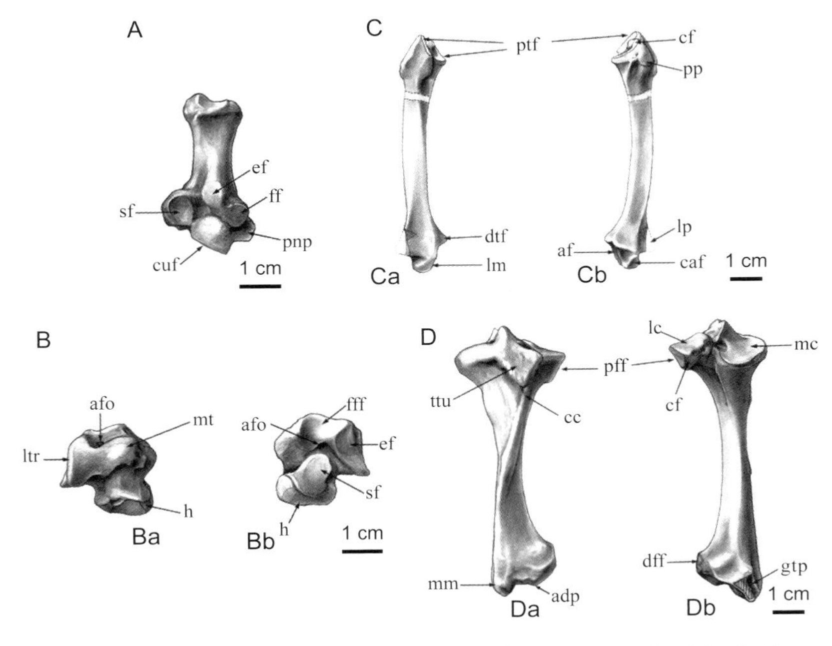

图 127　戈壁隐藏兽 *Cryptomanis gobiensis*（AMNH 26140）骨骼（二）

A. 左跟骨：背面视；B. 右距骨：Ba. 背面视，Bb. 腹面视；C. 右腓骨：Ca. 前面视，Cb. 后面视；D. 左胫骨：Da. 前面视，Db. 后面视（引自 Gaudin et al., 2006）。

adp，前远端腓骨突；af，距骨面；afo，距骨孔；caf，跟骨面；cc，粗转脊；cf，豆面（cyamelle facet）；cuf，骰骨面；dff，胫骨远端腓骨面；dtf，腓骨远端胫骨面；ef，距骨外面；ff，腓骨面；fff，距骨近端腹面为腓骨屈肌附着的凹面；gtp，胫骨后肌肌腱沟；h，距骨头；lc，外髁；lm，腓骨外髁；lp，腓骨外髁外突；ltr，外滑车面；mc，胫骨近端内髁；mm，胫骨远端内髁；mt，内滑车面；pff，近端腓骨面；pnp，腓骨突；pp，腓骨后突；ptf，腓骨近端胫骨面；sf，载距突面；ttu，胫骨结节

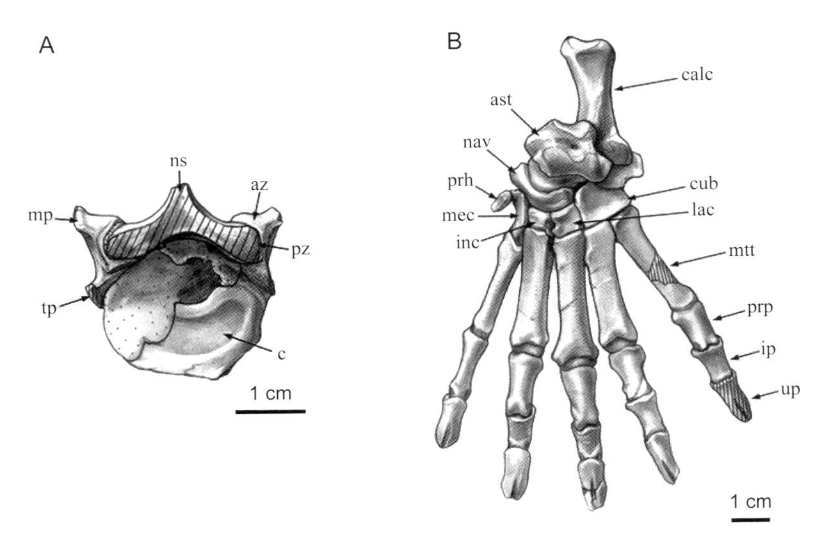

图 128　戈壁隐藏兽 *Cryptomanis gobiensis*（AMNH 26140）骨骼（三）

A. 第四腰椎，前面视；B. 左后足，背面视（引自 Gaudin et al., 2006）。

ast，距骨；az，前关节突；c，椎体；calc，跟骨；cub，骰骨；inc，中楔骨；ip，第五趾的第二趾骨；lac，外楔骨；mec，内楔骨；mp，乳突；mtt，跖骨；nav，舟形骨；ns，棘突；prh，前拇趾；prp，近端趾；pz，后关节突；tp，横突；up，爪趾

？鳞甲目 ?Order PHOLIDOTA Weber, 1904

古乏齿兽亚目 Suborder PALAEANODONTA Matthew, 1918

概述 古乏齿兽是古近纪中一类为数不多的稀有类群，具有穴居的骨骼，先后被归入贫齿类、异节类等。事实上，它具有许多异节类和鳞甲类的混合特征（Rose, 2008）。亚目下分三科（见鳞甲目概述）。其地史分布及分异主要发生在北美（早古新世—晚始新世，计 12 属），欧洲的早始新世、早渐新世有两属，分属于两科。我国仅一属：晨兽（*Auroratherium*）。

鉴别特征 头骨为典型的短喙，具有宽的枕区以附着项肌，乳突部膨大，鼓室上隐窝向背扩展到鳞骨，人字脊发育；下颌骨体浅低、粗壮，后部加厚内弯，呈“支架”状，前部的结合部呈壶嘴型；除犬齿外，齿列趋于简化，或牙齿退化变小、或牙齿缺失，具有短的齿虚位将犬后齿分开，犬齿（上犬齿位于下犬齿之后）大而突出，水平切面三角形，具有光砺的磨蚀面；颅后骨骼粗壮，适应穴居，肩胛骨具有高耸的肩胛冈、长而分叉的肩峰。颅后骨骼最突出重要的特征是在上肢：肱骨具有非常长的三角胸肌脊，原始的高起板状、向内扭曲的内上髁；尺骨鹰嘴突长、向内扭曲；前掌趾骨非常粗壮，第二、三掌骨具伸肌结节和特有的远端关节，第三趾最长大（依 Rose et al., 2005；Rose, 2008）。

侨兽科 Family Epoicotheriidae Simpson, 1927

概述 侨兽科是 Simpson（1927）根据发现在北美晚始新世的一件缺牙（仅有犬齿和 4 个犬后齿）的头骨创建的。该科是古乏齿兽亚目中属种最多的一科，主要分布于北美早古近纪，计有 8 属，欧洲早渐新世有一属，亚洲在我国早始新世也有一属：晨兽（*Auroratherium*）。

鉴别特征 非常小的古乏齿兽类。颊齿单根、锥形；上颌骨包含有犬齿和 5 个犬后齿；下颌有门齿、犬齿和 5 个犬后齿；枕区呈显著的穹隆状；已知的颅后骨骼相似于 *Xenocranium* 者，只是显小；肱骨具有相当平而大的旋后肌脊及外髁；尺骨具有长的肘突（依 Rose, 2008）。

晨兽属 Genus *Auroratherium* Tong et Wang, 1997

模式种 中华晨兽 *Auroratherium sinensis* Tong et Wang, 1997

鉴别特征 齿式：1•1•4•?2/1•1•4•3。下前臼齿间有短的齿隙，p1 小、p2 缺少下前尖、p3 由大的下原尖和小的后根尖组成、p4 下前尖和下后尖清楚，下臼齿低冠，前后齿根已愈合，下原尖和下次尖发育，其他齿尖易被磨蚀。P3 简单、主尖侧扁，上臼齿呈圆三角形，唇侧由前尖和后尖组成，舌侧为一前后延长的原尖。下颌的水平支几乎等高，具有很弱的“近中侧支架”（medial buttess）和内侧下颌骨沟（依童永生、王景文，2006）。

中国已知种 仅模式种。

分布与时代 山东，早始新世。

中华晨兽 *Auroratherium sinensis* Tong et Wang, 1997

（图 129）

正模 IVPP V 10703，一件不完整的头骨和下颌骨。头骨上保存了左上门齿、左右

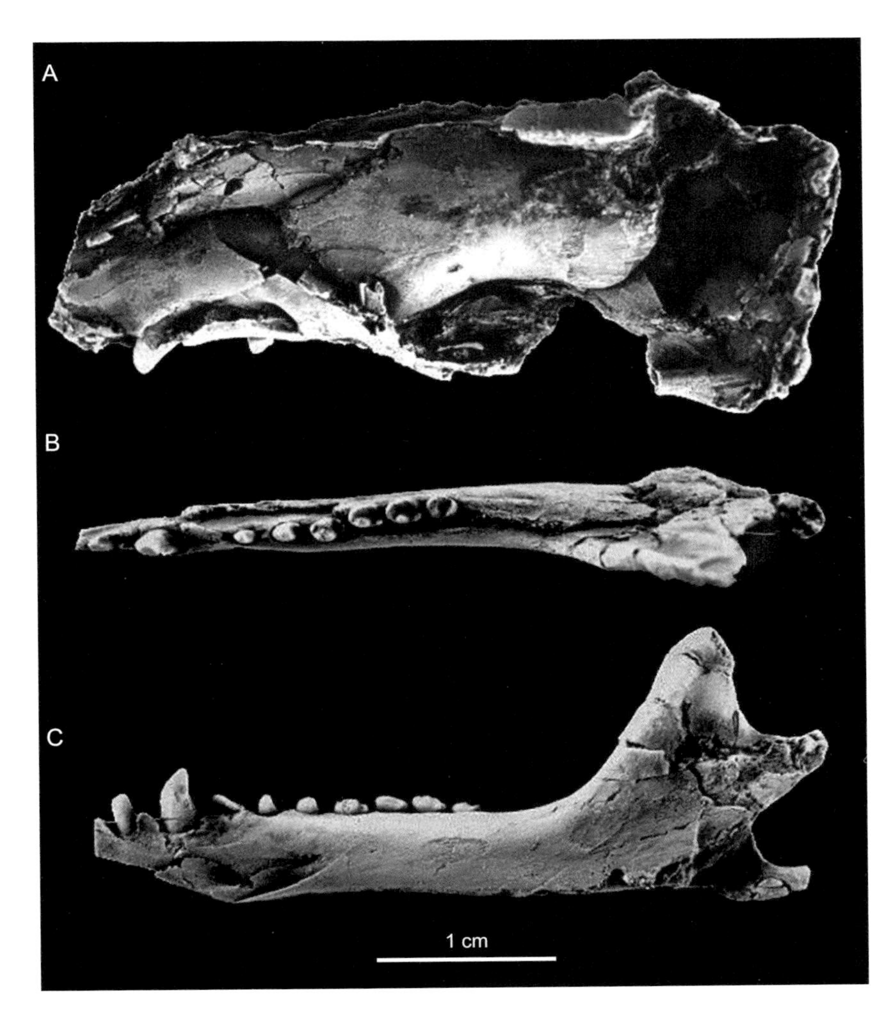

图 129 中华晨兽 *Auroratherium sinensis*

头骨和下颌（IVPP V 10703，正模）：A. 头骨，B. 左下颌骨冠面视，C. 左下颌骨唇面视（引自童永生、王景文，2006）

犬齿、左 P3 及 M1 和已脱落了的左 P1–P2，左下颌骨保存有下门齿、下犬齿和 7 颗下犬齿后颊齿，右下颌骨 m3 已脱落。

鉴别特征 同属。

产地与层位 山东昌乐五图煤矿，下始新统五图组。

蕾兽亚目 Suborder ERNANODONTA Ding, 1987

概述 截至目前世界上仅在我国广东南雄古新世地层中发现一科、一属、一种，而且仅有一具包括头骨在内的完整骨架（IVPP V 5596）。另外，在蒙古国晚古新世地层中也发现一具不完整的似东方蕾兽零散骨架（*Ernanodon* cf. *E. antelios*；Kondrashov et Alexandre, 2012）及可能为另一个体的碎骨。

Ernanodon 在创建时（丁素因，1979）中文译名为蕾贫齿兽，后专著出版时（1987年），周明镇为专著作序，采用了蕾兽这一译名。既简化，又避免了分类上的误解。笔者依从周氏译名。

蕾兽科 Family Ernanodontidae Ding, 1979

模式属 蕾兽 *Ernanodon* Ding, 1979

鉴别特征 初发之异关节，结构十分原始。牙齿分化，齿式：0•1•3•3/1•1•4•3。犬齿大而粗壮。颊齿呈钉状，所有牙齿均覆盖极薄的釉质层。肋骨与胸骨间有骨质胸肋连接。颈椎不愈合。后胸骨上有初发的附加关节。肩胛骨有第二肩胛冈。坐骨短（依丁素因，1979，12 页）。

中国已知属 仅模式属。

分布与时代 广东，古新世。

蕾兽属 Genus *Ernanodon* Ding, 1979

模式种 东方蕾兽 *Ernanodon antelios* Ding, 1979

鉴别特征 体长约一米左右之原始贫齿类。头骨粗壮，较宽。脑小，吻短，面部深。矢状嵴十分发育。眶上突显著，关节后突为横向伸长之大而发育的突起。副枕突小。无腭裂，硬腭腹面有许多纵向伸长的沟及小孔。有颧后孔，后顶孔。无骨质听泡。头骨关节后突后面的部分十分短而宽。基枕骨后部有两椭圆形关节面。下颌骨粗壮，水平支较深，吻前端向上翘而变尖细。下颌髁大。牙齿已分化，齿式：0•1•3•3/1•1•4•3。犬齿大而粗壮，颊齿呈钉状，除 m2 外均为单根。齿根不封闭。所有牙齿均覆盖有极薄的釉质层。

齿列位置不靠前，牙齿生长至颌骨水平支与垂直支相交处。

颈椎 7 枚，不愈合。胸椎至少 19 枚，后面 5 个胸椎椎体发育有附加关节的结构雏形：乳突下方有两条纵沟及棱，副关节突下方有附加之骨突；附加关节未起关节作用。腰椎至少 3 枚。棘突短而膨大，呈“心”形。荐椎至少 4 枚，棘突不愈合，第一荐横突不与其他的愈合，至少前两个荐椎与髂骨以缝相接。尾椎至少 11 个，尾不粗壮，具不发育的山字形骨。

肋骨与胸骨间有骨质胸肋联结。胸骨 7 枚，互不愈合。

肩胛骨有两个肩胛冈，第二肩胛冈位于冈下窝边缘，肩峰十分粗壮，向内伸超出肩臼窝。锁骨粗壮，呈 S 形扭曲。肱骨前后向较扁，三角肌脊及胸肌脊围成一十分突出的长椭圆形平面，位于骨体前方。二头肌沟窄而深，有内上髁孔。尺桡骨不愈合，骨体均较平直。腕骨 8 块，骨体较扁，中心骨十分退化，与桡腕骨愈合，尺腕骨与中间腕骨分离。掌骨较长而纤细，不弯曲，远端关节面平滑。第一、二指骨短而扁，第三指骨为十分发育之大而侧扁的爪状，第三指的爪最大，第二、四指的次之，第一指的爪退化，爪末端无裂缝。

盆骨：髂骨长而大，翼向外侧扩展平伸，坐骨十分短，背内嵴向外翻，坐骨与尾椎相距很近。股骨骨体前后向扁，较平直，第三转子十分大且向外伸，位于骨体 1/2 处稍下，大转子比头稍低，小转子较小，远端滑车较宽而平。髌骨前凸后平。胫腓骨完全分离，骨体均较平直。跗骨 8 块，在第一跗骨内侧还有一小长形骨。跗骨骨体较深，舟状骨上的距骨头关节面前后向扁，横向十分宽；蹠骨长而纤细，较平直，远端关节面平滑，无突出的龙骨突起。趾节骨均较短而扁，第三趾骨为小而侧扁的爪状，趾端无裂缝（依丁素因，1987，13 页）。

Rose 等（2005, p. 121）给出 *Ernanodon* 的特征是：非常粗壮的头骨和骨架，外形似地懒。具有异节类壶嘴式的下颌联合部（这种形式的下颌联合也见于缺失犬齿的古乏齿类和穿山甲中），齿式 0•1•3•3/1•1•4•3，牙齿单根（m2 双根）、钉形、具薄的釉质层，犬齿形的牙齿咬合像真犬齿那样，而不像地懒类者。蕾兽后面的胸椎类似异节类者，具有扩大的乳突和副关节突，但详细的解剖特征又不相同，蕾兽的这些骨体突并无关节功能（Gaudin, 1999）；腰椎像穿山甲那样，关节突呈包卷状（enrolled）；与异节类可能相似的特征如与胸骨关节的骨化胸肋；肩胛骨具高耸的肩胛冈、分叉的肩峰和尾缘增厚形成的“第二肩胛冈”；肱骨具有一个十分突出的、宽的三角肌脊 - 胸肌脊平台（deltopectoral shelf）和大的内上髁脊及外上髁脊，尺骨具有一突出内翻的鹰嘴突，特化的前肢不像异节类、更像古乏齿类。

分布与时代 广东南雄，晚古新世。

中国已知种 仅模式种。

东方蕾兽 *Ernanodon antelios* Ding, 1979

（图 130—图 133）

正模 IVPP V 5596，一具完整的骨架，包括头骨、左右下颌、部分颈椎、胸椎、腰椎、荐椎及尾椎；部分肋骨及骨质胸肋；完整的胸骨；破碎的肩胛骨；左右肱骨；左右尺骨及桡骨；两前脚；不完整的左盆骨及右坐骨；左右股骨；左右胫骨及腓骨；两后脚。

鉴别特征 同属。

产地与层位 广东南雄大塘花树下村西北 320°，600 m 与竹桂坑村北东 80°，200 m 的交汇处（IVPP 野外地点号 73139），上古新统浓山组大塘段。

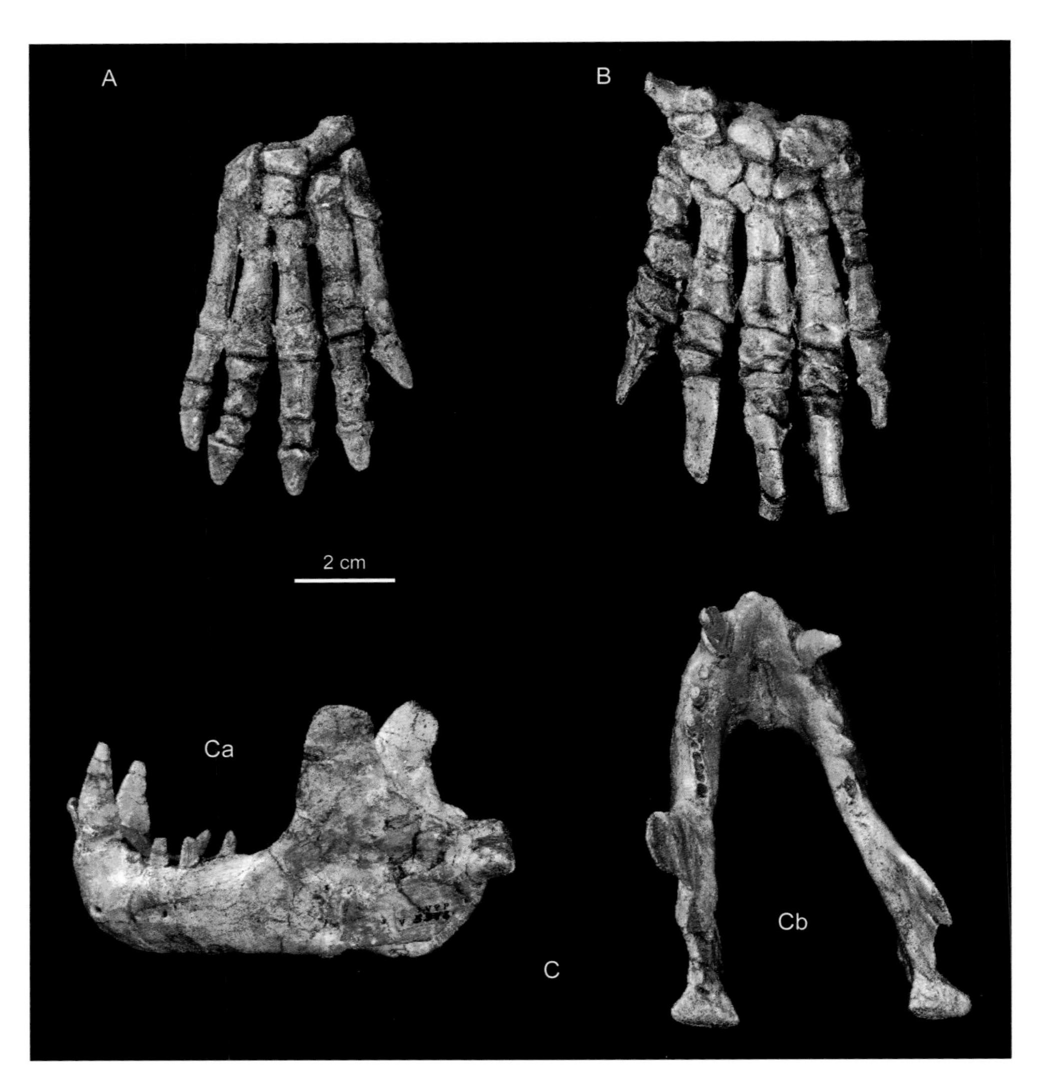

图 130 东方蕾兽 *Ernanodon antelios* 前、后足及下颌（IVPP V 5596，正模）
A. 右后足，顶面视；B. 右前足，顶面视；C. 左右下颌骨：Ca. 侧面视，Cb. 顶面视（李传夔提供）

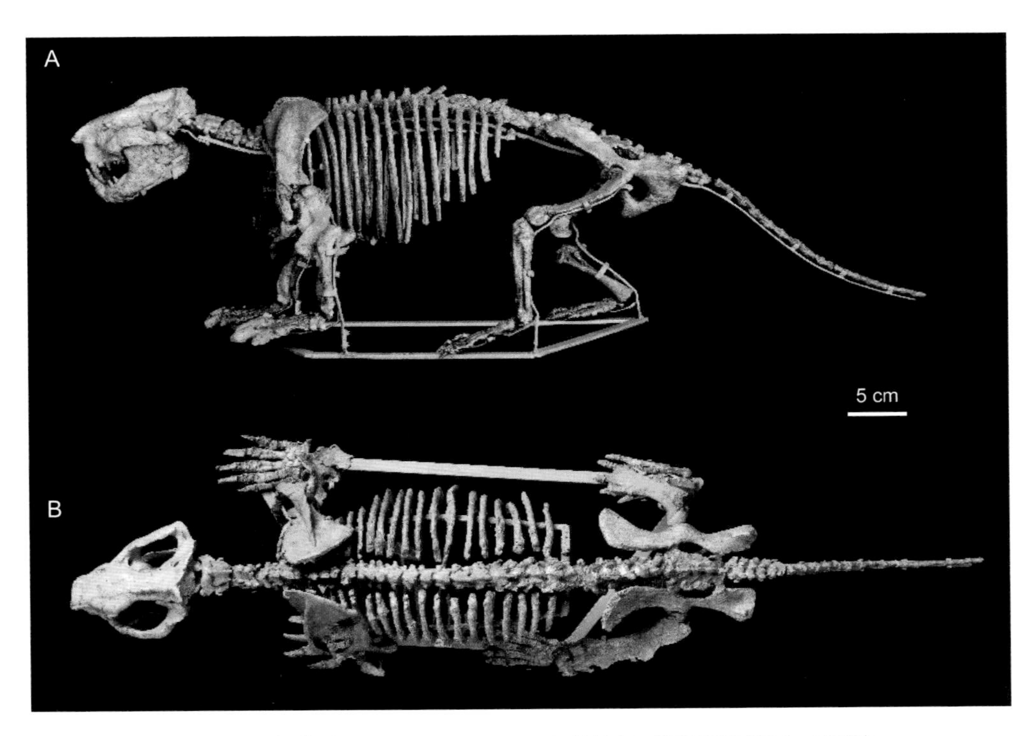

图 131　东方蕾兽 *Ernanodon antelios* 完整骨架（IVPP V 5596，正模）

A. 侧面视，B. 顶面视（李传夔提供）

（蕾兽的重要鉴别特征在于后面的胸椎和腰椎，由于标本本身保存欠佳，又未细致修理，故这部分的照片始终不很清晰，且本次所得照片又与原著的有所差别，为避免误导，本志书放弃了脊柱的图版）

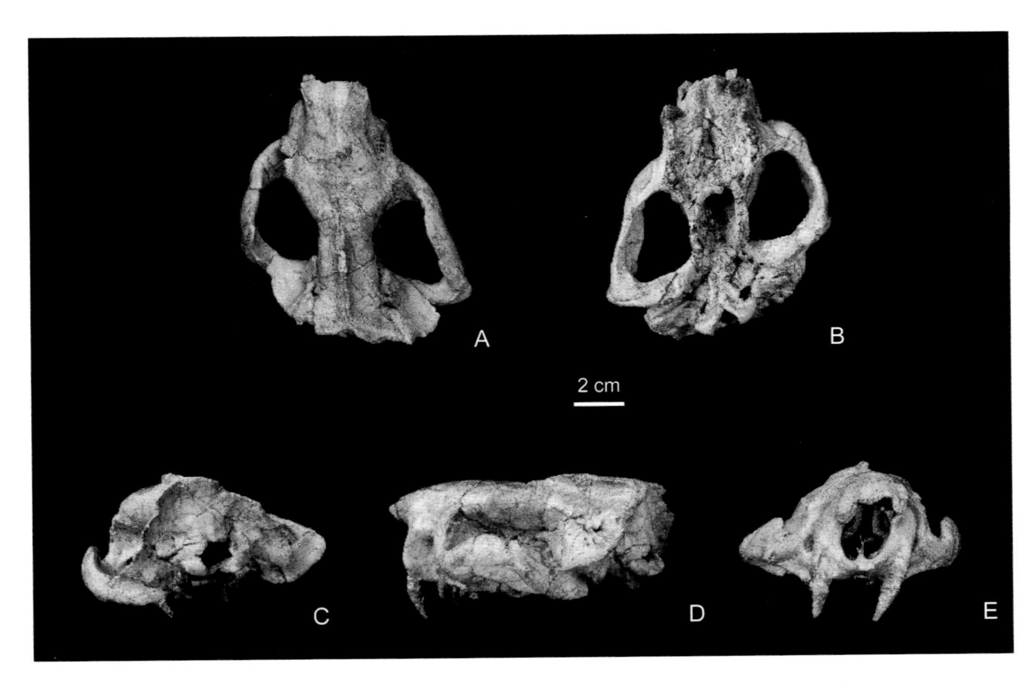

图 132　东方蕾兽 *Ernanodon antelios* 头骨（IVPP V 5596，正模）

A. 背面视，B. 腹面视，C. 后面视，D. 侧面视，E. 前面视（李传夔提供）

评注

1）是否为同一个体的争议。在 1987 年，研究 *Ernanodon* 的专著问世之后，2003 年 Horovitz 发表了"The type skeleton of *Ernanodon antelios* is not a single specimen"的评论，提出鉴于左右股骨与肱骨在形态、大小各有差异，绝不能属于同一分类单元，整件标本的不同扭曲程度、保存状态等也引起他的质疑，最后 Horovitz 建议 *Ernanodon antelios* 的正模应仅限于 IVPP V 5596 号标本的头骨和下颌。Ting 等（2005）著文对 Horovitz 的质疑做出明确的回复。著者（丁素因、王伴月和童永生）首先以当年亲身参与 *Ernanodon* 发掘的经历和野外记录证实 IVPP V 5596 标本确实出自同一块紫红色泥岩中，经研究后确认为是在埋藏过程中导致扭曲的同一个体。

2）*Ernanodon* 的分类位置。鉴于 IVPP V 5596 标本在关键部位，如后面的胸椎和腰椎保存的不很理想，关节面并不清晰，这让分类特征的依据有些含混难辨，从而引起争议也是在所难免。丁素因（1987）在科、属鉴别特征中就留有分寸的指出是"具初发之异关节，但结构十分原始"，表明这些自近裔性状并不那么清晰可靠。但在分类位置的讨论一节中，作者又给出了一个蕾兽的系统关系图，如下：

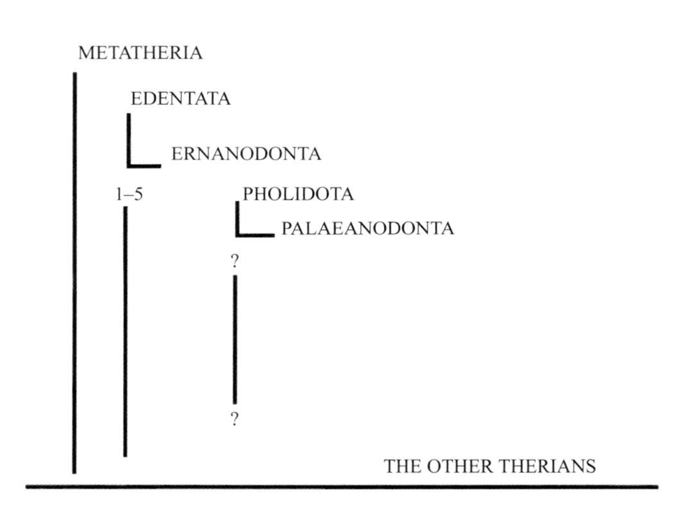

图 133　东方蕾兽系统关系图（引自丁素因，1987，59 页）

图中 1–5 为支持系统关系的共近裔性状：1. 后胸椎及腰椎上出现初发的或有功能的异关节，2. 骨质胸肋远端具复杂的关节面，3. 肩胛骨具第二肩胛冈，4. 骨盆出现坐尾联合，5. 牙齿釉质层退化或消失。

对上述五条共近裔性状，一些学者先后逐条做了分析和质疑，如下：

1. 蕾兽后面的胸椎类似异节类者，具有扩大的乳突和副关节突，但详细的解剖特征又不相同，蕾兽的这些骨体突并无关节功能（Gaudin, 1999）；腰椎像穿山甲那样，关节突呈包卷状（enrolled）（Rose et al., 2005, p. 111）。

2. 骨化的胸肋也出现在 *Palaeanodon* …… 因之，骨化的胸肋在它们之间是否是同源尚存疑问，何况偶尔在一些真兽类，如 *Myososex*、*Cynocephalus* 及偶蹄类和鲸类也有发现，尽管它们起源不同（Rose et Ermy, 1993, p. 89）。

3. 肩胛骨具高耸的肩胛冈、分叉的肩峰和尾缘增厚形成的所谓“第二肩胛冈”（Rose et al., 2005）；在蒙古奈玛盖特纳兰布拉克格沙头层发现的 *Ernanodon* cf. *E. antelios* 中，其肩胛骨尾缘增厚部位未命名为“第二肩胛冈”，而仅称之“尾缘”（*margo caudalis*）（Kondrashov et Alexandre, 2012）。

4. 作者本人在记述坐尾联合时指出：“由于蕾贫齿兽坐骨保存不全因此不能肯定它是否存在坐尾联合，但从蕾贫齿兽坐骨延伸方向看，与尾椎十分接近。推断它具有坐尾联合的可能性比古乏齿兽大些。”（丁素因，1987，58 页）

5.“一些可能归入‘edentates’的化石类型，如 *Ernanodon*、gondwanathres、palaeanodonts 也可能保留牙齿釉质层。而在鳞甲类和虫舌类（Vermiligua、食蚁兽、犰狳等）中是无齿的（edentulous），除非它们之间有特殊的亲缘关系，牙齿的缺失只能是各自独立演化的结果。”（Rose et Emry, 1993, p. 83）

综上所述，可以看出既然把 Ernanodonta 和 Edentata 列为姐妹群的根据存有质疑，那 *Ernanodon* 的系统分类位置究竟应归入何处？这自 *Ernanodon* 简报（丁素因，1979）发表后即引起学者们的不断热议：

简报发表的次年（1980 年），Simpson 在《Splendid Isolation: The Curious History of South American Mammals》一书中（p. 48, 49）即提出两种可能性：① *Ernanodon* 属于从 edentates 或 proedentates 基干上分化出的独特的一支；②一 *Ernanodon* 仅是与异节类、古乏齿兽类和鳞甲类具有趋同的相似之处，而它起源于完全不同的祖先。

1993 年，Rose 和 Emry 认为：*Ernanodon* 应当属于在 xenarthrans 基干上的一个早期分支。然而在分析了它的一些成问题解剖特征之后，*Ernanodo*n 更像代表了一类适应穴居的土著类群，与 Xenarthra 及 Palaeanodonta 仅是趋同而已（Rose et Emry, 1993, p. 96）。

1997 年，McKenna 和 Bell 在《Classification of Mammals above the Species Level》中提出的分类是：

Order Cimolesta McKenna, 1975

Suborder Didelphodonta McKenna, 1975

Suborder Apatotheria Scott et Jepsen, 1936

Suborder Taeniodonta Cope, 1876

Suborder Tillodonta Marsh, 1875

Suborder Pantodonta Cope, 1873

Suborder Pantolesta McKenna, 1975

Suborder Pholidota Weber, 1904

Suborder Ernanodonta Ding, 1987

Rose 等（2005, p. 121）指出，“著者是把 Ernanodonta 安排在 Pholidota（包括 palaeanodonts），而与异节类无关”。

1999 年，Gaudin 发表的“The morphology of Xenarthrous vertebrae (Mammalia: Xenarthra)”一文中，比较详细的讨论了 *Ernanodon* 和 Xenarthra 的区别。依原著者的记述“*Ernanodon* 的胸椎在乳突之下有两条纵向长的突起（=metapophysis）显示出异关节类关节的雏形发育”。Gaudin 认为“*Ernanodon* 后面的胸椎和腰椎，像 xenarthrans 和 palaeanodonts 一样都具有十分发育的乳突”。但这一对（“两条”）在乳突侧面大的脊椎突，并没有与乳突形成关节。这些侧突（见丁素因，1987，图 7）显然代表了大的副关节突。其后面胸椎的副关节突起自前面背方稍低处，而发育成弱的上横突，这一特点仅是模糊的相似于多数的真异节类。其腰椎上的副关节突起自短的、前后伸长的横突，这种横突似也见于绝灭的地懒中。胸椎上的副关节面相当深，但较真正的异节类的更靠背侧。腰椎副关节的侧视图，原著者并未绘出，其关节面的宽度也不清楚。在前面的胸椎中，它们被描述呈“卵圆型”且向后逐渐增大（丁素因，1987，92 页）。然而腰椎关节的扣合，在鳞甲类中是卷曲型（enrolled），这种情况在真异节类中是极少的，仅发现在少数具有衍征的属种（如 *Euphractus*, *Priodontes*）中。*Ernanodon* 没有任何证据表明具有椎间关节，在副关节、乳突和横突之间，它们是侧关节抑是异节类关节？（Gaudin, 1999, p. 31–32）

Rose 等（2005）讨论了 *Ernanodon* 的形态特征之后，提出：普遍认为 *Ernanodon* 属于一个明显有区别的支系，而它的广义的系统关系是存有争议的。它可能代表了与其他“edentates”趋同的一个独立系统，但从整体解剖特征，尤其是特化的前肢来看，它可能更近于 *palaeanodont*，而非其他类群（见该文，121 页）。

参 考 文 献

毕治国 (Bi Z G), 于振江 (Yu Z J), 邱占祥 (Qiu Z X). 1977. 南京附近的哺乳动物化石和上第三系的划分 . 古脊椎动物与古人类 , 15(2): 126–138

陈德珍 (Chen D Z), 祁国琴 (Qi G Q). 1978. 云南西畴人类化石及共生的哺乳动物群 . 古脊椎动物与古人类 , 16(1): 33–36

陈耿娇 (Chen G J), 王頠 (Wang W), 莫进尤 (Mo J Y) 等 . 2002. 广西田东雾云洞更新世脊椎动物群 . 古脊椎动物学报 , 40(1): 42–51

陈冠芳 (Chen G F). 1978. 宁夏中宁 - 同心地区中新世的象化石 . 古脊椎动物与古人类 , 16(2): 103–110

陈冠芳 (Chen G F). 1988. 新疆准噶尔盆地乌伦古河北岸中中新世象化石 . 古脊椎动物学报 , 26(4): 265–277

陈冠芳 (Chen G F). 1999a. 中国上新世和更新世早 - 中期的中华乳齿象 . 见 : 王元青 , 邓涛主编 . 第七届中国古脊椎动物学学术年会论文集 . 北京 : 海洋出版社 . 179–187

陈冠芳 (Chen G F). 1999b. 中国北部上新世的互棱齿象 . 古脊椎动物学报 , 37(3): 175–189

陈冠芳 (Chen G F). 2003. 四川德格上新蹄兔亚科 (Pliohyracinae) 一新属 . 古脊椎动物学报 , 41(3): 240–248

陈冠芳 (Chen G F). 2004. 长鼻类 . 见 : 郑绍华主编 . 建始人遗址 . 北京 : 科学出版社 . 181–185

陈冠芳 (Chen G F). 2011. 中国新生代晚期的剑齿象 (剑齿象科 , 长鼻目) 及其扩散事件 . 古脊椎动物学报 , 49(4): 377–392

邓涛 (Deng T). 2004. 临夏盆地的新生代地层及其哺乳动物化石证据 . 古脊椎动物学报 , 42(1): 45–66

邓涛 (Deng T). 2016. 中国北方哺乳动物群在中中新世气候适宜期的记录和表现 . 第四纪研究 , 36(4): 810–819

丁梦麟 (Ding M L). 1962. 宁夏海原更新世晚期象类化石 . 古脊椎动物与古人类 , 6(4): 404–408

丁素因 (Ding S Y). 1979. 广东南雄古新世贫齿类化石的初步研究 . 古脊椎动物与古人类 , 17(1): 57–64

丁素因 (Ding S Y). 1987. 广东南雄古新世贫齿目化石 . 中国古生物志 , 总号第 173 册 , 新丙种第 24 号 . 北京 : 科学出版社 . 1–102

董为 (Dong W). 1987. 云南开远小龙潭动物群的性质及时代的进一步探讨 . 古脊椎动物学报 , 25(2): 116–123

房迎三 , 张镇洪 , 董为 . 2006. 南京汤山驼子洞发现的早更新世剑齿象化石 . 见 : 董为主编 . 第十届中国古脊椎动物学学术年会论文集 . 北京 : 海洋出版社 . 47–52

关键 (Guan J). 1991. 对几种铲齿象的性状研究及系统发育的探讨 . 北京自然博物馆研究报告 , 50: 1–21

关键 (Guan J), 张行 (Zhang X). 1993. 甘肃广河中新世哺乳动物化石 . 北京自然博物馆研究报告 , 53: 237–251

韩德芬 (Han D F), 许春华 (Xu C H), 易光远 (Yi G Y). 1975. 广西柳州笔架山第四纪哺乳动物化石 . 古脊椎动物与古人类 , 13(4): 250–256

何信禄 (He X L). 1984. 四川脊椎动物化石 . 成都 : 四川科学技术出版社 . 108–114

和志强 (He Z Q). 1997. 云南古猿 . 昆明 : 云南人民出版社 . 1–215

胡长康 (Hu C K). 1962. 甘肃第三纪后期及第四纪哺乳类化石 . 古脊椎动物与古人类 , 6(1): 88–108

黄万波 (Huang W B), 方其仁 (Fang Q R). 1991. 巫山猿人遗址 . 北京 : 海洋出版社 . 113–116

黄学诗 (Huang X S). 1975. 甘肃庆阳五棱齿象一新种 . 古脊椎动物与古人类 , 13(4): 235–237

吉学平 (Ji X P), 张家华 (Zhang J H). 2006. 长鼻类 . 见 : 祁国琴 , 董为主编 . 蝴蝶古猿产地研究 . 北京 : 科学出版社 . 177–187

吉学平 (Ji X P), 张兴永 (Zhang X Y). 1997. 长鼻目 . 见 : 和志强主编 . 元谋古猿 . 昆明 : 云南科技出版社 . 89–94

贾兰坡 (Jia L P), 王健 (Wang J). 1978. 西侯度——山西更新世早期古文化遗址 . 北京 : 文物出版社 . 9–12

贾兰坡 (Jia L P), 王择义 (Wang Z Y), 王健 (Wang J). 1962. 匼河——山西西南部旧石器时代初期文化遗址 . 中国科学院古脊椎动物与古人类研究所甲种专刊 , 5: 1–40

江能人 (Jiang N R), 肖永福 (Xiao Y F), 杨正纯 (Yang Z C). 1983. 云南保山羊邑脊棱齿象的发现 . 青藏高原地质文集 11. 北京 : 地质出版社 . 255–265

姜鹏 (Jiang P). 1975. 吉林安图晚更新世洞穴堆积 . 古脊椎动物与古人类 , 13(3): 197–198

金昌柱 (Jin C Z), 潘文石 (Pan W S), 张颖奇 (Zhang Y Q) 等 . 2009a. 广西崇左江州木榄山智人洞古人类遗址及其地质时代 . 科学通报 , 54: 2848–2856

金昌柱 (Jin C Z), 秦大公 (Qin D G), 潘文石 (Pan W S) 等 . 2009b. 广西崇左三合大洞新发现的巨猿动物群及其性质 . 科学通报 , 54(6): 765–773

李传夔 (Li C K), 吴文裕 (Wu W Y), 邱铸鼎 (Qiu Z D). 1984. 中国陆相新第三纪的初步划分与对比 . 古脊椎动物与古人类 , 22: 163–176

李凤麟 (Li F L), 赵霞 (Zhao X), 厉大亮 (Li D L). 1990. 云南剑川早更新世剑齿象化石 . 现代地质 , 4(3): 44–48

李炎贤 (Li Y X), 文本亨 (Wen B H). 1986. 观音洞——贵州黔西旧石器初期文化遗址 . 北京 : 文物出版社 . 1–181

李意愿 (Li Y Y), 裴树文 (Pei S W), 同号文 (Tong H W) 等 . 2013. 湖南道县后背山福岩洞2011 年发掘报告 . 人类学学报 , 32(2): 133–143

李有恒 (Li Y H). 1976. 华北上新世一乳齿象化石 . 古脊椎动物与古人类 , 14(1): 67–70

李有恒 (Li Y H), 韩德芬 (Han D F). 1978. 广西桂林甑皮岩遗址动物群 . 古脊椎动物与古人类 , 16(4): 244–254

林一朴 (Lin Y P), 潘悦蓉 (Pan Y R), 陆庆伍 (Lu Q W). 1978. 云南元谋早更新世哺乳动物群 . 见 : 中国科学院古脊椎动物与古人类研究所编 . 古人类论文集 . 北京 : 科学出版社 . 101–125

刘东生 (Liu D S), 李传夔 (Li C K), 翟人杰 (Zhai R J). 1978. 陕西蓝田上新世脊椎动物化石 . 地层古生物论文集 (第七辑). 北京 : 地质出版社 . 159–166

刘冠邦 (Liu G B), 尹增淮 (Yin Z H). 1997. 记苏北的两种剑齿象化石 . 古脊椎动物学报 , 35(3): 224–229

刘后一 (Liu H Y), 汤英俊 (Tang Y J), 尤玉柱 (You Y Z). 1973. 云南元谋班果盆地剑齿象属一新种 . 古脊椎动物与古人类 , 11(3): 192–200

刘嘉龙 (Liu J L). 1977. 安徽怀远第四纪古棱齿象 . 古脊椎动物与古人类 , 15(4): 278–283

马安成 (Ma A C), 汤虎良 (Tang H L). 1992. 浙江金华全新世剑齿象 - 大熊猫的发现及其意义 . 古脊椎动物学报 , 30(4): 295–312

裴文中 (Pei W Z). 1965. 湖北五峰三棱齿象化石 . 古脊椎动物与古人类 , 9(2): 209–213

裴文中 (Pei W Z). 1987. 广西柳城巨猿洞及其他山洞之食肉目、长鼻目和啮齿目化石 . 中国科学院古脊椎动物与古人类研究所集刊 , 18: 5–119

裴文中 (Pei W Z) 等 . 1958. 山西襄汾县丁村旧石器遗址发掘报告 . 中国科学院古脊椎动物与古人类研究所甲种专刊 , 2: 51–62

齐陶 (Qi T). 2009. 周口店遗址通览 . 北京 : 同心出版社 . 911–913

祁国琴 (Qi G Q). 1977. 福建闽侯昙石山新石器时代遗址中出土的兽骨 . 古脊椎动物与古人类 , 15(4): 300–306

邱占祥 (Qiu Z X). 1981. *Postschizotherium* 下颌的新发现 . 古脊椎动物与古人类 , 9(1): 11–20

邱占祥 (Qiu Z X), 邱铸鼎 (Qiu Z D). 1990. 中国晚第三纪地方动物群的排序及其分期 . 地层学杂志 , 14(4): 241–266

邱占祥 (Qiu Z X), 黄为龙 (Huang W L), 郭志慧 (Guo Z H). 1987a. 中国的三趾马化石 . 中国古生物志 , 总号第 175 册 , 新丙种第 25 号 . 北京 : 科学出版社 . 1–243

邱占祥 (Qiu Z X), 叶捷 (Ye J), 姜元吉 (Jiang Y J). 1987b. 宁夏吴忠几种灞河期的哺乳动物化石 . 古脊椎动物学报，25(1): 46–56

邱占祥 (Qiu Z X), 谢俊义 (Xie J Y), 阎德发 (Yan D F). 1990. 甘肃东乡几种早中新世哺乳动物化石 . 古脊椎动物学报，28(1): 9–24

邱占祥 (Qiu Z X), 卫奇 (Wei Q), 裴树文 (Pei S W) 等 . 2002. 山西天镇后裂爪兽属 (哺乳动物纲，蹄兔目) 的初步报道 . 古脊椎动物学报 , 40(2): 146–160

邱占祥 (Qiu Z X), 王伴月 (Wang B Y), 李虹 (Li H) 等 . 2007. 中国首次发现恐象化石 . 古脊椎动物学报 , 45(4): 261–277

邱铸鼎 (Qiu Z D), 李传夔 (Li C K), 王士阶 (Wang S J). 1981. 青海西宁盆地中新世哺乳动物 . 古脊椎动物与古人类，19(2): 151–173

任炳辉 (Ren B H). 1965. 陕西蒲城三趾马和古菱齿象化石 . 古脊椎动物与古人类 , 9(3): 298–301

石荣琳 (Shi R L). 1983. 记山东省诸城、临沂、峄县几件诺氏古菱齿象化石 . 古脊椎动物与古人类 , 21(2): 129–132

汤英俊 (Tang Y J), 尤玉柱 (You Y Z), 刘后一 (Liu H Y) 等 . 1974. 云南元谋班果盆地上新世哺乳动物化石及其在地层划分上的意义 . 古脊椎动物与古人类 , 12(1): 60–67

汤英俊 (Tang Y J), 宗冠福 (Zong G F), 徐钦琦 (Xu Q Q). 1983. 山西临猗早更新世地层及哺乳动物群 . 古脊椎动物与古人类 , 21(1): 77–86

汤英俊 (Tang Y J), 宗冠福 (Zong G F), 雷遇鲁 (Lei Y L) 等 . 1987. 陕西汉中地区上新世哺乳类化石及其地层意义 . 古脊椎动物学报 , 25(3): 222–235

汤英俊 (Tang Y J), 李毅 (Li Y), 陈万勇 (Chen W Y). 1995. 河北阳原小长梁遗址哺乳类化石及其时代 . 古脊椎动物学报，33(1): 74–83

同号文 (Tong H W). 2010. 河北蔚县大南沟晚更新世草原猛犸象 . 第四纪研究 , 30(2): 307–318

同号文 (Tong H W), 邓里 (Deng L), 陈曦 (Chen X) 等 . 2018. 江西萍乡上栗杨家湾洞晚更新世长鼻类化石 : 兼论东方剑齿象 - 亚洲象组合 . 古脊椎动物学报 , 56(4): 306–326

童永生 (Tong Y S), 黄万波 (Huang W B). 1974. 山西上新蹄兔一新种 . 古脊椎动物与古人类 , 12(3): 212–216

童永生 (Tong Y S), 王景文 (Wang J W). 2006. 山东昌乐五图盆地早始新世哺乳动物群 . 中国古生物志 , 总号第 192 册，新丙种第 28 号 . 北京 : 科学出版社 . 1–195

童永生 (Tong Y S), 黄万波 (Huang W B), 邱铸鼎 (Qiu Z D). 1975. 山西霍县安乐三趾马动物群 . 古脊椎动物与古人类，13(1): 34–56

童永生 (Tong Y S), 郑绍华 (Zheng S H), 邱铸鼎 (Qiu Z D). 1995. 中国新生代哺乳动物分期 . 古脊椎动物学报 , 33(4): 290–314

汪洪 (Wang H). 1988. 陕西大荔一早更新世哺乳动物群 . 古脊椎动物学报 , 26(1): 59–72

王伴月 (Wang B Y), 邱占祥 (Qiu Z X). 2002. 铲齿象一新种在甘肃党河地区下中新统的发现 . 古脊椎动物学报 , 40(4): 291–299

王伴月 (Wang B Y), 王培玉 (Wang P Y). 1989. 内蒙古阿拉善左旗乌尔图地区早中新世哺乳动物群的发现及其意义 . 科学通报 , (8): 607–611

王将克 (Wang J K). 1961. 陕西靖边的纳玛象臼齿 . 古脊椎动物与古人类 , 5(3): 269–272

王将克 (Wang J K). 1978. 广东西樵山亚洲象一新亚种头骨的记述 . 古脊椎动物与古人类 , 16(2): 123–128

王令红 (Wang L H), 林玉芬 (Lin Y F), 长绍武 (Chang S W) 等 . 1982. 湖南省西北部新发现的哺乳动物化石及其意义 . 古脊椎动物与古人类 , 20(4): 350–358

王强 (Wang Q), 田国强 (Tian G Q). 1996. 安徽蚌埠晚更新世的 *Palaeoloxodon naumanni* (Makiyama) 及其古环境意义 . 地球学报 , 17(增刊): 200–206

王世骐 (Wang S Q), 付丽娅 (Fu L Y), 张家华 (Zhang J H), 李田广 (Li T G) 等 . 2015. 云南元谋小河组脊棱齿象 (*Stegolophodon*) 化石新材料 . 第四纪研究 , 35(3): 573–583

王元 (Wang Y). 2011. 东亚地区第四纪中华乳齿象 (*Sinomastodon*, Proboscidea) 系统研究 . 中国科学院研究生院博士学位论文 . 1–92

王元 (Wang Y), 金昌柱 (Jin C Z), 邓成龙 (Deng C L) 等 . 2013. 第四纪中华乳齿象属 (*Sinomastodon*, Gomphotheriidae) 头骨化石在中国的首次发现 . 科学通报 , 58(10): 931–939

王元 (Wang Y), 秦大公 (Qin D G), 金昌柱 (Jin C Z). 2017. 广西崇左木榄山智人洞遗址的亚洲象化石：兼论华南第四纪长鼻类演化 . 第四纪研究 , 37(4): 853–859

王择义 (Wang Z Y). 1961. 太原市附近的剑齿象和梅氏犀 . 古脊椎动物与古人类 , 5(2): 160–162

卫奇 (Wei Q). 1976. 在泥河湾层中发现纳玛象头骨化石 . 古脊椎动物与古人类 , 14(1): 53–58

魏光标 (Wei G B), Liester A W. 2005. 马圈沟遗址古地磁测年结果在欧亚大陆猛犸象演化研究上的重要意义 . 古脊椎动物学报 , 43(3): 243–244

魏光标 (Wei G B), 金昌柱 (Jin C Z), 韩立刚 (Han L G). 2009. 长鼻类 . 见：金昌柱 , 刘金毅主编 . 安徽繁昌人字洞——早期人类活动遗址 . 北京：科学出版社 . 283–285

魏光标 (Wei G B), 胡松梅 (Hu S M), 余克服 (Yu K F) 等 . 2010. 草原猛犸象新材料及猛犸象的起源与演化模式探讨 . 中国科学：地球科学 , (6): 715–723

颉光普 (Xie G P). 2007. 象类牙齿化石的鉴定和甘肃的象化石 . 见：甘肃省博物馆编 . 中国西部博物馆论坛文集 . 西安：三秦出版社 . 52–181

徐余瑄 (Xu Y X). 1959. 福建惠安的印度象臼齿 . 古脊椎动物与古人类 , 3(3): 137–138

许春华 (Xu C H), 韩康信 (Han K X), 王令红 (Wang L H). 1974. 鄂西巨猿化石及共生的动物群 . 古脊椎动物与古人类 , 12(4): 293–306

薛祥煦 (Xue X X). 1962. 短喙象类化石在陕西的新发现 . 古脊椎动物与古人类 , 6(2): 173–181

薛祥煦 (Xue X X). 1981. 陕西渭南一早更新世哺乳动物群及其层位 . 古脊椎动物与古人类 , 19(1): 35–44

杨启成 (Yang Q C), 祁国琴 (Qi G Q), 文本亨 (Wen B H). 1975. 福建永安第四纪哺乳类化石 . 古脊椎动物与古人类 , 13(3): 192–194

叶捷 (Ye J), 贾航 (Jia H). 1986. 宁夏同心中新世铲齿象化石 . 古脊椎动物学报 , 24(2): 139–151

叶捷 (Ye J), 贾航 (Jia H). 1989. 记同心铲齿象一幼年头骨化石 . 古脊椎动物学报 , 27(4): 284–300

叶元正 (Ye Y Z), 阎德发 (Yan D F). 1975. 皖南铜山第四纪哺乳动物化石新地点 . 古脊椎动物与古人类 , 13(3): 195–196

尤玉柱 (You Y Z), 刘后一 (Liu H Y), 潘悦蓉 (Pan Y R). 1978. 云南元谋、班果盆地晚新生代地层和脊椎动物化石 . 地层古生物论文集 (第七辑). 北京：地质出版社 . 40–67

云博 (云南省博物馆). 1975. 云南象类化石的新材料 . 古脊椎动物与古人类 , 13(4): 229–234

翟人杰 (Zhai R J). 1959. 甘肃秦安中新世哺乳动物的发现 . 古脊椎动物与古人类 , 1(3): 139–140

翟人杰 (Zhai R J). 1961. 甘肃秦安晚第三纪哺乳动物化石 . 古脊椎动物与古人类 , 5(3): 262–268

翟人杰 (Zhai R J). 1963. 山西长治三棱齿象一新种 . 古脊椎动物与古人类 , 7(1): 59–60

张宝堃 (Zhang B K). 1993. 宁夏同心地区的中新世哺乳动物初探 . 北京自然博物馆研究报告 , (53): 252–258

张明华 (Zhang M H). 1979. 浙江菱湖一亚洲象臼齿的记述 . 古脊椎动物与古人类 , 7(2): 175–176

张席禔 (Chang H C). 1964a. 中国纳玛象化石新材料的研究及纳玛象的系统分类的初步探讨 . 古脊椎动物与古人类 , 8(3): 269–280

张席禔 (Chang H C). 1964b. 山西东南部榆社盆地乳齿象化石的新材料 . 古脊椎动物与古人类 , 8(1): 33–38

张席禔 (Chang H C), 翟人杰 (Zhai R J). 1978. 陕西蓝田地区中新世象化石 . 地层古生物论文集 (第七辑). 北京：地质

出版社 . 136–142
张兴永 (Zhang X Y). 1980. 云南永仁更新世初期哺乳动物化石 . 古脊椎动物与古人类 , 18(1): 45–51
张兴永 (Zhang X Y). 1981. 云南镇雄早更新世洞穴的象化石 . 古脊椎动物与古人类 , 19(4): 377–378
张兴永 (Zhang X Y). 1982. 云南禄丰盆地上新世的象化石 . 古脊椎动物与古人类 , 20(4): 359–365
张玉萍 (Zhang Y P), 宗冠福 (Zong G F). 1983. 中国的古棱齿象 . 古脊椎动物与古人类 , 21(4): 301–312
张玉萍 (Zhang Y P), 宗冠福 (Zong G F), 刘玉林 (Liu Y L). 1983. 甘肃平凉古菱齿象一新种 . 古脊椎动物与古人类 , 21(1): 64–68
赵仲如 (Zhao Z R). 1977. 广西剑齿象一新种 . 古脊椎动物与古人类 , 15(2): 148–149
赵仲如 (Zhao Z R). 1980. 广西武鸣叫山的哺乳动物化石 . 古脊椎动物与古人类 , 18(4): 299–303
甄朔南 (Zhen S N). 1960. 北京密云新发现的象类化石 . 古脊椎动物与古人类 , 4(2): 157–159
郑绍华 (Zheng S H), 黄万波 (Huang W B), 宗冠福 (Zong G F) 等 . 1975. 黄河象 . 北京 : 科学出版社 . 1–46
郑绍华 (Zheng S H), 吴文裕 (Wu W Y), 李毅 (Li Y) 等 . 1985. 青海贵德、共和两盆地晚新生代哺乳动物 . 古脊椎动物学报 , 23(2): 89–134
周明镇 (Zhou M Z). 1957a. 北京西郊的 *Palaeoloxodon* 化石及中国 *Namadicus* 类象化石的初步讨论 . 古生物学报 , 5(2): 283–294
周明镇 (Zhou M Z). 1957b. 华南第三纪和第四纪初期哺乳动物群的性质和对比 . 科学通报 , 13: 394–400
周明镇 (Zhou M Z). 1958. 新疆第三纪哺乳类化石的新发现 . 古脊椎动物与古人类 , 2(4): 289–294
周明镇 (Zhou M Z). 1959a. 东北第四纪哺乳动物化石志 . 中国科学院古脊椎动物与古人类研究所甲种专刊 , 3: 22–34
周明镇 (Zhou M Z). 1959b. 华南象类化石的新发现 . 古生物学报 , 7(4): 251–258
周明镇 (Zhou M Z). 1961. 山东郯城及蒙阴第四纪象化石 . 古脊椎动物与古人类 , 5(4): 360–369
周明镇 (Zhou M Z), 翟人杰 (Zhai R J). 1962. 云南昭通一新种剑齿象 , 并讨论师氏剑齿象的分类和时代 . 古脊椎动物与古人类 , 6(2): 138–147
周明镇 (Zhou M Z), 张玉萍 (Zhang Y P). 1961. 华北乳齿象类的新材料 . 古脊椎动物与古人类 , 5(3): 243–255
周明镇 (Zhou M Z), 张玉萍 (Zhang Y P). 1974. 中国的象化石 . 北京 : 科学出版社 . 1–74
周明镇 (Zhou M Z), 张玉萍 (Zhang Y P). 1979. 长鼻目 . 见 : 中国脊椎动物化石手册 . 北京 : 科学出版社 . 435–456
周明镇 (Zhou M Z), 张玉萍 (Zhang Y P). 1983. 中国的剑棱齿象属 (*Stegotetrabelodon*) 化石 . 古脊椎动物与古人类 , 21(2): 52–58
周明镇 (Zhou M Z), 周本雄 (Zhou B X). 1965. 山西临猗维拉方期哺乳类化石补记 . 古脊椎动物与古人类 , 9(2): 223–234
周明镇 (Zhou M Z), 张玉萍 (Zhang Y P), 尤玉柱 (You Y Z). 1978. 云南几种乳齿象化石记述 . 地层古生物论文集 (第七辑). 北京 : 地质出版社 . 67–74
宗冠福 (Zong G F). 1979. 甘肃平凉五棱齿象一新种 . 古脊椎动物与古人类 , 17(1): 81–84
宗冠福 (Zong G F). 1987. 四川盐源盆地哺乳类化石及其意义 . 古脊椎动物学报 , 25(2): 137–145
宗冠福 (Zong G F). 1992. 中国的脊棱齿象 (*Stegolophodon*) 化石 . 古脊椎动物学报 , 30(4): 287–294
宗冠福 (Zong G F). 1995. 中国的剑齿象化石新材料及剑齿象系统分类的回顾 . 古脊椎动物学报 , 33(3): 216–230
宗冠福 (Zong G F). 1997. 元谋盆地新第三纪地层划分的新证据 . 北京自然博物馆研究报告 , 56: 159–178
宗冠福 (Zong G F), 卫奇 (Wei Q). 1993. 泥河湾盆地发现短喙象化石 . 古脊椎动物学报 , 31(2): 102–109
宗冠福 (Zong G F), 汤英俊 (Tang Y J), 徐钦琦 (Xu Q Q). 1982. 山西屯留西村早更新世地层 . 古脊椎动物与古人类 , 20(3): 236–247
宗冠福 (Zong G F), 汤英俊 (Tang Y J), 雷遇鲁 (Lei Y L) 等 . 1989. 汉江中国乳齿象 . 北京 : 北京科学技术出版社 . 1–84
宗冠福 (Zong G F), 陈万勇 (Chen W Y), 黄学诗 (Huang X S) 等 . 1996. 横断山地区新生代哺乳动物及其生活环境 . 北京 :

海洋出版社 . 1–279

邹松林 (Zou S L), 陈曦 (Chen X), 张贝 (Zhang B) 等 . 2016. 江西萍乡上栗县晚更新世哺乳动物化石发现 . 人类学学报 , 35(1): 109–120

Agenbroad L D. 1984. New World mammoth distributions. In: Martiri P S, Klein R G eds. Quaternary Extinctions: A Prehistory Revolution. Tucson: Univ Arizona Press. 90–108

Agenbroad L D. 2005. North American proboscideans: mammoths: the state of knowledge, 2003. Quaternary International, 126: 73–92. http://dx.doi.org/10.1016/j.quaint.2004.04.016

Aguirre E E. 1969. Evolutionary history of the elephant. Science, 164: 1366–1376

Andrews C W. 1906. A Descriptive Catalogue of the Tertiary Vertebrata of the Fayûm, Egypt. London: British Museum (Natural History). 1–324

Baudry M. 1994. Hyracoidea. In: Sen S ed. Les gisements de mammifères du Miocène supérieur de Kemiklitepe, Turquie. Bull Mus Nat His Paris, ser 4, 16, sect C (1): 113–141

Belyaeva E I, Dubrovo I A, Alekceeva L I. 1968. Order Proboscidea. In: Orlov Y A ed. Fundamentals of Paleontology. Vol. XIII: Mammals. Jerusalem: S Monson. 349–372

Benton M J. 2017. 古脊椎动物学 . 第四版 . 董为译 . 北京 : 科学出版社 . 387–392

Bien M N, Chia L P. 1938. Cave and rock-shelter deposits in Yunnan. Bull Geol Soc China, 18: 325–345

Bishop W W. 1967. The later Tertiary in East Africa: volcanics, sediments and faunal inventory. In: Bishop W W, Clark J D eds. Background to Evolution in Africa. Chicago: Univ Chicago Press. 31–56

Bishop W W, Whyte F. 1962. Tertiary mammalian faunas and sediments in Karamoja and Kavirondo, East Africa. Nature, 196: 1283–1287

Carroll R L. 1988. Vertebrate Paleontology and Evolution. New York: W H Freeman and Company

Colbert E H, Hoojier D A. 1953. Pleistocene mammals from the limestone fissures of Szechuan, China. Bull Amer Mus Nat Hist, 102(1): 1–134

Coppens Y, Maglio V J, Madden C T et al. 1978. Proboscidea. In: Maglio V J, Cooke H B S eds. Evolution of African Mammals. Cambridge: Harvard Univ Press. 336–367

Deng T. 2006. Chinese Neogene mammal biochronology. Vertebrata PalAsiatica, 44(2): 143–163

Deng T, Wang X-M, Ni X-J, Liu L-P. 2004. Sequence of the Cenozoic mammalian faunas of the Linxia Basin in Gansu, China. Acta Geologica Sinica, 78: 8–14. http://dx.doi.org/ 10.1111/j.1755-6724.2004.tb00669.x

Deng T, Qiu Z X, Wang S Q et al. 2013. Late Cenozoic biostratigraphy of the Linxia Basin, northwestern China. In: Wang X M, Flynn L J, Foetelius M eds. Fossil Mammals of Asia: Neogene Terrestrial Mammalian Biostratigraphy and Chronology of Asia. New York: Columbia Univ Press. 243–273

Duangkrayom J, Wang S Q, Deng T et al. 2017. The first Neogene record of *Zygolophodon* (Mammalia, Proboscidea) in Thailand: implications for the mammutid evolution and dispersal in Southeast Asia. Jour Paleont, 91(1): 179–193

Dubrovo I A. 1970. New data to Miocene mastodonts of Inner Mongolia. In: Flerov K K ed. Materials for the Evolution of Continental Vertebrates. Moscow. 135–140 (9, ApC) (in Russian)

Dubrovo I A. 1977a. Origin and migration of palaeoloxodont elephants. International Geology Review, 19: 1085–1088

Dubrovo I A. 1977b. A history of elephants of the *Archidiskodon-Mammuthus* phylogenetic line on the territory of the USSR. J Palaeontol Soc India, 20: 33–40

Dubrovo I A. 1978. New data on fossil Hyracoidea. Paleont J, 12(3): 97–106 (in Russian)

Dubrovo I A. 1993. Die fossilen Elephanten Japans. Quartarpaleologie, 4: 49–84

Emry R J. 1970. A North American Oligocene pangolin and other additions to the Pholidota. Bull Amer Mus Nat Hist, 142(6): 459–510

Fischer M S. 1986. Die Stellung der Schiefer (Hyracoidea) im phylogenetischen System der Eutheria: Zugleich ein Beitrag zur Anpassungsgeschieche der Procaviidae. Courier Forschungsinstitut Senckenberg, 84: 1–132

Fischer M S. 1989. Hyracoids, the sister-group of Perissodactyls. In: Prothero D R, Schoch R M. eds. The Evolution of Perissodactyls. Oxford: Oxford Univ Press. 37–56

Fischer M S. 1996. On the position of Proboscidea in the phylogenetic system of Eutheria: a systematic review. In: Shoshani J, Tassy P eds. The Proboscidea: Evolution and Palaeoecology of Elephants and Their Relatives. Oxford: Oxford Univ Press. 35–38

Fischer M S, Tassy P. 1993. The interrelation between Proboscidea, Sirenia, Hyracoidea and Mesaxonia: the morphological evidence. In: Meckenna M C ed. Mammal Phylogeny Placentals. New York: Springer. 217–234

Garutt V E. 1954. Yuzhnity ston *Archisdiskodon meridionalis* (Nesti) iz Pliotsena severnogo poberezhya Azovaskogo morya. Trudy Komissii Po Izucheniiyu chetvertichnogo Perioda An SSSR, 10(2): 1–76 (in Russian)

Garutt V E, Safronov I N. 1965. Nakhodka skeletal yuzhnogo slona *Archisdiskodon meridionalis* (Nesti) okolo Georgievska (Severnity Kavkaz). Bull Comm Resear Quater, 30: 79–88 (in Russian)

Garutt V E, Tikhonov A N. 2001. Proiskhozhdenie i systematica semeystva Elephantidae Gray, 1821. In: Rozanov A Yu ed. Mammoth and Its Environment: 200 Years of Investigations. GEOS, Moscow. 47–70 (in Russian)

Gaudin T J. 1999. The morphology of xenarthrous vertebrae (Mammalia: Xenarthra). Fieldiana: Geology, 41: 1–38

Gaudin T J, Emry R J, Pogue B. 2006. A new genus and species of Pangolin (Mammalia, Pholidota) from the Late Eocene of Inner Mongolia, China. J Vert Paleont, 26(1): 146–159

Gaziry A W. 1976. Jungteriäre mastodonten aus Anatolien (Tüurkei). Geol Jb, 22: 3–143

Gebo D, MacLatchy L L, Kityo R et al. 1997. A hominoid genus from the Early Miocene of Uganda. Science, 276: 401–404

Gheerbrant E. 1998. The oldest known proboscidean and the role of Africa in the radiation of modern orders of placentals. Denmark: Bull Geol Soc, 44: 181–185

Gheerbrant E. 2009. Paleocene emergence of elephant relatives and the rapid radiation of African ungulates. PNAS, USA, 106: 10717–10721

Gheerbrant E, Tassy P. 2009. L'origine et l'évolution des éléphants. C R Palevol, 8: 281–294

Gheerbrant E, Sundre J, Tassy P et al. 2005. Nouvelles donnees sur *Phosphatherium escuilliei* (Mammalia Proboscidea) de l' Eocene inferieur du maroc, apports a la phylogenenie des Proboscides et des ongules lophodonts. Geoviersitas, 27: 239–333

Ginsburg L. 1977. L'Hyracoide (Mammiferes subongule) du Miocene de Beni Mellal (Maroc). Geol Medit, 4: 241–254

Göhlich U B. 1999. Order Proboscidea. In: Rösser G, Heissig K eds. The Miocene Land Mammals of Europe. Verlag Friedrich Pfeil, Munich. 157–168

Guan J. 1988. The Miocene strata and mammals from Tongxin, Ningxia and Guanghe, Gansu. Beijing Nat Hist Mus, 42: 1–21

Guan J. 1996. On the Shoval-tusked elephatoids from China. In: Shoshani J, Tassy P eds. The Proboscidea: Evolution and Palaeoecology of Elephants and Their Relatives. Oxford: Oxford Univ Press. 124–135

Gőhlich U B. 2010. The Proboscidea (mammalian) from the Miocene of Sandelzhausen (southern Germany). Palaeont Z, 84: 163–204

Harris J M. 1973. *Prodeinotherium* from Gebel Zelten, Lybya. Bull Br Mus (Nat Hist). Geol, 23(5): 285–350

Harris J M. 1978. Deinotherioidea and Barytherioidea. In: Maglio V J, Cooke H B S eds. Evolution of African Mammals.

Cambridge: Harvard Univ Press. 315–332

Heissig K. 1999. Suborder Hyracoides. In: Rossner G E, Heissig K eds. The Miocene Land Mammals of Europe. Verlag Dr. Friedrich Pfeil, München, Germany. 169–170

Hopwood A T. 1935. Fossil Proboscidea from China. Palaeont Sin, Ser C, 9(3): 1–108

Horovitz I. 2003. The type skeleton of *Ernanodon antelios* is not a single specimen. J Vert Paleont, 23: 706–707

Huttunen K, Gohlich U B. 2002. A partial skeleton of *Prodeinotherium bavaricum* (Proboscidea, Mammalia) from the Middle Miocene of Unterzolling (Upper Freshwater Molasse, Germany). Geobios, 35: 489–514

Kalmykov N P. 2013. The first find of Hyrax (Mammalia, Hyracoidea, *Postschizotherium*) in Russia (West Transbaikal Region). Doklady Akedemil Nauk, 451(6): 663–665

Kalmykov N P, Mashchenko E N. 2009. The most northeastern find of the Zygodont Mastodon (Mammut, Proboscidea) in Asia. Doklady Akedemil Nauk, 428(1): 139–141

Kappelman J, Rasmussen D T, Sanders W J et al. 2003. Oligocene mammals from Ethiopia and faunal exchange between Afro-Arabia and Eurasia. Nature, 426: 549–552

Kondrashov P, Alexandre K A. 2012. A nearly complete skeleton of *Ernanodon* (Mammalia, Palaeanodonta) from Mongolia: morphofunctional analysis. J Vert Paleont, 32(5): 983–1001

Konidaris G E, Koufos G D. 2009. The Late Miocene mammal faunas of the Mytilinii Basin, Samos Island, Greece: New Collection. 8. Proboscidea. Beitr Palaont Wien, 31: 139–155

Konidaris G E, Roussiakis S J, Theodorou G E, Koufos G D. 2014. The Eurasian occurrence of the shovel-tusker *Konobelodon* (Mammalia, Proboscidea) as illuminated by its presence in the Late Miocene of Greece. J Vert Paleont, 34: 1437–1453

Konidaris G E, Koufos G D, Kostopoulosa D S, Merceron G. 2016. Taxonomy, biostratigraphy and palaeoecology of *Choerolophodon* (Proboscidea, Mammalia) in the Miocene of SE Europe-SW Asia. Jour Syst Palaeont, 14(1): 1–27

Lambert W D. 1990. Rediagnosis of the genus *Amebelodon* (Mammalia, Proboscidea, Gomphotheriidae), with a new subgenus and species, *Amebelodon* (*Konobelodon*) *britti*. Jour Paleont, 64: 1032–1040

Lambert W D. 1996. The biogeography of the gomphotheriid proboscideans of North America. In: Shoshani J, Tassy P eds. The Proboscidea: Evolution and Palaeoecology of Elephants and Their Relatives. Oxford: Oxford Univ Press. 143–148

Lambert W D, Shoshani J. 1998. Proboscidea. In: Janis C M, Scott K M, Jacobs L L eds. Evolution of Tertiary Mammals of North America. Cambridge: Cambridge Univ Press. 606–621

Larramendi A. 2015. Skeleton of a Late Pleistocene steppe mammoth (*Mammuthus trogontherii*) from Zhalainuoer, Inner Mongolian Autonomous Region, China. Palaeontol Z, 89: 229–250

Li J, Hou Y J, Li Y X et al. 2011. The latest straight-tusked elephants (*Palaeoloxodon*)? "Wild elephants" lived 3000 years ago in North China. Quaternary International, doi.10.1006, 1–5

Lister A M. 1996. Evolution and taxonomy of Eurasian mammoths. In: Shoshani J, Tassy P eds. The Proboscidea: Evolution and Palaeoecology of Elephants and Their Relatives. Oxford: Oxford Univ Press. 203–213

Lister A M. 1999. Epiphyseal fusion and postcranial age determination in the woolly mammoth, *Mammuthus primigenius* (Blum.). Deinsea, 6: 79–88

Lister A M, Sher A V. 2001. The origin and evolution of the woolly mammoth. Science, 294: 1094–1097

Lister A M, Sher A V. 2015. Evolution and dispersal of mammoths across the northern hemisphere. Science, 350: 805–809

Lister A M, Stuart A J. 2010. The West Runton mammoth (*Mammuthus trogontherii*) and its evolutionary significance. Quaternary International, 228 (1): 180–209

Lister A M, van Essen H. 2003. *Mammuthus ramanus* (Stefanescu), the earliest mammoth in Europe. In: Petculescu A,

Stiuca E eds. Advances in Vertebrate Plaeontology ‘Hen to Panta’. Romanian Academy Institute of Speleology ‘Emil Racovita’, Bucharest, 47–52

Lister A M, Sher A V, van Essen H, Wei G. 2005. The pattern and process of mammoth evolution in Eurasia. Quaternary International, 126–128: 49–64

Lister A M, Dimitrijevi C V, Markovi C Z et al. 2012. A skeleton of ‘steppe’ mammoth [*Mammuthus trogontherii* (Pohlig)] from Drmno, near Kostolac, Serbia. Quaternary International, 276-277: 129–144

Made J Van, Mazo A V. 2003. Proboscidean dispersals from Africa towards western Europe. In: Reumer J W F, De Vos J, Mol D eds. Advances in Mammoth Research. Deinsea, 9: 437–452

Maglio V J. 1973. Origin and evolution of the Elephantidae. Trans Amer Philosl Soc Phil, New Series, 63: 1–149

Maglio V J. 1974. A new proboscidean from the Late Miocene of Kenya. Palaeontology, 17: 699–705

Major C I F. 1989. The Hyracoid *Pliohyrax graecus* Caudry from the Upper Miocene of Samos and Pikermi. Geolog Magaz, 6(12): 547–553

Makiyama J. 1924. Notes on a fossil elephant from Sahama, Tostomi. Mem Coll Sci Kyoto Imp Univ, (B) I. 2: 255–264

Markov G N. 2008. The Turolian proboscidians (Mammalia) of Europe: preliminary observations. Historia Naturalis Bulgarica, 19: 153–178

Markov G N. 2012. *Mammuthus ramanus*, early mammoths, and migration out of Africa: some interrelated problems. Quaternary International, 276-277: 23–26

Maschenko E, Schvyreva A K, Kalmykov N. 2011. The second complete skeleton of *Archidiskodon meridionalis* (Elephantidae, Proboscidea) from the Stavropol region, Russia. Quaternary Science Reviews, 30(17): 2273–2288

Matsumoto H. 1924. Preliminary notes on fossil elephants in Japan. J Geol Soc Jpn, 31: 255–272

Matthew W D. 1918. Edentata. In: Matthew W D, Granger W eds. A Revision of the Lower Eocene Wasatch and Wind River Faunae. Part 5: Insectivora (continued), Glires, Edentata. Bull Am Mus Nat Hist, 38: 565–657

Mazo A V. 1996. Gomphotheres and mammutids from the Iberian Peninsula. In: Shoshani J, Tassy P eds. The Proboscidea: Evolution and Palaeoecology of Elephants and Their Relatives. Oxford: Oxford Univ Press. 136–142

McKenna M C. 1975. Toward a phylogenetic classification of the Mammalia. In: Luckett W P, Szalay F S eds. Phylogeny of the Primates: A Multidisciplinary Approach. New York: Plenum Press. 21–46

McKenna M C, Bell S K. 1997. Classification of Mammals above the Species Level. New York: Columbia Univ Press. 1–631

Melentis J K. 1966. Studien uber fossil Vertebraten Griechenland. 12. Neue Schadel und Underkieferfunde von *Pliohyrax graecus* aus dem Pont von Pikermi (Atica) und Halmyropotamos (Euboa). Ann Geol Pays Helleniques, 17: 182–210

Meyer G E. 1978. Hyracoidea. In: Maglio V J, Cooke H B S eds. Evolution of African Mammals. Cambridge: Harvard Univ Press. 284–314

Mol D, Lacombat F. 2009. *Mammuthus trogontherii* (Pohlig, 1885), the steppe mammoth of Molhac. Preliminary report on a left and right upper M3, excavated at the ancient maar of Molhac, Haute-Loith, Auvergne, France. Quaternarie, 20(4): 569–574

Mol D, de John V, Plicht J. 2007. The presence and extinction of *Elephas antiquus* Falconer and Cautely, 1847, in Europe. Quaternary International, 169-170: 149–153

Mothé D, Avilla L S, Zhao D et al. 2016a. A new Mammutidae (Proboscidea, Mammalia) from the Late Miocene of Gansu Province, China. Anais da Academia Brasileira de Ciências, 88: 65–74

Mothé D, Ferretti M, Avilla L. 2016b. The dance of tusks: rediscovery of lower incisors in the Pan-American Proboscidean *Cuvieronius hyodon* revises incisor evolution in Elephantimorpha. PLoS ONE, 11(1): e0147009. doi: 10.1371/journal.

pone.0147009

Mucha B B. 1980. A new species of yoke-toothed mastodont from the Pliocene of Southwest USSR. In: Negadaev-Nikonov K N ed. Quaternary and Neogene Faunas and Floras of Moldavskaya SSR. Shtiintsa, Kishinev. 19–26

Murphy J W, Eizirik E, O'Brien S J et al. 2001. Resolution of the early placental mammal radiation using Bayesian Phylogenetics. Science, 294: 2348–2351

Novacek M J. 1992. Mammalian phylogeny: shaking the tree. Nature, 356: 121–125

Obada T. 2010. Remarks of phylogenesis and biogeography of the most ancient elephants (Elephantidae Gray, 1821) of Europe. Quaternatire Hors-série 3: 26–27

Osborn H F. 1924. *Serridentinus* and *Baluchitherium*, Loh Formation, Mongolia. American Museum Novitate, 148: 1–5

Osborn H F. 1929. New Eurasiatic and American proboscideans. American Museum Novitate, 393: 1–23

Osborn H F. 1936. Proboscidea: A Monograph of the Discovery, Evolution, Migration and Extinction of the Mastodonts and Elephants of the World. Vol. I: Moeritherioides, Deinotheroides, Mastodontoides. New York: The American Museum Press. 1–802

Osborn H F. 1942. Proboscidea: A Monograph of the Discovery, Evolution, Migration and Extinction of the Mastodonts and Elephants of the World. Vol. II: Stegodontoides, Elephatoidea. New York: The American Museum Press. 805–1631

Osborn H F, Granger W. 1932. The shovel-tuskes: Amebelodontinae of Central Asia. American Museum Novitatis, 470: 1–12

Owen R. 1870. On fossil remains of mammals found in China. London: Quart Jour Geol Soc, XXVI: 417

Palombo M R, Feretti M P. 2005. Elephant fossil record from Italy: knowledge, problems, and perspectives. Quaternary International, 126–128: 107–136

Pardini A T, O'Brien P C M, Fu B et al. 2007. Chromosome painting among Proboscidea, Hyracoidea and Sirenia: support for Paenungulata (Afrotheria, Mammalia), but no Tethyethria. Proc Roy Soc B, 274: 1333–1340

Pei W Z. 1935. Fossil mammals from Kwangsi caves. Bull Geol Soc China, XIV: 413–425

Pei W Z. 1936. On the mammalian remains from Locality 3 at Choukoutien. Palaeont Sin, Ser C, 7(5): 1–108

Pei W Z. 1939. New fossil material and artifacts collected from the Choukoutien region during the years 1937 to 1939. Bull Geol Soc China, 19(3): 207–234

Pei W Z. 1940. Note on collection of mammal fossils from Tanyang in Kiangsu Province. Bull Geol Soc China, 19(3): 379–392

Pei W Z. 1959. On the fossil elephant (*Elephas* cf. *namadicus* F. and C.) from Chien Hsien of Shensi Province. Paleovertebr Paleoanthropol, 3(4): 215–216

Pickford M. 2001. *Afrochoerodon* nov. gen. *kisumuensis* (MacInnes) (Proboscidea, Mammalia) from Cheparawa, Middle Miocene, Kenya. Ann Paleonotol, 87: 99–117

Pickford M. 2003. New Proboscidea from the Miocene strata in the lower Orange River Valley, Namibia. In: Pickford M, Senut B eds. Paleontology of the Orange River Valley, Namibia. Memoir Geological Survey of Namibia, 19: 207–256

Pickford M. 2004a. Partial dentition and skeleton of *Choerolophodon pygmaeus* (Depéret) from Ngenyin, 13 Ma, Tugen hills, Kenya: resolution of a century old enigma. Zona Arqueologica: Miscelànea en homenaje a Emiliano Aguirre Paleontologia, Madrid, 4(2): 428–463

Pickford M. 2004b. Revision of the Early Miocene Hyracoidea (Mammalia) of East Africa. Comptes Rendus Palevol, 3: 675–690

Pickford M. 2009. New Neogene hyracoid specimens from the Peri-Tethys region and East Africa. Paleotological Reserch, 13(3): 265–278

Pickford M, Fischer M S. 1987. *Parapliohyrax ngororaensis*, a new hyracoid from the Miocene of Kenya, with an outline of the classification of Neogene Hyracoidea. Neues Jahnb Geol Palaeont Ahb, 175(2): 207–234

Qiu Z X, Qiu Z D. 1995. Chronological sequence and subdivision of Chinese Neogene mammalian faunas. Palaeogeography Palaeoclimatology Palaeoecology, 116: 41–70

Rabinovich R, Lister A M. 2017. The earliest elephants out of Africa: Taxonomy and taphonomy of proboscidean remain from Bethlehem. Quaternary International, 445: 23–42

Rasmussen D T. 1989. The evolution of the Hyracoidea: a review of the fossil evidence. In: Prothero D R, Schoch R M eds. The Evolution of Perissodactyls. Oxford: Oxford Univ Press. 57–78

Rasmussen D T, Gutierrez M. 2009. A mammalian fauna from the Late Oligocene of northwestern Kenya. Palaeontographica Abteilung a-Palaozoologie-Stratigraphie, 288: 1–52

Rasmussen D T, Gutierrez M. 2010. Hyracoidea. In: Weldelin L, Sanders W J eds. Cenozoic Mammals of Africa. Berkeley: Univ California Press. 13: 123–146

Rasmussen D T, Simons E. 1988. New Oligocene hyracoids from Egupt. J Vert Paleont, 8(1): 67–83

Rasmussen D T, Gagnon M, Simons L. 1990. Taxeopody in the carpus and tarsus of Oligocene Pliohyracidae (Mammalia: Hyracoidea) and the phyletic position of hyraxes. Proceed Nat Acad Sci, USA, 87: 4688–4691

Rose K D. 2006. The beginning of the age of mammals. Baltimore: Johns Hopkins Univ Press.1–428

Rose K D. 2008. Palaeanodonta and Pholidota. In: Janis C M, Gunnell G F, Uhen M D eds. Evolution of Tertiary Mammals of North America. Vol. II: Small Mammals, Xenarthrans, and Marine Mammals. Cambridge: Cambridge Univ Press. 135–160

Rose K D, Emry R J. 1993. Relationships of Xenarthra, Pholidota, and fossil "Edentates": The morphological evidence. In: Szalay F S, Novacek M J, McKenna M C eds. Mammal Phylogeny: Placentals (chapter 7). New York: Springer. 81–102

Rose K D, Lucas S G. 2000. An Early Paleocene Palaeanodont (Mammalia, Pholidota) from New Mexico, and the origin of Palaeanodonta. J Vert Paleont, 20(1): 139–156

Rose K D, Emry R J, Gaudin T J, Storch A G. 2005. (8) Xenarthra and Pholidota. In: Rose K D, Archibald J D eds. The Rise of Placental Mammals: Origin and Relationships of the Major Extant Clades. Baltimore: Johns Hopkins Univ Press. 106–126

Saegusa H. 1987. Cranial morphology and phylogeny of the Stegodonts. The Compass of Sigma Gamma Epsilon, 64 (4): 221–243

Saegusa H. 1989. Molar structure and taxonomy of east Asian stegodonts. Unpublished D. Phil. Thesis. Kyoto Univ

Saegusa H. 1996. Stegodontidae: evolutionary relationships. In: Shoshani J, Tassy P eds. The Proboscidea: Evolution and Palaeoecology of Elephants and Their Relatives. Oxford: Oxford Univ Press. 178–190

Saegusa H. 2008. Dwarf *Stegolophodon* from the Miocene of Japan: Passengers on sinking boats. Quaternary International, 182: 49–62

Saegusa H, Thasod Y, Ratanasthien B. 2005. Notes on Asian Stegodontits. Quaternary International, 126–128: 31–48

Sanders J I. 1996. North American Mammulidae. In: Shoshani J, Tassy P eds. The Proboscidea Evolution and Palaeoecology of Elephants and Their Relatives. Oxford: Oxford Univ Press. 271–279

Sanders W J. 1999. Oldest record of Stegodon (Mammalia: Proboscidea). J Vert Paleont, 19(4): 793–797

Sanders W L. 2004. Taxonomic and systematic review of Elephantidae based on late Miocene–early Pliocene fossil evidence from Afro-Arabia. J Vert Paleont, 24 (suppl. to no. 3): 109A

Sanders W J, Haile-Selassle Y. 2012. A new assemblage of Mid-Pliocene Proboscideans from the Woranso-Mille Area, Afar

Region, Ethiopia: taxonomic, evolutionary, and paleoecological consideration. J Mammal Evol, 19: 105–128

Sanders W J, Miller E R. 2002. New proboscideans from the Early Miocene of Wadi Moghara, Egypt. J Vert Paleont, 22(2): 388–404

Sanders W J, Kappenlman J, Rasmussen D T. 2004. New large-bodied mammals from the Late Oligocene site of Chilge, Ethiopia. Acta Palaeont Polanica, 49: 365–392

Sanders W J, Gheerbrant E, Harris J et al. 2010. Proboscidea. In: Werdelin L, Sanders W J eds. Cenozoic Mammals of Africa. Berkeley: Univ California Press. 161–251

Sarwar M. 1977. Taxonomy and distribution of the Siwalik Proboscidea. Bell Dept Zool Univ, Punjab (N S), 10: 1–172

Schlitter D A. 2005. Order Pholidota. In: Wilson D E, Reeder D M eds. Mammal Species of the World. Vol. I. Baltimore: Johns Hopkins Univ Press. 530–531

Schlosser M. 1903. Die Fossilen Saugetiere Chinas. Abh Bayr Akad d Wiss , H Cl, 22(1): 45

Sen S. 2013. Dispersal of African mammals in Eurasia during the Cenozoic: ways and whys. Geobios, 46: 159–172

Shoshani J. 1986. Mammalian phylogeny: Comparison of morphological and molecular results. Molecular Biology and Evolution, 3: 222–242

Shoshani J. 1996. Skeletal and other basic anatomical features of elephants. In: Shoshani J, Tassy P eds. The Proboscidea: Evolution and Palaeoecology of Elephants and Their Relatives. Oxford: Oxford Univ Press. 9–21

Shoshani J. 1998. Understanding proboscidean evolution: a formidable task. Trends in Ecology and Evolution, 13(12): 480–487

Shoshani J, McKenna M C. 1998. Higher taxonomic relationships among extant mammals based on morphology, with selected comparison of results from molecular data. Molecular Phylogenetics and Evolution, 9(3): 572–584

Shoshani J, Tassy P. 1996. The Proboscidea: Evolution and Palaeoecology of Elephants and Their Relatives. Oxford: Oxford Univ Press. 1–348

Shoshani J, Tassy P. 2005. Advances in proboscidean taxonomy & classification, anatomy & physiology, and ecology & behavior. Quaternary International, 126–128: 5–20

Shoshani J et al. 2006. A proboscidean from the Late Oligocene of Eritrea, a “missing link” between early Elephantiformes and Elephantimorpha, and biogeographic implication. Proceedings of the National Academy of Science of the United States of America, 103: 17296–17301

Shoshani J, Ferretti M P, Lister A M et al. 2007. Relationships within the Elephantinae using hyoid characters. Quaternary International, 169-170: 174–185

Simpson G G. 1927. A North American Oligocene edentate. Ann Carnegie Mus, 17(2): 283–298

Simpson G G. 1945. The principle of classification and a classification of mammals. Bull Amer Mus Nat Hist, 85: 1–350

Simpson G G. 1980. Splendid isolation. The Curious History of South American Mammals. New Haven and London: Yale Univ Press. 1–266

Springer M S, de Jong W W. 2001. Which mammalian supertree to back up? Science, 291: 1709–1711

Springer M S, Cleven G C, Madsen O et al. 1997. Endemic African mammals shake the phylogenetic tree. Nature, 388: 61–64

Storch G. 2003. Fossil Old World “edentates”. Senckenb Biol, 83(1): 51–60

Storch G, Martin T. 1994. *Eomanis krebsi*, ein neues Schuppentieraus dem Mittel-Eozän der Grube Messel bei Darmstadt (Mammalia: Pholidota). Berliner geowiss. Abh, E13: 83–97

Storch G, Rummel M. 1999. *Molaetherium heissigi* n. gen. n. sp., an unusual mammal from the Early Oligocene of Germany (Mammalia: Palaeanodonta). Palaeont Zeitschrift, 73(1/2): 179–185

Szalay F S, Schrenk F. 1998. The Middle Eocene Eurotamandua and a Darwinian phylogenetic analysis of "Edentates". Kaupia-Darmastädter Beitäge zur Naturgeschichte, 7: 97–186

Tassy P. 1982. Les principales dichotomies dans l'histoire des proboscidea (Mammalia): une approche phylogénétique. Geobios, Mémoir Special, 6: 225–245

Tassy P. 1983. Les Elephantoidea Miocènes du Plateau du Potwar, groups de Siwalik, Pakistan. Ire Partie: Introduction, Cadr chronologique et géographique, Mammutidés, Amébélodontidés. Ann Paléont, 69(2): 99–136

Tassy P. 1985. La place des mastodontes miocènes de l'ancien monde dan la phylogénie de proboscidea (Mammalia): hypothèses et conjectures. Thèse Doctoratès Sciences. Paris: UPMC. 1–861

Tassy P. 1986. Nouveaux Elephantoidea (Proboscidea, Mammalia) dans le Miocène du Kenya: essai de réévaluation systématique. Paris: Cahiers de Paléontologie. Éditions du Centre National de la Recherche Scientifique (CNRS). 1–135

Tassy P. 1988. The classification of Proboscidea: how many cladistic classifications? Cladistics, 4: 43–57

Tassy P. 1996a. Who is who among the Proboscidea. In: Shoshani J, Tassy P eds. The Proboscidea: Evolution and Palaeoecology of Elephants and Their Relatives. Oxford: Oxford Univ Press. 39–48

Tassy P. 1996b. The earliest gomphotheres. In: Shoshani J, Tassy P eds. The Proboscidea: Evolution and Palaeoecology of Elephants and Their Relatives. Oxford: Oxford Univ Press. 89–91

Tassy P. 1996c. Dental homologies and nomenclature in the Proboscidea. In: Shoshani J, Tassy P eds. The Proboscidea: Evolution and Palaeoecology of Elephants and Their Relatives. Oxford: Oxford Univ Press. 21–25

Tassy P. 1996d. Growth and sexual dimorphism among Miocene elephantoids: the example of *Gomphotherium angustidens*. In: Shoshani J, Tassy P eds. The Proboscidea: Evolution and Palaeoecology of Elephants and Their Relatives. Oxford: Oxford Univ Press. 92–100

Tassy P. 2016. Proboscidea. In: Sen S ed. Late Miocene mammal locality of Kucukcekmece, European Turkey. Geodiversitas, 38(2): 261–273

Tassy P, Debruyne R. 2001. The timing of early Elephantinae differentiation: the palaeontological record, with a short comment on molecular data. In: Cavarretta G, Giola P, Mussi M, Palombo M R eds. Proceeding of the First International Congress of La Terra degli Elefanti: The World of Elephants. Consiglio Nazionale delle Ricerche, Rome. 685–587

Tassy P, Shoshani J. 1996. Historical overview of classification and phylogeny of the Proboscidea. In: Shoshani J, Tassy P eds. The Proboscidea: Evolution and Palaeoecology of Elephants and Their Relatives. Oxford: Oxford Univ Press. 3–8

Tassy P, Shoshani J. 1988. The Tethytheria: elephants and their relatives. In: Benton M J ed. The Phylogeny and Classification of the Tetrapods. Vol. 2: Mammals. The Systematics Association, Special Volume No. 35B, Clarendon, Oxford. 285–315

Tedford R H, Qiu Z X, Flynn L J. 2013. Late Cenozoic Yushe Basin, Shanxi Province, China: Geology and Fossil Mammals. Vol. I: History, Geology and Megnetostratigraphy. Dordrecht: Springer. 1–109

Teilhard de Chardin P. 1936. Fossil mammals from Locality 9 of Choukoutien. Palaeont Sin, Ser C, 7(4): 1–61

Teilhard de Chardin P. 1938. The fossil Locality 12 of Choukoudian. Palaeont Sin, Ser C, 5: 1–50

Teilhard de Chardin P. 1939. New observation on the genus *Postschizotherium* von Koenigswald. Bull Geol Soc China, 19: 257–267

Teilhard de Chardin P, Leroy P. 1942. Chinese Fossil Mammals. Institut Geo-biologie, Pekin, 8: 1–142

Teilhard de Chardin P, Licent E. 1936. New remains of *Postschizotherium* from S. E. Shansi. Bull Geol Soc China, 15: 421–427

Teilhard de Chardin P, Pei W C. 1934. New discoveries in Choukoutian, 1933-1934. Bull Geol Soc China, 13: 369–389

Teilhard de Chardin P, Piveteau L. 1930. Les mammiferes fossils de Nihowan (Chine). Annales de Paleont, 19: 1–134

Teilhard de Chardin P, Trassaert M. 1937. The proboscideans of south-east Shansi. Fossil Proboscidea from China. Palaeont Sin, Ser C, 13: 1–58

Ting S Y, Wang B Y, Tong Y S. 2005. The type specimen of *Ernanodon antelios*. J Vert Paleont, 25(3): 729–731

Tobien H. 1972. Status of the genus *Serridentinus* Osborn, 1923 (Proboscidea, Mammalia) and related forms. Mainzer Geowiss Mitt, 1: 143–191

Tobien H. 1973a. On the evolution of mastodonts (Proboscidea, Mammalia). Part 1: The bunodont trilophodont groups. Notizbl L-Amt Bodenforsch, 101: 202–276

Tobien H. 1973b. The structure of the mastodont molar (Proboscidea, Mammalia). Part 1: The bunodont patterns. Mainzer Geowiss Mitt, 2: 115–147

Tobien H. 1975. The structure of the mastodont molar (Proboscidea, Mammalia). Part 2: The zygodont and zygobunodont patterns. Mainzer Geowiss Mitt, 4: 195–233

Tobien H. 1976. Zur paläeontologischen Geschichte der Mastodonten (Proboscidea, Mammalia). Mainzer Geowiss Mitt, 5: 143–225

Tobien H. 1978a. On the evolution of mastodonts (Proboscidea, Mammalia). Part 2: The bunodont tetralophodont groups. Geol Jahrb Hess, 106: 159–208

Tobien H. 1978b. The structure of the mastodont molar (Proboscidea, Mammalia). Part 3: The Oligocene mastodont genera *Palaeomastodon*, *Phiomia* and the Eo/Oligocene Paenungulate *Moeritherium*. Mainzer Geowiss Mitt, 6: 177–208

Tobien H. 1980. A note on the skull and mandible of a new choerolophodon mastodont (Proboscidea, Mammalia) from the middle Miocene of Chios (Aegean Sea, Greece). In: Jacobs L L ed. Aspects of Vertebrate History. Essays in Honor of Edwin Harris Colbert. Flagstaff: Museum of Northern Arizona Press. 299–307

Tobien H. 1996. Evolution of zygodont with emphasis on dentition. In: Shoshani J, Tassy P eds. The Proboscidea: Evolution and Palaeoecology of Elephants and Their Relatives. Oxford: Oxford Univ Press. 76–85

Tobien H, Chen G F, Li Y Q. 1986. Mastodonts (Proboscidea, Mammalia) from the Late Neogene and Early Pleistocene of the People's Republic of China. Part I: Historical account: the genera *Gomphotherium*, *Choerolophodon*, *Synconolophus*, *Amebelodon*, *Platybelodon*, *Sinomastodon*. Mainzer Geowiss Mitt, 15: 119–181

Tobien H, Chen G F, Li Y Q. 1988. Mastodonts (Proboscidea, Mammalia) from the Late Neogene and Early Pleistocene of the People's Republic of China. Part II: Historical account: the genera *Tetralophodon*, *Anancus*, *Stegotetrabelodon*, *Zygolophodon*, *Mammut*, *Stegolophodon*. Mainzer Geowiss Mitt, 17: 95–220

Todd N E. 2006. Trends in Proboscidean diversity in the African Cenozoic. J Mammal Evol, 13(1): 1–10

Todd N E. 2010. New phylogenetic analysis of the family Elephantidae based on Cranial-dental morphology. The Anatomical Record, 293: 74–90

Todd N E, Roth V L. 1996. Origin and radiation of the Elephantidae. In: Shoshani J, Tassy P eds. The Proboscides: Evolution and Palaeoecology of Elephants and Their Relatives. Oxford: Oxford Univ Press. 193–202

Tong H W. 2012. New remains of *Mammuthus trogontherii* from the Early Pleistocene Nihewan beds at Shanshenmiaozui, Hebei. Quaternary International, 255: 217–230

Tong H W, Chen X. 2016. On newborn calf skulls of Early Pleistocene *Mammuthus trogontherii* from Shanshenmiaozui in Nihewan Basin, China. Quaternary International, 406: 57–69

Toth C, Hyzny M. 2013. *Prodeinotherium bavaricum* (Proboscidea, Mammalia) from Middle Miocene tuffaceous sediments near Svinna (Danube Basin, Slovakia). Acta Geologica Slovaca, 5(2): 135–140

Tsoukala E. 2000. Remains of a Pliocene *Mammut borsoni* (Hays,1834) (Proboscidea, Mammalia) from Millia (Grevena, W. Macedonia, Greece). Ann Palaeont, 86: 165–191

Tsoukala E, Mol D, Pappa S et al. 2011. *Elephas antiquus* in Greece: New finds and a reappraisal of older material (Mammalia, Proboscidea Elephantidae). Quaternary International, 245: 339–349

Viret J. 1949. Sur le *Pliohyrax rossignoli* du Pontien de Soblay (Ain). Comptes Rendus, 228: 1742–1744

Vislobokova I A. 2005. On Pliocene faunas with Proboscideans in the territory of the former Soviet Union. Quaternary International, 126–128: 93–105

von Koenigswald G H R. 1932. *Metaschizotherium fiaasi*, ein neuer Chalicotheriidae aus dem Obermiocan von Steiheim. Albuch Palaeontographica, Suppl, 8(8): 1–23

von Koenigswald G H R. 1966. Fossil Hyracoidea from China. Proc K Ned Ackad Wet, Ser B, 69(3): 345–356

Waddell P J, Okada N, Hasegawa M. 1999. Towards resolving the interordinal relationships of placental mammals. Systematic Biology, 48(1): 1–5

Wang S Q. 2014. *Gomphotherium inopinatum*, a basal *Gomphotherium* species from the Linxia Basin, China, and other Chinese members of the genus. Vertebrata PalAsiatica, 52: 183–200

Wang S Q, Deng T. 2011. The first *Choerolophodon* (Proboscidea, Gomphotheriidae) skull from China. Science China: Earth Sciences, 54: 1326–1337

Wang S Q, Wang D Q, Shi Q Q. 2012. *Protanancus tobieni* from the Anwan Section, Qin'an County, Gansu Province. Advances in Geosciences, 2: 150–158

Wang S Q, He W, Chen S Q. 2013a. Gomphotheriid mammal *Platybelodon* from the Middle Miocene of Linxia Basin, Gansu, China. Acta Palaeont Pol, 58: 221–240

Wang S Q, Liu S P, Xie G P et al. 2013b. *Gomphotherium wimani* from Wushan County, China and its implications for the Miocene stratigraphy of the Tianshui area. Vertebrata PalAsiatica, 51(1): 71–84

Wang S Q, Zhao D S, Xie G P et al. 2014. An Asian origin for *Sinomastodon* (Proboscidea, Gomphotheriidae) inferred from a new Upper Miocene specimen from Gansu of China. Science China: Earth Sciences, 57(10): 2522–2531

Wang S Q, Deng T, Tang T et al. 2015a. Evolution of *Protanancus* (Proboscidea, Mammalia) in East Asia. J Vert Paleont, 35, e881830, 1–15

Wang S Q, Duangkrayom J, Yang X W. 2015b. Occurrence of the *Gomphotherium angustidens* group in China, based on a revision of *Gomphotherium connexum* (Hopwood, 1935) and *Gomphotherium shensiensis* Chang and Zhai, 1978: continental correlation of *Gomphotherium* species across the Palearctic. Paläont Z, 89: 1073–1086

Wang S Q, Fu LY, Zhang J H, Li T G, Ji X P, Duangkrayom J, Han R T. 2015c. New material of *Stegolophodon* from the Upper Miocene Xiaohe Formation, Yuanmou Basin, Yunnan Province. Quat Sci, 35: 573–583

Wang S Q, Ji X P, Jablonski N G et al. 2016a. The oldest cranium of *Sinomastodon* (Proboscidea, Gomphotheriidae), discovered in the uppermost Miocene of southwestern China: implications for the origin and migration of this taxon. J Mammal Evol, 23: 155–173

Wang S Q, Shi Q Q et al. 2016b. A new species of the tetralophodont Amebelodonine *Konobelodon* Lambert, 1990 (Proboscidea, Mammalia) from the Late Miocene of China. Geodiversitas, 38(1): 65–97

Wang S Q, Deng T, Ye J et al. 2017a. Morphological and ecological diversity of Amebelodontidae (Proboscidea, Mammalia) revealed by a Miocene fossil accumulation of an upper-tuskless proboscidean. Jour Syst Palaeont, 15(8): 601–615. http://dx.doi.org/10.1080/14772019.2016.1208687

Wang S Q, Saegusa H, Duangkrayom J et al. 2017b. A new species of *Tetralophodon* from the Linxia Basin and the biostratigraphic significance of tetralophodont gomphotheres from the Upper Miocene of northern China. Palaeoworld, 26: 703–717

Wang S Q, Li Y, Duangkrayom J et al. 2017c. Early *Mammut* from the Upper Miocene of northern China, and its implications for the evolution and differentiation of Mammutidae. Vertebrata PalAsiatica, 55(3): 233–256

Wang S Q, Li Y, Duangkrayom J et al. 2017d. A new species of *Gomphotherium* (Proboscidea, Mammalia) from China and the evolution of *Gomphotherium* in Eurasia. J Vert Paleont, 1–15, e1318284. http:// dx.doi.org/10.1080/02724634.2017,1318248

Wang S Q, Ji X P, Deng T et al. 2019. Yunnan, a refuge for trilophodont proboscideans during the Late Miocene aridification of East Asia. Palaeogeography Palaeoclimatology Palaeoecology, 515: 162–171

Wang Y, Jin C Z, Chang Z et al. 2012. The first *Sinomastodon* (Gomphotheriidae, Proboscidea) skull from the Quaternary in China. Chinese Science Bulletin (Geology), 57(36): 4726–4734

Wang Y, Jin C Z, Jim A et al. 2014. New remains of *Sinomastodon yangziensis* (Proboscidea, Gomphotheriidae) from Sanhe karst cave, with discussion on the evolution of Pleistocene *Sinomastodon* in South China. Quaternary International, 339-340: 90–96

Wei G B, Taruno H, Jin C, Xie F. 2003. The earliest specimens of the steppe mammoth, *Mammuthus trogontherii*, from the Early Pleistocene Nihewan Formation, North China. Earth Science (Japan), 57(5): 289–298

Wei G B, Taruno H, Kawamura Y, Jin C Z. 2006. Pliocene and Early Pleistocene primitive mammoths of northern China: their revised taxonomy, biostratigraphy and evolution. Journal of Geosciences, Osaka City University, 49: 59–101

Wei G B, Hu S M, Yu K, Hou Y, Li X, Jin C, Wang Y, Zhao J, Wang W. 2010. New materials of the steppe mammoth, *Mammuthus trogontherii*, with discussion on the origin of the species and evolutionary patterns of mammoths. Science China: Earth Sciences, 53(7): 956–963

Weinsheimer O. 1883. Über *Deinotherium giganteum* Kaup. Palaeont Abh, 1(13): 207–282

Whitworth T. 1954. The Miocene Hyracoids of East Africa. Fossil mammals of Africa. Brit Mus Nat Hist, Publ, 7: 1–70

Yang X W, Li Y, Wang S Q. 2017. Cranial and dental material of *Gomphotherium wimani* (Gomphotheriidae, Proboscidea) from the Middle Miocene of the Linxia Basin, northwestern China. Vertebrata PalAsiatica, 55(4): 331–324

Young C C. 1935. Miscellaneous mammalian fossils from Shansi and Honan. Palaeont Sin, Ser C, 19(2): 1–42

Young C C. 1938. A new *Stegodon* from Kwangsi. Bull Geol Soc China, 18: 219–226

Young C C. 1939. New fossils from Wanhsien (Szechuan). Bull Geol Soc China, 19: 317–332

Young C C, Liu P T. 1949. Notes on a mammalian collection probably from Yushe Series (Pliocene), Yueshe, Shansi, China. Contrib Insti Geol Acad Sinica, 8: 273–291

Young C C, Liu P T. 1950. On the mammalian fauna of Koloshan near Chungking, Szechuan. Bull Geol Soc China, 30: 43–90

Ziegler R. 2001. An extraordinary small mammoth (*Mammuthus primigenius*) from SW Germany. Stuttgarter Beitreage zur Naturkunde Serie B (Geologie und Paleaontologie), 300: 1–41

汉-拉学名索引

拉-汉学名索引

S

T

Z

附表一　中国新近纪含哺乳动物

国际标准古地磁柱	纪	世		期	哺乳动物期
C2					泥河湾期
C2A	新近纪	上新世	晚	皮亚琴察期	麻则沟期
C3			早	赞克勒期	高庄期
C3A		中新世	晚	墨西拿期	保德期
C3B、C4、C4A、C5				托尔托纳期	灞河期
C5A、C5AA、C5AB、C5AC			中	塞拉瓦莱期	通古尔期
C5AD、C5B				兰盖期	
C5C、C5D、C5E、C6			早	波尔多期	山旺期
C6A、C6AA、C6B、C6C				阿基坦期	谢家期

时间标尺（Ma）：3、4、5、6、7、8、9、10、11、12、13、14、15、16、17、18、19、20、21、22、23

地区		地层单元（自上而下）
内蒙古	阿拉善左旗	乌尔图组
内蒙古	中部地区	高特格层；比例克层；二登图组；宝格达乌拉组；沙拉层、阿木乌苏层；通古尔组；敖尔班组
宁夏		雷家河组；干河沟组；彰恩堡组、红柳沟组
甘肃	党河地区	铁匠沟组
甘肃	兰州盆地	咸水河组
甘肃	临夏盆地	午城黄土；积石组；何王家组；柳树组；虎家梁组；东乡组；上庄组
甘肃	灵台	午城黄土；雷家河组；干河沟组；彰恩堡组、红柳沟组
青海	柴达木	狮子沟组；上油砂山组；下油砂山组
青海	贵德、西宁	上滩组；下东山组；查让组；咸水河组；车头沟组；谢家组

化石层位对比表（台湾资料暂缺）

地区	地点	组（自上而下）
新疆	准噶尔盆地	顶山盐池组；哈拉玛盖组；索索泉组
西藏		羌塘组；札达组；沃马组；布隆组；丁青组
陕西	蓝田	午城黄土；九老坡组；灞河组；寇家村组；冷水沟组
陕西	渭南	游河组
陕西	临潼	杨家湾组
山西	静乐、保德	静乐组；保德组
山西	榆社	海眼组；麻则沟组；高庄组；马会组
河北		泥河湾组；稻地组；汉诺坝组；九龙口组
河南		潞王坟组、大营组；东沙坡组
湖北		掇刀石组；沙坪组
山东		巴漏河组；尧山组；山旺组
江苏		宿迁组；黄岗组；六合组；下草湾组、洞玄观组
四川		盐源组、汪布顶组
云南		元谋组；沙沟组；石灰坝组、小河组；小龙潭组；昭通组

附图一　中国新近纪哺乳动物化石地点分布图（台湾资料暂缺）

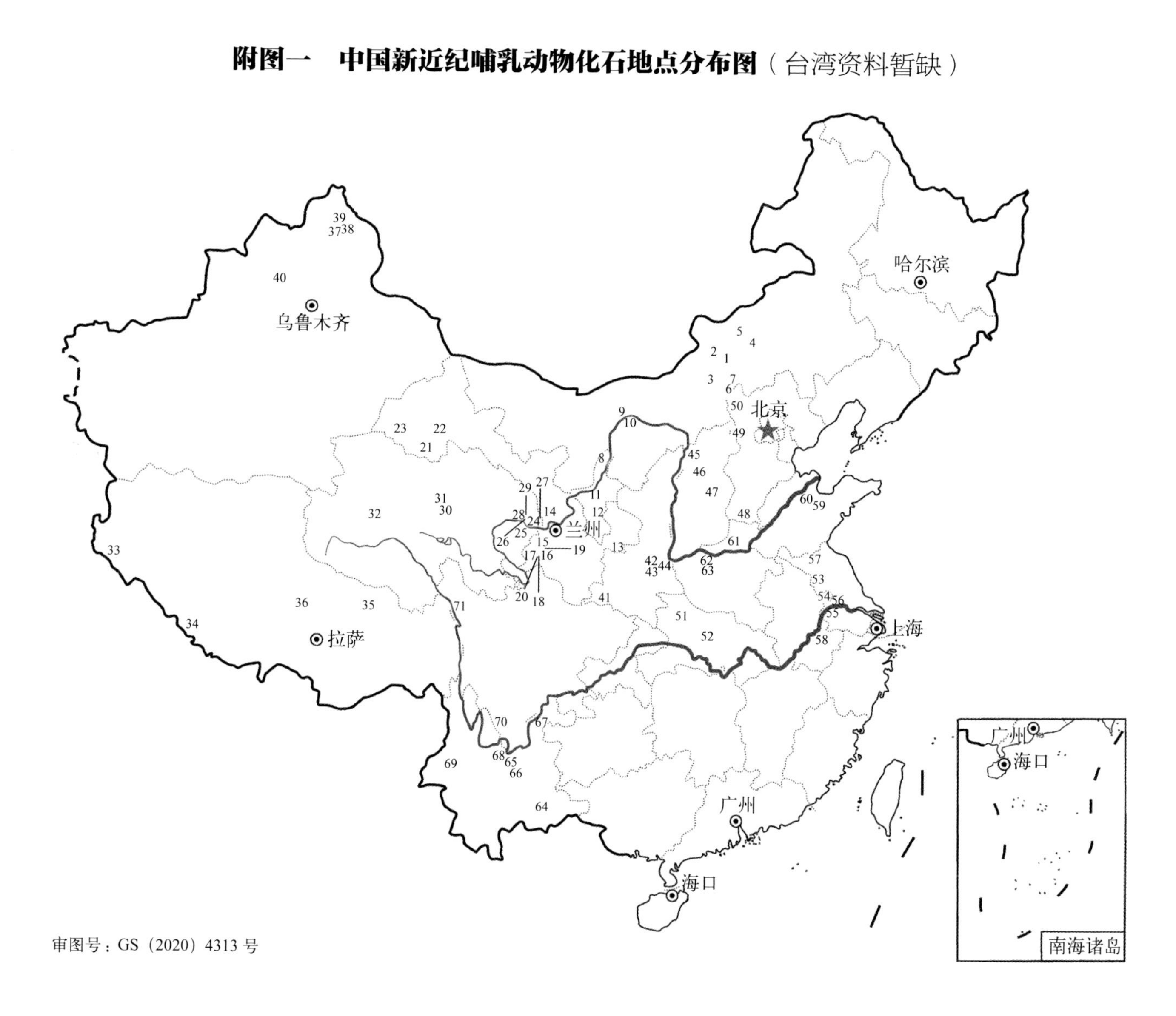

审图号：GS（2020）4313 号

附图一之中国新近纪哺乳动物化石地点说明

内蒙古

1. 苏尼特左旗敖尔班、嘎顺音阿得格：**敖尔班组**，早中新世。
2. 苏尼特左旗通古尔、苏尼特右旗346地点：**通古尔组**，中中新世。
3. 苏尼特右旗阿木乌苏：**阿木乌苏层**，晚中新世早期；沙拉：**沙拉层**，晚中新世早期。
4. 阿巴嘎旗灰腾河：**灰腾河层**，晚中新世；高特格：**高特格层**，上新世。
5. 阿巴嘎旗宝格达乌拉：**宝格达乌拉组**，晚中新世中期。
6. 化德二登图：**二登图组**，晚中新世晚期。
7. 化德比例克：**比例克层**，早上新世。
8. 阿拉善左旗乌尔图：**乌尔图组**，早中新世晚期。
9. 临河：**乌兰图克组**，晚中新世。
10. 临河：**五原组**，中中新世。

宁夏

11. 中宁牛首山、固原寺口子等：**干河沟组**，晚中新世早期。
12. 中宁红柳沟、同心地区等：**彰恩堡组/红柳沟组**，中中新世。

甘肃

13. 灵台雷家河：**雷家河组**，晚中新世—上新世。
14. 兰州盆地（永登）：**咸水河组**，渐新世—中中新世。
15. 临夏盆地（东乡）龙担：**午城黄土**，早更新世。
16. 临夏盆地（广河）十里墩：**何王家组**，早上新世。
17. 临夏盆地（东乡）郭泥沟、和政大深沟、杨家山：**柳树组**，晚中新世。
18. 临夏盆地（广河）虎家梁、和政老沟：**虎家梁组**，中中新世晚期。
19. 临夏盆地（广河）石那奴：**东乡组**，中中新世早期。
20. 临夏盆地（广河）大浪沟：**上庄组**，早中新世。
21. 阿克塞大哈尔腾河：**红崖组**，晚中新世。
22. 玉门（老君庙）石油沟：**疏勒河组**，晚中新世。
23. 党河地区（肃北）铁匠沟：**铁匠沟组**，早中新世—晚中新世。

青海

24. 化隆上滩：**上滩组**，上新世。
25. 贵德贺尔加：**下东山组**，晚中新世晚期。
26. 化隆查让沟：**查让组**，晚中新世早期。
27. 民和李二堡：**咸水河组**，中中新世。

28. 湟中车头沟：**车头沟组**，早中新世—中中新世。

29. 湟中谢家：**谢家组**，早中新世。

30. 柴达木盆地（德令哈）深沟：**上油砂山组**，晚中新世。

31. 德令哈欧龙布鲁克：**欧龙布鲁克层**，中中新世；托素：**托素层**，晚中新世。

32. 格尔木昆仑山垭口：**羌塘组**，晚上新世。

西藏

33. 札达：**札达组**，上新世。

34. 吉隆沃马：**沃马组**，晚中新世晚期。

35. 比如布隆：**布隆组**，晚中新世早期。

36. 班戈伦坡拉：**丁青组**，渐新世—早中新世晚期。

新疆

37. 福海顶山盐池：**顶山盐池组**，中中新世—晚中新世。

38. 福海哈拉玛盖：**哈拉玛盖组**，早中中新世—中中新世。

39. 福海索索泉：**索索泉组**，渐新世—早中新世。

40. 乌苏县独山子：**独山子组**，晚中新世？。

陕西／山西

41. 勉县：**杨家湾组**，上新世。

42. 临潼：**冷水沟组**，早中新世—中中新世早期。

43. 蓝田地区：**寇家村组**，中中新世晚期；**灞河组**，晚中新世早期；**九老坡组**，晚中新世中晚期—上新世。

44. 渭南游河：**游河组**，上新世晚期。

45. 保德冀家沟、戴家沟：**保德组**，晚中新世晚期。

46. 静乐贺丰：**静乐组**，上新世晚期。

47. 榆社盆地：**马会组**，晚中新世；**高庄组**，早上新世；**麻则沟组**，晚上新世；**海眼组**，更新世早期。

河北

48. 磁县九龙口：**九龙口组**，早中新世晚期—中中新世早期。

49. 阳原泥河湾盆地：**稻地组**，上新世晚期；**泥河湾组**，更新世。

50. 张北汉诺坝：**汉诺坝组**，中中新世。

湖北

51. 房县二郎岗：**沙坪组**，中中新世。

52. 荆门掇刀石：**掇刀石组**，晚中新世。

江苏

53. 泗洪松林庄、双沟、下草湾、郑集：**下草湾组**，早中新世。

54. 六合黄岗：**黄岗组**，晚中新世晚期。

55. 南京方山：**洞玄观组**（=**浦镇组**），早中新世。

56. 六合灵岩山：**六合组**，中中新世。

57. 新沂西五花顶：**宿迁组**，上新世。

安徽

58. 繁昌癞痢山：**裂隙堆积**，晚新生代。

山东

59. 临朐解家河（山旺）：**山旺组**，早中新世；**尧山组**，中中新世。

60. 章丘枣园：**巴漏河组**，晚中新世。

河南

61. 新乡潞王坟：**潞王坟组**，晚中新世。

62. 洛阳东沙坡：**东沙坡组**，中中新世。

63. 汝阳马坡：**大营组**，晚中新世。

云南

64. 开远小龙潭：**小龙潭组**，中中新世—晚中新世。

65. 元谋盆地：**小河组**，晚中新世；**沙沟组**，上新世；**元谋组**，更新世。

66. 禄丰石灰坝：**石灰坝组**，晚中新世。

67. 昭通沙坝、后海子：**昭通组**，晚中新世。

68. 永仁坛罐窑：**坛罐窑组**，上新世。

69. 保山羊邑：**羊邑组**，上新世。

四川

70. 盐源柴沟头：**盐源组**，上新世晚期。

71. 德格汪布顶：**汪布顶组**，上新世晚期。

附表二　中国第四纪含哺乳动物化石层位与地点对比表（台湾资料暂缺）

国际标准古地磁柱	世	期	哺乳动物期	北方地区（1–119）土状堆积 单元划分	代表性剖面	主要归入地点	北方地区 河湖相堆积 单元划分	代表性剖面	主要归入地点	北方地区 洞穴 / 裂隙堆积 标志性地点	主要归入地点	南方地区（120–228）河湖相堆积 单元划分	主要归入地点	南方地区 洞穴 / 裂隙堆积 标志性地点	主要归入地点
0.012–0.126 布容	全新世 / 更新世 晚	晚期	萨拉乌苏期	马兰黄土	洛川黑木沟剖面	长武窑头沟	许家窑组	蔚县东窑子头大南沟剖面	阳高许家窑	周口店山顶洞	昌平龙骨洞	瓦扎箐组 / 老洪阱组		丹徒莲花洞	郧西黄龙洞
0.126–0.781 布容（0.5）	更新世 中	中期	周口店期	红色土C带 / 离石黄土上部		榆中上苦水 抚宁山羊寨 蓝田陈家窝	小渡口组		共和塘格木 赤城南岭	周口店第二—六、十五、二十一、二十四地点 周口店第一地点 周口店第十三地点	房山东岭子 房山太平洞 房山田园洞 淄博孙家山（Loc. 3） 平邑小西山 青州（益都）西山	上那蚌组	元谋上那蚌牛尖包 元谋马头山西 元谋小那乌东 元谋上那蚌北沟	和县龙潭洞 东至华龙洞 南京葫芦洞	永安岩山洞 大冶石龙头 黔西观音洞 道县塘贝村 大新黑洞 万州平坝上洞
0.781–1.806 松山（1.0 Jaramillo；Cobb Mountain；1.5）	更新世 早	卡拉布里雅期	泥河湾期	红色土B带 / 离石黄土下部 / 午城黄土		蓝田公王岭 合水金沟 宁县庙咀坪	河泥湾组		勉县周家湾 共和上他买 林西西营子 四子王旗红格尔	周口店第九地点 周口店第十二地点	大连海茂	元谋组	元谋高岩子 元谋马大海 元谋小那乌西 元谋杨柳村 元谋老城	南京驼子洞	毕节七星岩洞 柳州笔架山 崇左三合大洞 保靖洞泡山
1.806–2.588 松山（Olduvai；2.0；Reunion；2.5）	更新世 早	杰拉期	大柴期	红色土A带 / 午城黄土		东乡龙担 中阳许家坪 灵台文王沟（WL6-WL1+）	河泥湾组		贵南过仍多 襄汾大柴 贵德四合滩	周口店太平山（东、西洞） 周口店第十八地点	宁阳伏山 淄博孙家山（Loc.1, 2, 4） 怀柔龙牙洞	元谋组	洱海松毛坡 元谋甘棠村西	建始龙骨洞 巫山龙骨坡 繁昌人字洞	柳城巨猿洞
2.588– 高斯（Ma）	上新世 晚	皮亚琴察期	麻则沟期	静乐期			稻地组			顶盖砾石层		沙沟组			

附图二　中国第四纪哺乳动物化石地点分布图（台湾资料暂缺）

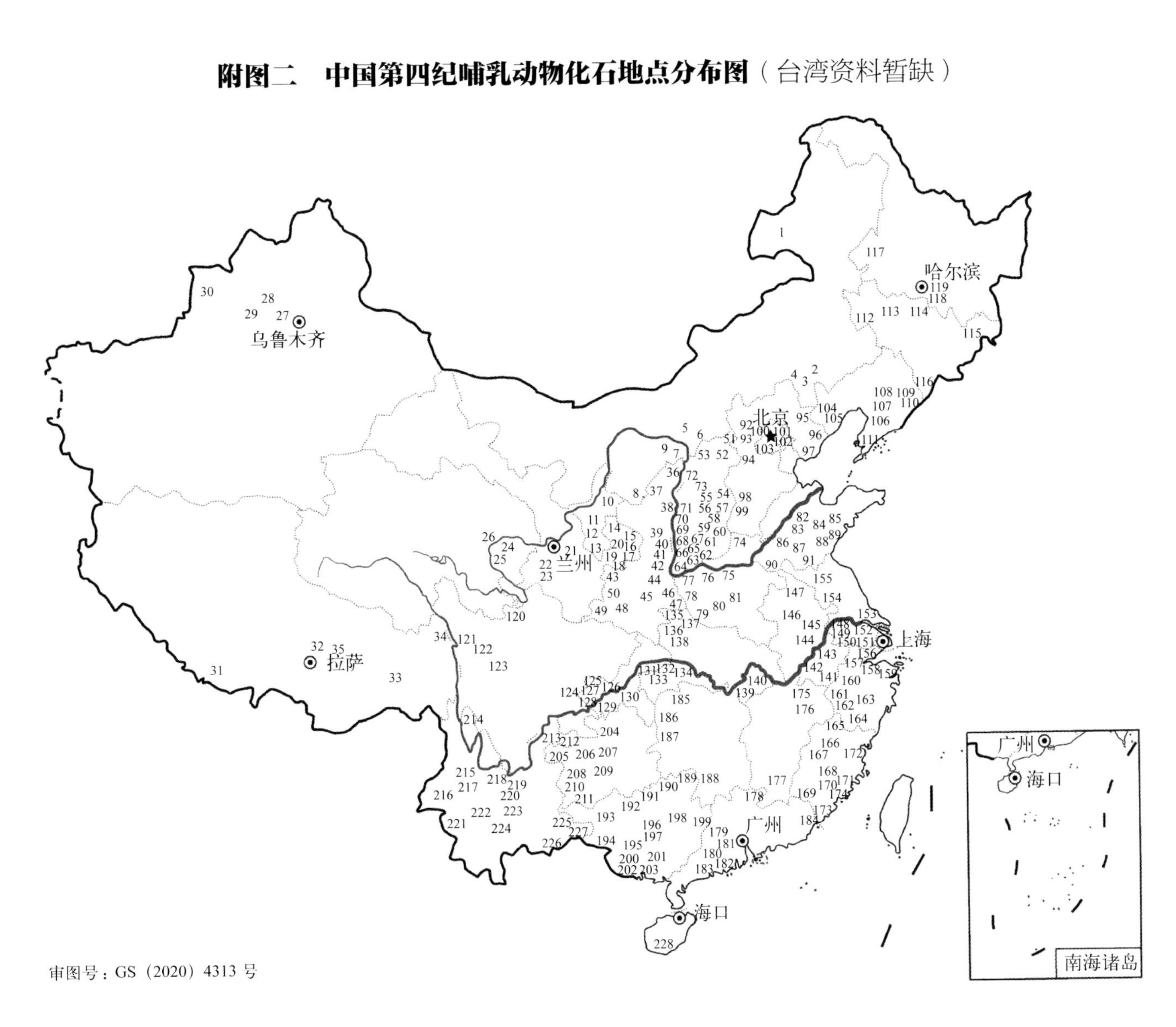

审图号：GS（2020）4313 号

附图二之中国第四纪哺乳动物化石地点说明

内蒙古

1. 满洲里达赉诺尔：全新世；达来诺尔组，早更新世早期；东梁组，早更新世晚期。
2. 巴林左旗迟家营子、李仁屯：晚更新世。
3. 赤峰东村：早更新世。
4. 林西西营子：早更新世。
5. 四子王旗红格尔：早更新世。
6. 呼和浩特大窑：大窑组；遗址下部，早更新世；遗址上部，中更新世。
7. 准格尔杨家湾（Loc. 8）：中更新世。
8. 乌审旗萨拉乌苏：晚更新世。
9. 包头市阿善：全新世。

宁夏

10. 灵武水洞沟：晚更新世。
11. 同心郭井沟：中更新世。
12. 海原：晚更新世。
13. 西吉袁湾：晚更新世。

甘肃

14. 环县刘家岔、耿家沟：晚更新世。
15. 华池柔远：晚更新世。
16. 庆阳巴家咀、赵家沟：早更新世；巨家塬、楼房子、龙骨沟：晚更新世。
17. 合水金沟：早更新世。
18. 宁县庙咀坪：早更新世。
19. 灵台文王沟、小石沟（上部）：早更新世。
20. 镇原姜家湾、寺沟口：晚更新世。
21. 榆中上苦水：晚更新世。
22. 东乡龙担：早更新世。
23. 康乐当川堡：早更新世。

青海

24. 贵德四盒滩：早更新世。
25. 贵南沙沟楼后乡、过仍多、拉乙亥、下沙拉、电站沟：早更新世。
26. 共和东巴、上他买、共和青川公路 47 km 和 33 km 处：早更新世；大连海、塘格木、英德海：中更新世。

新疆

27. 乌鲁木齐仓房沟：中—晚更新世。

28. 安集海：早更新世。

29. 新源坎苏德能布拉克：晚更新世。

30. 伊宁吉里格朗：中更新世。

西藏

31. 定日区公所后山坡：晚更新世。

32. 当雄吉达果、汤巴果和曲西果间小溪北侧：中—晚更新世。

33. 林芝东南砖瓦厂：晚更新世。

34. 昌都卡若：全新世。

35. 墨竹公卡德中：全新世。

陕西

36. 府谷马营山（Loc. 9）、镇羌堡（Loc. 6）：早更新世。

37. 榆林柳巴滩（Loc. 13）：晚更新世。

38. 吴堡石堆山（Loc. 16）：早更新世。

39. 延安九沿沟：早更新世。

40. 洛川黑木沟：早—晚更新世；洞滩沟、枣刺沟、狼牙沟、坡头沟、拓家河溢洪道：早更新世早期；南菜子沟：早更新世晚期—中更新世晚期；秦家寨：早更新世晚期—晚更新世。

41. 澄城西河：早更新世。

42. 大荔后河村：早更新世；甜水沟：晚更新世。

43. 长武窑头沟、鸭儿沟：晚更新世。

44. 渭南西岔湾、刘家坪：早更新世。

45. 西安半坡、临潼姜寨：全新世。

46. 蓝田公王岭、九浪沟、涝池河、泄湖：早更新世；陈家窝：中更新世；涝池河、淡水沟口、陈家村：晚更新世。

47. 洛南龙牙洞：早更新世；张坪、锡水洞：中更新世。

48. 洋县倪家大坝沟、金水河口等汉水上游地区：中更新世。

49. 勉县周家湾：早更新世。

50. 宝鸡百首岭：全新世。

山西

51. 阳高许家窑：晚更新世。

52. 朔州峙峪：晚更新世。

53. 河曲巡检司（Loc. 7）：晚上新世—早更新世。

54. 寿阳城（Loc. 20）、羊头崖（Loc. 21）：早更新世。

55. 晋中（榆次）道坪（Loc. 23）：早更新世。

56. 太谷仁义（Loc. 24）：早更新世。

57. 和顺当城：晚更新世。

58. 榆社侯目（Loc. 26）、榆社 III 带、YS 6, 107–110, 116, 119–121：早更新世；榆社 YS 13, 83, 123, 129：中更新世。

59. 沁县新店（Loc. 28）：早更新世。

60. 襄垣河村：早更新世。

61. 屯留西村：晚上新世或早更新世；小常村：早更新世。

62. 垣曲许家庙：早更新世。

63. 平陆张裕：早更新世。

64. 芮城西侯度：早更新世。

65. 侯马闻喜：早更新世。

66. 万荣西桌子：中更新世。

67. 浮山范村（Loc. 29–31）：早更新世。

68. 襄汾大柴：早更新世；丁村：中—晚更新世。

69. 大宁午城：早更新世；下坡地：早—中更新世。

70. 中阳许家坪：早更新世。

71. 吕梁（离石）赵家墕：早更新世。

72. 保德芦子沟、火山：早更新世。

73. 静乐小红凹、高家崖：晚上新世（静乐红土）—早更新世（午城黄土）。

河南

74. 安阳小南海：晚更新世；殷墟：全新世。

75. 巩义赵沟（Chao-Kou）：早更新世；礼泉：中更新世。

76. 新安王沟：早更新世。

77. 渑池林川街（Lin-Chuan-Chai）、董店滩（Tung-Tien-Tan）、四郎村（Shih-Lang-Tsun）、小磨村（Shao-Mo-Tsun）、裴窝冲（Pei-Wo-Tsung）、杨坡岭（Yang-Po-Ling）、后河村（Hou-Ho-Tsun）、下罗村（Hsia-Lo-Tsun）、杨绍村（Yang-Shao-Tsun）：早更新世。

78. 陕县夹石山（Chia Shi-Shan）：早更新世。

79. 淅川下王岗：全新世。

80. 南召杏花山：中更新世。

81. 许昌灵井：晚更新世。

山东

82. 济南高尔西沟：晚更新世。

83. 淄博孙家山（第一、二、四地点）：早更新世；（第三地点）：中更新世。

84. 青州（益都）西山：中更新世。

85. 潍县武家村：晚更新世。

86. 泰安大汶口：全新世。

87. 新泰乌珠台：晚更新世。

88. 沂源骑子鞍山：中更新世。

89. 沂水蒋庄小张山、范家旺南洼洞：中更新世；中良子钓鱼台、贾姚庄浯河：晚更新世。

90. 宁阳伏山：早更新世。

91. 平邑小西山：中更新世。

河北

92. 赤城南沟岭、杨家沟：中更新世。

93. 阳原台儿沟、洞沟：晚上新世—晚更新世；下沙沟、马圈沟、半山、小长梁、泥河湾：早更新世；虎头梁：晚更新世；丁家堡：全新世。

94. 蔚县牛头山：晚上新世—早更新世；大南沟：晚上新世—晚更新世。

95. 承德谢家营：中更新世；围场：晚更新世。

96. 抚宁山羊寨：中更新世。

97. 唐山贾家山：早更新世。

98. 井陉石岭洞：中更新世。

99. 武安磁山：全新世。

北京

100. 昌平龙骨洞：晚更新世。

101. 密云西翁庄：晚更新世。

102. 怀柔龙牙洞：早更新世。

103. 房山周口店（第九、十二、十八地点、太平山东洞和西洞）：早更新世；周口店（第一、十三地点）：中更新世；十渡（太平洞、田园洞、云水洞、东岭子洞）、周口店（山顶洞、第二—六、十五地点）：晚更新世。

辽宁

104. 凌源西八间房：晚更新世。

105. 喀左鸽子洞：晚更新世。

106. 营口金牛山下部：中更新世；金牛山上部：晚更新世。

107. 海城小孤山：晚更新世。

108. 辽阳安平：晚更新世。

109. 本溪庙后山：中更新世；三道岗、本溪湖洞穴：晚更新世。

110. 丹东前阳：晚更新世。

111. 大连海茂：早更新世；古龙山：晚更新世。

吉林

112. 乾安大布苏：晚更新世。

113. 前郭青山头、查干泡：全新世。

114. 榆树周家油坊、大桥屯：晚更新世。

115. 安图石门山、明月镇：晚更新世。

116. 集安仙人洞：晚更新世。

黑龙江

117. 齐齐哈尔昂昂溪：晚更新世。

118. 哈尔滨闫家岗：晚更新世。

119. 五常学田：晚更新世。

四川

120. 阿坝若尔盖黑河：晚更新世。

121. 德格汪布顶：晚上新世或早更新世。

122. 甘孜长途汽车站西沟：晚更新世。

123. 炉霍吓拉托：晚更新世。

124. 资阳黄鳝溪：晚更新世。

重庆

125. 潼南瑷江岸：晚更新世。

126. 铜梁张二塘：晚更新世。

127. 合川牛尾洞：中更新世。

128. 北碚殷家洞：晚更新世。

129. 歌乐山龙骨洞：中更新世。

130. 万州平坝上洞：中更新世；平坝下洞（杨和尚大包洞）：晚更新世。

131. 奉节兴隆洞：中更新世。

132. 巫山龙骨坡：早更新世；宝坛寺：中更新世；迷宫洞：晚更新世。

湖北

133. 建始龙骨洞：早更新世。

134. 长阳下钟湾：晚更新世。

135. 郧西羊尾镇后山：中更新世。

136. 郧西黄龙洞、白龙洞：晚更新世。

137. 郧县学堂梁子、梅铺：中更新世。

138. 房县樟脑洞：晚更新世。

139. 通山大地：晚更新世。

140. 大冶石龙头：中更新世。

安徽

141. 皖南铜山：中更新世。

142. 东至华龙洞：中更新世。

143. 繁昌人字洞：早更新世。

144. 巢县银山：中更新世。

145. 和县龙潭洞：中更新世。

146. 淮南大居山顶裂隙：早更新世；西裂隙：早更新世。

147. 灵璧：全新世。

江苏

148. 南京驼子洞：早更新世；葫芦洞：中更新世。

149. 溧水神仙洞：全新世。

150. 溧阳夏林裂隙：晚上新世—早更新世。

151. 丹阳：中更新世。

152. 武进上渎村：晚更新世。

153. 丹徒莲花洞：晚更新世。

154. 泗洪归仁：早更新世。

155. 邳县大墩子：全新世。

浙江

156. 余杭凤凰山：晚更新世。

157. 临安华严洞：晚更新世。

158. 杭州留下洞：晚更新世。

159. 余姚河姆渡：全新世。

160. 建德樟树洞、乌龟洞、豪猪洞、桑园洞、昂畈、白毛洞：晚更新世。

161. 衢县上方驼洞：晚更新世；三号葱洞：全新世。

162. 金华双龙洞：全新世。

163. 江山龙嘴洞：晚更新世。

164. 淳安龙源洞：晚更新世。

福建

165. 将乐岩子洞：晚更新世。

166. 明溪墘山：晚更新世。

167. 清流狐狸洞：中更新世。

168. 宁化裴洞：中更新世。

169. 连城屋脊山：中更新世。

170. 永安寨岩山：中更新世。

171. 惠安玉埕：中更新世。

172. 闽侯昙石山：全新世。

173. 龙岩麒麟山：中更新世。

174. 晋江金井塘：中更新世。

江西

175. 乐平涌山岩洞：中更新世。

176. 万年仙人洞：全新世。

177. 于都罗洼：中—晚更新世。

广东

178. 曲江马坝（狮头峰）：晚更新世。

179. 封开黄岩洞（峒中岩？）：晚更新世。

180. 罗定下山洞（大岩洞、山背洞）：中更新世。

181. 肇庆七星岩：中更新世。

182. 高要七星岩：晚更新世。

183. 阳春独石子：全新世。

184. 潮安贝丘：全新世。

湖南

185. 慈利尖刀山：中更新世。

186. 保靖洞泡山：早更新世。

187. 吉首螺丝旋洞：中更新世。

188. 道县塘贝格洞：中更新世。

广西

189. 桂林北新开村：中更新世；甑皮岩、宝集岩、沙海上村、北新村：全新世。

190. 柳城封门山洞（巨猿洞）：中更新世。

191. 柳江白山岩洞、硝泥岩洞、中门岩洞、灵台洞、母鸡山：晚更新世。

192. 都安仙洞、干淹岩、九塄山：晚更新世。

193. 巴马弄莫山洞：中更新世。

194. 百色幺会洞、吹风洞：中更新世。

195. 田东定模洞、云雾洞：晚更新世。

196. 柳城巨猿洞：早更新世。

197. 上林弄蓉洞：中更新世。

198. 柳州笔架山：早更新世；白莲洞：晚更新世。

199. 贺县硝灰洞：晚更新世。

200. 大新牛睡山黑洞：中更新世；马鞍山：晚更新世。

201. 武鸣布拉利山洞：中更新世。

202. 凭祥机务段：晚更新世。

203. 崇左三合大洞、泊岳山洞、缺缺洞、木榄山洞、弄莫山洞：早更新世。

贵州

204. 桐梓岩灰洞、天门洞、挖竹湾洞：中更新世；马鞍山：晚更新世。
205. 威宁草海天桥：早更新世；王家院：晚更新世。
206. 毕节赫章、七星岩洞、官屯扒耳岩洞：早更新世；麻窝口洞：中晚更新世。
207. 黔西观音洞：中更新世。
208. 水城硝灰洞：晚更新世。
209. 普定白岩脚洞、穿洞下部：中更新世；穿洞上部：全新世。
210. 盘县大洞：晚更新世。
211. 兴义猫猫洞：晚更新世。

云南

212. 镇雄陈坝屯：早更新世。
213. 昭通后海子、沙坝：早更新世；过山洞：晚更新世。
214. 中甸叶卡：晚上新世或早更新世；吉红：早更新世。
215. 丽江木家桥：晚更新世。
216. 保山羊邑：早更新世；蒲缥、塘子沟：全新世。
217. 洱海松毛坡：早更新世。
218. 永仁坛罐洞：早更新世。
219. 元谋马大海：元谋组，早更新世；大墩子，全新世。
220. 富民大宰格、河上洞：中更新世。
221. 沧源河口：全新世。
222. 呈贡三家村：晚更新世。
223. 昆明野猫洞：晚更新世。
224. 玉溪春和：早更新世。
225. 丘北黑箐龙洞：晚更新世。
226. 马关九龙口：晚更新世。
227. 西畴仙人洞：晚更新世。

海南

228. 三亚落笔洞：晚更新世晚期或全新世早期。

附件

《中国古脊椎动物志》总目录（2016年10月修订）

（共三卷二十三册，计划2015－2022年出版）

第一卷 鱼类 主编：张弥曼，副主编：朱敏

第一册（总第一册） **无颌类** 朱敏等 编著 （2015年出版）

第二册（总第二册） **盾皮鱼类** 朱敏、赵文金等 编著

第三册（总第三册） **辐鳍鱼类** 张弥曼、金帆等 编著

第四册（总第四册） **软骨鱼类 棘鱼类 肉鳍鱼类**
张弥曼、朱敏等 编著

第二卷 两栖类 爬行类 鸟类 主编：李锦玲，副主编：周忠和

第一册（总第五册） **两栖类** 王原等 编著 （2015年出版）

第二册（总第六册） **副爬行类 大鼻龙类 龟鳖类** 李锦玲、佟海燕 编著
（2017年出版）

第三册（总第七册） **鱼龙类 海龙类 鳞龙型类** 高克勤、李淳、尚庆华 编著

第四册（总第八册） **基干主龙型类 鳄型类 翼龙类**
吴肖春、李锦玲、汪筱林等 编著 （2017年出版）

第五册（总第九册） **鸟臀类恐龙** 董枝明、尤海鲁、彭光照 编著 （2015年出版）

第六册（总第十册） **蜥臀类恐龙** 徐星、尤海鲁、莫进尤 编著

第七册（总第十一册） **恐龙蛋类** 赵资奎、王强、张蜀康 编著 （2015年出版）

第八册（总第十二册） **中生代爬行类和鸟类足迹** 李建军 编著 （2015年出版）

第九册（总第十三册） **鸟类** 周忠和等 编著

第三卷　基干下孔类 哺乳类　主编：邱占祥，副主编：李传夔

第一册（总第十四册）**基干下孔类**　李锦玲、刘俊 编著　（2015年出版）

第二册（总第十五册）**原始哺乳类**　孟津、王元青、李传夔 编著　（2015年出版）

第三册（总第十六册）**劳亚食虫类 原真兽类 翼手类 真魁兽类 狉兽类**

李传夔、邱铸鼎等 编著　（2015年出版）

第四册（总第十七册）**啮型类 I：双门齿中目 单门齿中目 - 混齿目**

李传夔、张兆群 编著　（2019年出版）

第五册（上）（总第十八册上）**啮型类 II：啮齿目 I**　李传夔、邱铸鼎等 编著

（2019年出版）

第五册（下）（总第十八册下）**啮型类 II：啮齿目 II**

邱铸鼎、李传夔、郑绍华等 编著　（2020年出版）

第六册（总第十九册）**古老有蹄类**　王元青等 编著

第七册（总第二十册）**肉齿类 食肉目**　邱占祥、王晓鸣、刘金毅 编著

第八册（总第二十一册）**奇蹄目**　邓涛、邱占祥等 编著

第九册（总第二十二册）**偶蹄目 鲸目**　张兆群等 编著

第十册（总第二十三册）**蹄兔目 长鼻目等**　陈冠芳等 编著　（2021年出版）

PALAEOVERTEBRATA SINICA (modified in October, 2016)

(3 volumes 23 fascicles, planned to be published in 2015–2022)

Volume I Fishes

Editor-in-Chief: **Zhang Miman**, Associate Editor-in-Chief: **Zhu Min**

Fascicle 1 (Serial no. 1) Agnathans **Zhu Min et al.** (2015)

Fascicle 2 (Serial no. 2) Placoderms **Zhu Min, Zhao Wenjin et al.**

Fascicle 3 (Serial no. 3) Actinopterygians **Zhang Miman, Jin Fan et al.**

Fascicle 4 (Serial no. 4) Chondrichthyes, Acanthodians, and Sarcopterygians **Zhang Miman, Zhu Min et al.**

Volume II Amphibians, Reptilians, and Avians

Editor-in-Chief: **Li Jinling**, Associate Editor-in-Chief: **Zhou Zhonghe**

Fascicle 1 (Serial no. 5) Amphibians **Wang Yuan et al.** (2015)

Fascicle 2 (Serial no. 6) Parareptilians, Captorhines, and Testudines **Li Jinling and Tong Haiyan** (2017)

Fascicle 3 (Serial no. 7) Ichthyosaurs, Thalattosaurs, and Lepidosauromorphs **Gao Keqin, Li Chun, and Shang Qinghua**

Fascicle 4 (Serial no. 8) Basal Archosauromorphs, Crocodylomorphs, and Pterosaurs **Wu Xiaochun, Li Jinling, Wang Xiaolin et al.** (2017)

Fascicle 5 (Serial no. 9) Ornithischian Dinosaurs **Dong Zhiming, You Hailu, and Peng Guangzhao** (2015)

Fascicle 6 (Serial no. 10) Saurischian Dinosaurs **Xu Xing, You Hailu, and Mo Jinyou**

Fascicle 7 (Serial no. 11) Dinosaur Eggs **Zhao Zikui, Wang Qiang, and Zhang Shukang** (2015)

Fascicle 8 (Serial no. 12) Footprints of Mesozoic Reptilians and Avians **Li Jianjun** (2015)

Fascicle 9 (Serial no. 13) Avians **Zhou Zhonghe et al.**

Volume III Basal Synapsids and Mammals

Editor-in-Chief: **Qiu Zhanxiang**, Associate Editor-in-Chief: **Li Chuankui**

Fascicle 1 (Serial no. 14) Basal Synapsids **Li Jinling and Liu Jun** (2015)

Fascicle 2 (Serial no. 15) Primitive Mammals **Meng Jin, Wang Yuanqing, and Li Chuankui** (2015)

Fascicle 3 (Serial no. 16) Eulipotyphlans, Proteutheres, Chiropterans, Euarchontans, and Anagalids **Li Chuankui, Qiu Zhuding et al.** (2015)

Fascicle 4 (Serial no. 17) Glires I: Duplicidentata, Simplicidentata-Mixodontia **Li Chuankui and Zhang Zhaoqun** (2019)

Fascicle 5 (1) (Serial no. 18-1) Glires II: Rodentia I **Li Chuankui, Qiu Zhuding et al.** (2019)

Fascicle 5 (2) (Serial no. 18-2) Glires II: Rodentia II **Qiu Zhuding, Li Chuankui, Zheng Shaohua et al.** (2020)

Fascicle 6 (Serial no. 19) Archaic Ungulates **Wang Yuanqing et al.**

Fascicle 7 (Serial no. 20) Creodonts and Carnivora **Qiu Zhanxiang, Wang Xiaoming, and Liu Jinyi**

Fascicle 8 (Serial no. 21) Perissodactyla **Deng Tao, Qiu Zhanxiang et al.**

Fascicle 9 (Serial no. 22) Artiodactyla and Cetaceans **Zhang Zhaoqun et al.**

Fascicle 10 (Serial no. 23) Hyracoidea, Proboscidea, etc. **Chen Guanfang et al.** (2021)

(Q—4738.01)

www.sciencep.com

ISBN 978-7-03-069173-6

定 价：218.00元